イラストで
サクッと理解

世界を変えた

数学史図鑑

Fukusuke 著

ナツメ社

はじめに

あなたの嫌いな教科は何ですか？

この質問に対する、中高生の回答のトップは「数学」です。文系の人たちを中心に多くの方々がうなずいたことでしょう。

あなたの好きな教科は何ですか？

こちらの質問の回答のトップもなんと「数学」です。理系の人たちを中心に多くの方々が納得したことでしょう。

さて、自己紹介が遅れました。私は「Fukusukeの数学めも」というサイトを運営しながら、私立の中高一貫校で教壇に立っている数学の教員です。

日頃授業をしていると、先ほどの質問への回答をよく実感します。数学が好きな生徒は自分から問題を解き、その問題ができるようになることで数学をもっと好きになっていきます。逆に数学が嫌いな生徒はやりたくない問題をやらされて、その問題を理解できず、数学をもっと嫌いになっていきます。

本書は、数学好きな人はもちろんのこと、数学が嫌いになってしまった人でも楽しめるよう、数学史という切り口から数学の魅力を再発見してもらう目的で書きました。

実際の授業でもそうですが、単に教科書に載っている公式だけを紹介するよりも、

●なぜその公式が生まれたのか？
●この公式を考えた数学者はどんな人だったのか？
に触れるだけで、数学そのものへの興味や関心が変わってきます。

本書を1章から4章まで読み進めていく中で、中学校で学んだ覚えのある「三平方の定理」や「二次方程式の解の公式」なども、数学史の流れの一部として出てきます。それらの背景に何があり、その後どう役立っていったのかを本書を通じて理解してもらえたらと思います。特に、ほぼ全ページに入れているコラムには、本編から少し離れた数学史上の小ネタが満載です。

また、中学数学までの内容で本書を作りたかったものの、数学史の流れを語るうえで、高校以上の数学を取り上げることは避けられませんでした。その内容については、5章でまとめて解説をしているので深追いしない程度にご覧ください。

最後になりますが、まだ発展途上にある当サイトを見つけ、制作を担当してくださったknowm様、各ページにかわいいイラストやわかりやすい図版を入れてくださったイラストレーターの酒井様と西原様、編集者目線で鋭いご指摘をくださいましたナツメ出版企画の柳沢様に、厚くお礼を申し上げます。

Fukusuke

本書の使い方

本書は大きく分けると、「本編」と「Pick Up！」の2種類で構成されています。

●本編

数学史を時系列に沿って解説する、この本のメインページです。

年代タブ
どの年代を扱っているかが一目でわかります。

ポイント
その見開きの要点が3点でわかります。

年表
その見開きに登場する内容を時系列に沿って並べています。

●Pick Up！

本編に関連する内容を、テーマを決めて特集したページです。

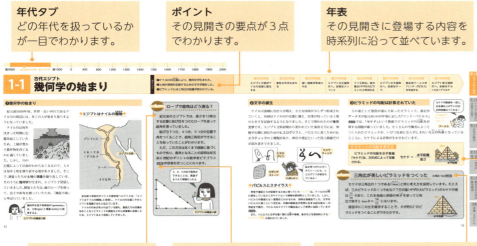

コラム
そのページの内容に関連する小話や、数学者の人柄がわかるエピソードなどを扱っています。

文章中の参照ページ
（ピタゴラス p.28）
文章中の用語が、ここ以外で説明されている参照ページです。

文章外の参照ページ
（三角比・tan p.202）
その一節を理解するために必要な高校以上の数学の内容とその解説ページが書かれています。

公式・定理・重要な問題など
数学において、有名または重要な内容が書かれています。

例
具体的な数値を使って説明しています。

テーマ例
- 各地域で行われた計算方法
- 各地域で使われた数字
- 有名な公式や定理の歴史
- 数学の定数や記号の歴史
- 数学者や数学書の解説
- 数学に関する論争
- 本編で出てこなかった地域の数学

など

第5章

第5章は分野ごとの数学の解説ページとなっています。

数学の分野ごとの年表や、その分野が現在何に利用されているかがわかります。

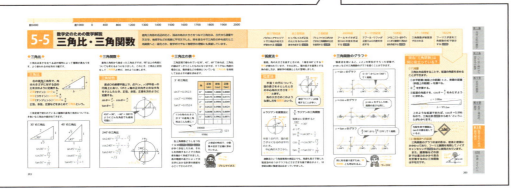

「読み流してOK」マーク

このマークがついている公式や例では、数学的に難しい内容を扱っています。その部分は軽い気持ちで読み流してください。

もくじ

はじめに ……………………………………………………… 2
本書の使い方 ………………………………………………… 3

● 第1章の前に　**0**　先史時代　**数学の始まり** ……………… 8

第1章　古代文明の数学（〜紀元前3世紀頃）

年表で理解！　数学史の流れ　四大文明と古代ギリシャ ……… 10
1-1　古代エジプト　幾何学の始まり ……………………… 12
1-2　古代エジプト　数字の登場 ………………………… 14
1-3　古代エジプト　世界最古の数学問題集 ……………… 16
1-4　メソポタミア(バビロニア)　位取り記数法の始まり …… 18
1-5　メソポタミア(バビロニア)　バビロニアの数学プリント集 ……… 20
Pick Up!　エジプトとバビロニアの四則演算 ……………… 22
1-6　古代ギリシャ　証明の始まりの地 …………………… 24
1-7　古代ギリシャ　タレス ………………………………… 26
1-8　古代ギリシャ　ピタゴラス …………………………… 28
Pick Up!　ピタゴラスが分類した数 ………………………… 30
Pick Up!　三平方の定理の証明方法 ………………………… 32
1-9　古代ギリシャ　円積問題 …………………………… 34
1-10　古代ギリシャ　立方体倍積問題 …………………… 36
1-11　古代ギリシャ　角の三等分問題 …………………… 38

Pick Up!　三大作図問題は折り紙で解ける？ …………… 40
1-12　古代ギリシャ　無理数の発見 ……………………… 42
1-13　古代ギリシャ　無限の扱い ………………………… 44
Pick Up!　多種多様なパラドックス ………………………… 46
1-14　古代ギリシャ　2人の哲学者の功労 ………………… 48
Pick Up!　古代ギリシャ数学者相関図 ……………………… 50
1-15　古代ギリシャ　ギリシャ数学の集大成 ……………… 52
Pick Up!　空前のベストセラー『原論』 …………………… 54
Pick Up!　素数の研究 ……………………………………… 56
Pick Up!　完全数の研究 …………………………………… 58
Pick Up!　紀元前の中国数学 ……………………………… 60
Pick Up!　紀元前のインド数学 …………………………… 62
Pick Up!　紀元前の主な数字の比較 ……………………… 63
Pick Up!　紀元前の数学の比較 …………………………… 64

第2章 ヘレニズム時代から中世までの数学

年表で理解！ 数学史の流れ　ヘレニズム時代から中世まで ……… 66	2-9　中世インド　ギリシャからインドへ ……… 92
2-1　ヘレニズム時代　アルキメデス ……… 68	Pick Up!　アラビア数字ができるまで ……… 94
Pick Up!　円周率の研究 ……… 70	2-10　中世イスラーム世界　イスラームの数学 ……… 96
2-2　ヘレニズム時代　アポロニウス ……… 72	2-11　中世イスラーム世界　2人のイスラーム数学者 ……… 98
2-3　ヘレニズム時代・ローマ時代　実用数学への逆流 ……… 74	2-12　中世ヨーロッパ　翻訳とフィボナッチ ……… 100
Pick Up!　エラトステネスのふるい ……… 76	Pick Up!　フィボナッチ数列と黄金比 ……… 102
Pick Up!　チェバ・メネラウスの定理 ……… 77	2-13　中世ヨーロッパ　オレームと中世の終焉 ……… 104
2-4　ローマ時代　プトレマイオス ……… 78	Pick Up!　紀元後の中国数学 ……… 106
Pick Up!　天文学が重要視された理由 ……… 80	Pick Up!　魔方陣の研究 ……… 108
Pick Up!　ローマ数字とアバクス ……… 81	Pick Up!　アメリカ大陸の数学 ……… 110
2-5　ローマ時代　ヘロン ……… 82	Pick Up!　n進法の特徴 ……… 111
Pick Up!　マイナーな角度の三角比 ……… 84	Pick Up!　中世までの数学書 ……… 112
Pick Up!　バビロニアの開平法 ……… 85	
2-6　ローマ時代　ディオファントス ……… 86	
2-7　ローマ時代　パッポス ……… 88	
2-8　ローマ時代　ギリシャ数学の終焉 ……… 90	

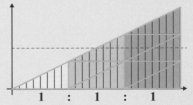

もくじ

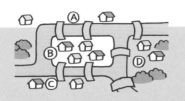

第3章 近世の数学

誕生順で整理！ 有名数学者一覧　近世ヨーロッパ ……………………114

3-1　近世イタリアなど　**イタリアのルネサンス** ……………………116

Pick Up!　**計算記号の誕生①** ……………………118

3-2　近世イタリア　**虚数の誕生** ……………………120

Pick Up!　**三次方程式の解法は誰のもの？** ……………………122

3-3　近世フランスなど　**三角法と代数学の発展** ……………………124

3-4　近世イギリスなど　**対数の誕生** ……………………126

Pick Up!　**計算器具の発達** ……………………128

Pick Up!　**計算記号の誕生②** ……………………129

3-5　近世イタリアなど　**無限への再挑戦** ……………………130

3-6　近世フランス　**ルネ・デカルト** ……………………132

3-7　近世フランス　**ピエール・ド・フェルマー** ……………………134

Pick Up!　**フェルマーの最終定理** ……………………136

3-8　近世フランス　**ブレーズ・パスカル** ……………………138

3-9　近世イギリス　**アイザック・ニュートン** ……………………140

3-10　近世ドイツ　**ゴットフリート・ライプニッツ** ……………………142

Pick Up!　**ニュートン vs. ライプニッツ** ……………………144

3-11　近世イギリス　**イギリスでの無限の扱い** ……………………146

3-12　近世スイス　**ベルヌーイ一族** ……………………148

Pick Up!　**日常生活で目にする曲線** ……………………150

3-13　近世スイス　**レオンハルト・オイラー** ……………………152

Pick Up!　**オイラーの数学** ……………………154

Pick Up!　**eはなぜ誕生したのか？** ……………………156

Pick Up!　**functionが関数になるまで** ……………………157

Pick Up!　**日本の数学の歴史** ……………………158

Pick Up!　**近世ヨーロッパ各国の数学** ……………………160

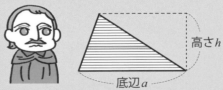

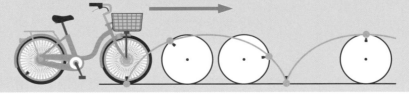

第4章 近代・現代の数学

誕生順で整理！ 有名数学者一覧　近現代の欧米諸国 ……………162
4-1　近代フランス　革命期のフランス ……………………………164
Pick Up!　ナポレオンと数学者 ……………………………………166
4-2　近代フランス　フーリエとコーシーの積分 …………………168
4-3　近代ドイツ　カール・フリードリヒ・ガウス ………………170
Pick Up!　ガウスの数学 ……………………………………………172
4-4　近代ヨーロッパ　非ユークリッド幾何学の考案 ……………174
Pick Up!　リーマン予想 ……………………………………………176
Pick Up!　トポロジーの誕生 ………………………………………177
4-5　近代イギリス・ドイツ　新しい代数学 ………………………178
Pick Up!　代数学を発展させた悲劇の数学者 ……………………180
4-6　近代ドイツ　厳密な無限へ ……………………………………182
4-7　近代ヨーロッパ・アメリカ　社会に広がる統計学 …………184
4-8　近代ヨーロッパ　不完全性定理からコンピュータへ ………186
Pick Up!　無限がつくるありえない世界 …………………………188
Pick Up!　研究形態の多様化 ………………………………………189
4-9　近代アメリカ　戦前戦後の数学 ………………………………190
Pick Up!　数学はどう進んでいくのか？ …………………………192

第5章 数学史のための数学解説

5-1　数学史のための数学解説　数と式 ……………………………194
5-2　数学史のための数学解説　論理と集合 ………………………196
5-3　数学史のための数学解説　幾何学 ……………………………198
5-4　数学史のための数学解説　数論と数列 ………………………200
5-5　数学史のための数学解説　三角比・三角関数 ………………202
5-6　数学史のための数学解説　複素数 ……………………………204
5-7　数学史のための数学解説　指数対数 …………………………206
5-8　数学史のための数学解説　関数と座標 ………………………208
5-9　数学史のための数学解説　確率と統計 ………………………210
5-10　数学史のための数学解説　解析学 ……………………………212

数学史年表 ……………………………………216
さくいん ………………………………………218
参考文献 ………………………………………223

● 第1章の前に

前5000 〜紀元前5000年　　前1000　0　400　800　1200　1300　1400　1500　1600　1700　1800　1900　2000

0 先史時代 数学の始まり

ポイント
1. 人類が数学的概念を獲得したのは、前30万年頃。
2. 数は指や石、紐の結び目を使って数えていた。
3. 2万年前頃から数を書いて記録していた。

前30万年頃 人類が数・形・大きさの違いに気づくようになる

その後 手や道具を使って数を数えるようになる

2万年前頃 「イシャンゴの骨」に数が記録される

❶数学の始まりはいつ？

数学はいつ始まったのでしょうか？ （定理の）証明であれば紀元前600年頃のタレス（数学者） p.26 、数字であれば紀元前3200年頃のエジプトのヒエログリフ（神聖文字） p.14 が起源になります。

しかし、最も初期の数学としては、**数量や形、大きさ**が「違う」「同じ」といった数学的概念が挙げられます。

紀元前30万年頃の狩猟・採集の時代に、世界のさまざまな場所でこの数学的概念が獲得されました。

多様なものが存在する世界に、抽象的に違うものや同じものが存在するということに気づき始めたのが数学、さらには科学の原点と言えるでしょう。

❷数を数えて記録する

「**数を数える**」ことは、文明が興る前、人間が多数の家畜や食料を扱い始めた頃から、少しずつ発展していきました。

まずは、**指の数**と対象物の数を対応させましたが、この「指で数える」という方法では足の指を入れても20までしか数えられません。そのため、今度は**石**や**紐の結び目**を数に対応させるようになります。ただ、石は持ち運ぶには重く、紐は結ぶのに手間がかかります。そこで、**木の棒**や**骨**に刻み目をつけて数を記録する方法が考え出されました。約2万年前の記録とされる「**イシャンゴの骨**」では、3行にわたって数を表していると思われる刻み目がついています。

文明が興る前から「数を数え、記録する」という行為を獲得した人類。その後、よりわかりやすい**数字**という統一表記が開発されたのは必然の流れと言えます。

イシャンゴの骨：大きさの異なる刻み目が3行にわたってつけられている

第1章

古代文明の数学
（〜紀元前3世紀頃）

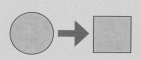
タレス

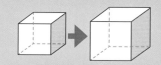
ピタゴラス

エジプトとメソポタミアでは、大きな河川の流域に文明が興り、文字が誕生すると同時に独自の数学が行われました。また、少し遅れてギリシャでも文明が興り、今の数学の土台が形づくられていきます。紀元前から数学者たちの飽くなき研究は始まっていたのです。

エウドクソス

ユークリッド

プラトン

アリストテレス

ヒポクラテス

年表で理解！ 数学史の流れ
四大文明と古代ギリシャ

四大文明が興り、各地で生まれた数字は各文明の数学レベルを引き上げました。しかし、エジプトやメソポタミアから影響を受けた古代ギリシャは四大文明以上に数学を大きく発展させています。各地における数学の特色とその発展の様子を見てみましょう。

年号	国・地域	主なできごとや誕生した数学者
前5500年頃	メソポタミア	チグリス川とユーフラテス川の流域にメソポタミア文明が興る。
前5000年頃	エジプト	ナイル川流域にエジプト文明が興る。
	中国	黄河や長江の流域で文明（中国文明）が興る。
前3200年頃	エジプト	ヒエログリフ（神聖文字）が使われるようになる。数字は7種類。
前3000年頃	エジプト	ヒエラティック（神官文字）が使われるようになる。数字の種類が増えた。
	メソポタミア	楔形文字が使われるようになる。数字は2種類。
前2600年頃	インド	インダス川流域でインダス文明が興る。
前2000年頃	ギリシャ	クレタ島を中心にエーゲ文明が誕生する。
	メソポタミア（バビロニア）	バビロニア人がメソポタミア地域を支配するようになる。
前1850年頃	エジプト	『モスクワ・パピルス』が作成される。
前1800年頃	メソポタミア（バビロニア）	三平方の定理を知っていた証拠となる粘土板「プリンプトン322」が書かれる。
前1750年頃	メソポタミア（バビロニア）	ハンムラビ王の時代に、バビロニアの数学体系が完成。粘土板が大量につくられる。
前1650年頃	エジプト	書記官アーメスが『リンド・パピルス』を作成する。
前1600年頃	中国	殷王朝で甲骨文字が誕生。13種類の数字もつくられる。
	ギリシャ	ギリシャ本土で誕生したミケーネ文明が、エーゲ海周辺を支配する。
前1050年頃	ギリシャ	フェニキア文字を起源にアルファベット（ギリシャ文字）が誕生する。
前1000年頃	インド	インダス文明の跡地を支配したアーリヤ人によって『シュルバスートラ』が書かれる。
前8世紀半	ギリシャ	ギリシャ文字が数字としても使われるようになる。古いギリシャ文字も活用し、数字は全部で27種類。

柱に刻むのはヒエログリフ。紙に書くのはヒエラティック

神への貢ぎ物や、土地の測量結果を記録するために数字が必要でした。

エジプトの書記

メソポタミアの数学とバビロニアの数学はほぼ同じ意味！

ハンムラビ王のときに、数学の研究が盛んだったんだ

メソポタミアの書記

クフ王のピラミッドの大きさだって求められちゃう

『モスクワ・パピルス』には、ピラミッドの体積を求める方法も載せました。

エジプトの書記

ギリシャ数字は覚えるのが大変。

計算にも不便

ギリシャ人

『シュルバスートラ』は宗教書だよ。

自然神を崇拝

アーリヤ人

年号・生年	国	主なできごとや誕生した数学者
前625年頃	ギリシャ	ミレトスのタレス（Thales, 前625年頃～前547年頃）。世界で初めて定理を証明する。
前569年頃	ギリシャ	サモス島のピタゴラス（Pythagoras, 前569年頃～前500年頃）。三平方の定理を証明する。
前500年頃	ギリシャ	クラゾメナイのアナクサゴラス（Anaxagoras, 前500年頃～前428年頃）。円積問題に挑戦する。
前490年頃	ギリシャ	エレアのゼノン（Zeno, 前490年頃～前430年頃）。パラドックスを提示する。
前5世紀頃	ギリシャ	メタポンタムのヒッパソス（Hippasus, 前5世紀頃）。$\sqrt{2}$ が無理数であることを証明する。
前470年頃	ギリシャ	キオス島のヒポクラテス（Hippocrates, 前470年頃～前410年頃）。月形図形を研究する。
前465年頃	ギリシャ	キュレネのテオドロス（Theodorus, 前465年頃～前398年頃）。$\sqrt{17}$ が無理数であることを証明する。
前460年頃	ギリシャ	アブデラのデモクリトス（Democritos, 前460年頃～前370年頃）。立体を無限個の平面に分ける。
前460年頃	ギリシャ	エリスのヒッピアス（Hippias, 前460年頃～前399年頃）。円積線を発明する。
前5世紀頃	ギリシャ	アンティフォン（Antiphon, 前5世紀頃）。正多角形を細かくして円を近似する。
前428年頃	ギリシャ	タレンテのアルキュタス（Archytas, 前428年頃～前360年頃）。三次元の作図で立方体倍積問題を解く。
前427年	ギリシャ	アテネのプラトン（Plato, 前427年～前347年）。前387年頃にアカデメイアを創立する。
前415年頃	ギリシャ	アテネのテアイテトス（Theaetetus, 前415年頃～前369年）。正多面体と無理数を研究する。
前408年頃	ギリシャ	クニドスのエウドクソス（Eudoxus, 前408年頃～前355年頃）。取りつくし法を発明する。
前400年頃	インド	ブラーフミー数字が使われるようになる。
前390年頃	ギリシャ	ディノストラトス（Dinostratus, 前390年頃～前320年頃）。円積線を円積問題に利用する。
前384年	ギリシャ	マケドニアのアリストテレス（Aristotle, 前384年～前322年）。定義や公理などの言葉を整理する。
前380年頃	ギリシャ	アロペコネソスのメナイクモス（Menaechmus, 前380年頃～前320年頃）。円錐曲線を利用する。
前330年頃	ギリシャ インド	アレクサンドロス大王の東方遠征により、ギリシャやインド独自の文化が衰退する。
前330年頃	ギリシャ エジプト	ユークリッド（Euclid, 前330年頃～前275年頃）。『原論』でギリシャ数学をまとめる。
前213年	中国	秦の始皇帝の焚書政策で、これ以前の中国の数学書が焼き払われる。
前200年頃	中国	『周髀算経』や『九章算術』が書かれる。

タレス
「定理は証明してなんぼ！」
「ワシが世界で最初の数学者じゃ。」

ヒポクラテス
「疫病からアテネを救うためにも解かなきゃ」
「この時のアテネのブームは、「円積問題」と「立方体倍積問題」。」

ヒッピアス
「「角の三等分線」も流行っていたよ。」
「3つ合わせて「三大作図問題」」

アーリヤ人
「現在の数字の元祖がブラーフミー数字！」
「「7」はほぼ同じ」

プラトン
「この中にアカデメイアの卒業生が4人もいるよ。」
「みんな優秀」

秦の数学者
「中国数学の歴史はここから始まる。」
「焚書政策がなければ…」

前5000　紀元前5000年〜前1500年　前1000　0　400　800　1200　1300　1400　1500　1600　1700　1800　1900　2000

1-1 古代エジプト
幾何学の始まり

ポイント
❶ナイル川の氾濫により、幾何学が生まれた。
❷土地の情報を記録するための文字が誕生した。
❸ピラミッドには三角比の知識が使われている。

❶幾何学の始まり

　紀元前5000年頃、世界一長い河川であるナイル川の周辺には、多くの人が集まり暮らすようになっていました。

　ナイル川は毎年決まった時期に氾濫を起こしていたため、土壌が豊かで農作物を育てるのに適していました。しかし、川の

氾濫によって区画がわからなくなるので、人々は毎年土地を測り直す必要がありました。そこで、測量士たちが**土地の測量**を繰り返していき、そのうちに**幾何学**が生まれ、エジプトで発展していきました。測量士たちは、麻のロープを使って、長さや直角を測っていたため、「縄張り師」と呼ばれていました。

幾何学を表す英単語の「geometry」は、土地（geo）と測量（metry）に由来するよ。

エジプトの縄張り師

◆エジプトはナイルの賜物◆

メンフィス
テル＝エル＝アマルナ
エジプト文明
テーベ
ナイル川

　紀元前5世紀のギリシャの歴史家ヘロドトスは、「エジプトはナイルの賜物」と表現し、ナイル川の氾濫こそがエジプトを発展させたと伝えています。
　ナイル川の水があふれ出ている間も、農民たちは労働を休むことなくピラミッドの建設などの公共事業に従事したため、エジプトはより成長していきました。

column ロープで直角はどう測る？

　紀元前のエジプトでは、長さを12等分する位置に結び目をつけたロープを使って直角を測っていました。

　結び目3つ分、4つ分、5つ分の位置で角をつくることで、直角三角形ができることを知っていたことがわかります。

　ただ、この方法はあくまで経験に基づくものであり、直角となることの証明は紀元前6世紀のギリシャの数学者ピタゴラス p.28 の登場を待つことになります。

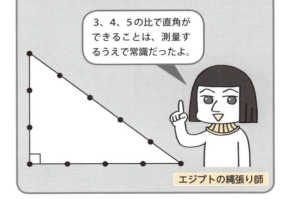

3、4、5の比で直角ができることは、測量するうえで常識だったよ。

エジプトの縄張り師

12

前5000年頃	前3200年頃	前3000年頃	前2700年頃	前2500年頃	前2100年頃	前1650年頃	前1500年頃
エジプト文明がナイル川流域に誕生する	象形文字が生まれる	統一国家が形成される	エジプト古王国時代へ。首都はメンフィス	クフ王即位。彼の墓は「ギザの大ピラミッド」と呼ばれる	エジプト中王国時代へ。首都はテーベ	書記官アーメスが『リンド・パピルス』を作成する	エジプト新王国時代へ。首都はテル＝エル＝アマルナ

❷文字の誕生

ナイル川流域に住む人が増え、小さな国家が少しずつ形成されていくと、各国はナイル川の氾濫に備え、民衆が持っている土地の大きさを記録するようになりました。そこで使われたのが**象形文字**です。エジプト文明初期から使われていた象形文字には、神殿や石碑に刻むための**ヒエログリフ**と、パピルスに書くための**ヒエラティック**の２種類があり、神官や書記といった役人階級だけが読み書きできました。

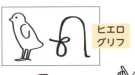
ヒエログリフ

ヒエラティック

ロゼッタストーン

ナポレオン

私が見つけたロゼッタストーンにも、ヒエログリフが刻まれているよ！

◆パピルスとスタイラス◆

神官や書記たちが記録するために使っていた**パピルス**は、ナイル川の畔に群生しているカミガヤツリという植物を原材料としていました。しかし、パピルスの製造には１週間ほどかかるため、当時は高級品でした。文字をパピルスに書くという文化は、中国の製紙法が世界に広まる紀元後８～10世紀まで続き、パピルスはエジプトの輸出品として世界に出回っています p.112。

また、パピルスに文字を書く際には葦や青銅、象牙などを原材料とする**スタイラス（尖筆）**が使われていました。

❸ピラミッドの勾配は計算されていた

王の墓として建設が盛んであったピラミッド。書記官アーメスが紀元前1650年頃に記した『リンド・パピルス』p.17 では、「セケド」という数値でピラミッドの勾配を計算する問題が載っていました。たくさんの労働者によってつくられたピラミッドが、いびつな形にならずにきれいな正四角錐となっているところに、セケドによる計算が生かされています。

アーメス

セケドの数値を一定に、石を積み上げていけば、正四角錐はつくれる！
王の墓なので、きれいにつくらないと…

ピラミッドの勾配を表す式

ピラミッドの勾配を示す数値「セケド」は、次の式によって定義される。

$$セケド = \frac{水平距離}{高さ}$$

column 三角比が美しいピラミッドをつくった

三角比・tan p.202

セケドは三角比の１つである「tan（タンジェント）」と同じ考え方を採用しています。たとえば、三大ピラミッドの１つであるクフ王の墓（ギザの大ピラミッド）のセケドの値は $\frac{11}{14}$ であり、これを地面と斜面の角 θ（シータ）を使って三角比で表すと $tan\theta = \frac{14}{11}$ になります。

建設中にこの比を維持することで、θ が約52°のピラミッドをつくることができたのです。

第1章 古代文明の数学
第2章 ヘレニズム時代から中世までの数学
第3章 近世の数学
第4章 近代・現代の数学
第5章 数学史のための数学解説
付録 年表・さくいん

1-2 古代エジプト 数字の登場

ポイント
❶用途や時代によって3種類の象形文字が使われていた。
❷ヒエログリフでは、7種類の数字が使われていた。
❸10進法に基づいて数が表されていた。

❶ヒエログリフ

古代エジプトで使われていた象形文字は、モノや神の形をかたどってつくられました。象形文字の中で、最も古いものは紀元前3200年頃から使われていた**ヒエログリフ**です。神に捧げた動物の数を記録するために神殿や石碑に刻まれたことから**神聖文字**とも呼ばれています。文字を読み書きできたのは神官や書記などの役人だけではあったものの、ヒエログリフの中には数字もあり、数学史においても重要な役割を果たしています。

◆7種類の数字◆

エジプトの神殿に刻まれたヒエログリフには、7種類の数字がありました。
その数を表すのにふさわしい由来をそれぞれ持っています。

1	|	1本を表す縦棒
10	∩	10個の卵が入るかごの取っ手
100	℮	100歩分の長さがあるロープ
1000	(蓮の花)	ナイル川の畔で大量に咲く蓮の花

10000	(指)	ナイル川の畔で大量に芽を出す葦
100000	(オタマジャクシ)	大量に群生するオタマジャクシ
1000000	(ヘフ神)	無限を意味するエジプトのヘフ神

◆数の表し方◆

ヒエログリフを用いた数の表し方は、7種類の数字を必要な数だけ並べるという非常に単純な方法でした。実際にいくつかの例を見てみましょう。

100が2個で 100×2＝200
10が3個で 10×3＝30
1が1個で 1×1＝1
よって、200＋30＋1＝231

1000000が2個で 1000000×2＝2000000
100000が5個で 100000×5＝500000
10000が6個で 10000×6＝60000
1000が9個で 1000×9＝9000
1が1個で 1×1＝1
よって、
2000000＋500000＋60000＋9000＋1＝2569001

エジプトの書記

1000以上は書きたくない

最大の数は9999999。捧げる動物の数に限りがあるから、大きな数は必要なかったんだ。ただ、石碑に刻むのが面倒…。

◆分数は単位分数のみ◆

古代エジプトでは、分子が1である単位分数が好まれ、分母を表すヒエログリフの上に口型の記号を書くことで表しました。分子が1ではない分数については、単位分数の和で表しています p.17。

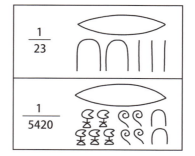

$\frac{1}{23}$

$\frac{1}{5420}$

前3200年頃	前3000年頃	前1850年頃	前1650年頃	前660年頃	5世紀頃
ヒエログリフ(神聖文字)が使われるようになる	ヒエラティック(神官文字)が使われるようになる	『モスクワ・パピルス』がヒエラティックで書かれる	『リンド・パピルス』がヒエラティックで書かれる	ヒエログリフやヒエラティックに代わり、デモティック(民衆文字)が使われるようになる	エジプト独自の象形文字は使われなくなる

❷ヒエラティック

　神殿や石碑に刻まれたヒエログリフですが、国家に仕える神官や書記が民衆の土地や穀物の量を記録するためには不向きでした。なぜなら、1文字を書くために相当長い時間がかかってしまうからです。特に数字については、同じ数字を何個も並べて書かなければなりません。そこで、神官たちがヒエログリフを簡略化した**ヒエラティック(神官文字)**を使うようになり、パピルスに書かれる文字として定着していきました。

国家公務員たる者、書くスピードが大切！

アーメス

◆数字の種類は増えた◆

　ヒエログリフでは、必要な数だけ縦棒を並べることで1から9までの数字を表したのに対し、ヒエラティックでは以下のような数字が発明されました。

1　2　3　4　5　6　7　8　9　10

　1から9だけでなく、20, 30, 40, ……, 90や200, 300, 400, ……, 900、2000以降も同様に数字が決まっていたため、4ケタの数だとしても最大4文字で表すことができました。ただ、数字の種類が9倍に増えているため、覚えるのが大変でした。神官や書記という限られた階級の人間しか数字を扱えなかったのも納得できます。

◆分数も簡略化◆

　ヒエログリフでは口型の記号を書いていた単位分数ですが、ヒエラティックでは代わりに点を書くだけになりました。ただし、この表し方も時代とともに変わっていき、それぞれの単位分数を表す数字も生まれ、数字の読み書きがどんどん複雑なものになっていきました。

$\frac{1}{6}$

column $\frac{2}{3}$だけは特別!?

　古代エジプトで好まれた単位分数ですが、分子が1ではない分数が唯一存在します。それが$\frac{2}{3}$。ヒエログリフでもヒエラティックでも、それぞれ$\frac{2}{3}$専用の数字が生み出されました。その理由は定かではありませんが、使用頻度の高さや古代エジプト独特の計算方法である「2倍法」p.23 が関係しているようです。

ヒエログリフの$\frac{2}{3}$
（ルールどおりなら$\frac{1}{2}$に類似）

$\frac{1}{2}$には「⌒」という数字を代用したよ。

アーメス

ヒエラティックの$\frac{2}{3}$

◆民衆向けの文字「デモティック」◆

　その後も文字の簡略化が進み、紀元前660年頃には「デモティック」と呼ばれる民衆文字まで生まれます。しかし、ローマ帝国の支配が始まった紀元前1世紀頃からローマ文字 p.81 に取って代わられるようになり、5世紀頃にはエジプト独自の文字は使われなくなりました。

1-3 古代エジプト 世界最古の数学問題集

ポイント
① 古代エジプト数学を知るための手がかりは2つのパピルス。
② 『リンド・パピルス』には87個の数学の問題が載っている。
③ 円の面積の求め方や方程式まで考えられていた。

❶ 2つのパピルス

古代エジプト数学の最盛期は紀元前19世紀頃から紀元前17世紀頃と推測されており、その根拠となる資料が『モスクワ・パピルス』と『リンド・パピルス』です。最も有名なのは、書記官アーメスによって書かれた『リンド・パピルス』であり、紀元前1650年頃に書かれたとされる長さ5m以上の巻物には、分数表と87個の問題がぎっしりと並んでいます。また、情報量の点では劣るものの、これより古くから存在する『モスクワ・パピルス』には25個の問題が書かれていました。

いずれにせよ、これらのパピルスは世界最古の数学問題集であると言え、その内容から古代エジプト人の数学力の高さを知ることができます。

（アレクサンダー・ヘンリー）リンド:「エジプト中王国時代の首都テーベが元々あった地域で購入したよ。著者名から「アーメス・パピルス」とも呼ばれます。」「でも、通例リンド・パピルス」

ゴレニシェフ:「こっちもエジプトで購入。モスクワの美術館に寄贈したのが名前の由来だよ。」「ゴレニシェフ・パピルスとも呼んでほしい」

column 紙の語源は「パピルス」

紀元前2世紀頃より前の地中海地域では、古代エジプト原産のパピルス (papyrus) に文字を書き残すのが主流でした p.112 。これが現在の紙 (paper) の語源になっています。

❷ モスクワ・パピルス

『リンド・パピルス』よりも簡略化された表現で書かれていて、著者も明らかになっていない『モスクワ・パピルス』ですが、今の数学にもつながっており、いかにもエジプトらしい問題が載っていました。

◆ピラミッドの体積の公式◆

ピラミッドの形と聞くと、正四角錐を思い浮かべるかと思いますが、『モスクワ・パピルス』で扱われていたのは正四角錐台（正四角錐をある高さで底面と平行に切った立体）の体積の求め方でした。実際の問題と解法を見てみましょう。

『モスクワ・パピルス』問題14

高さが6、底辺が4、上辺が2の正四角錐台の体積を求めよ。

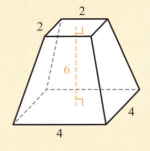

解法

次のような計算で求められる。

$$(4^2 + 2 \times 4 + 2^2) \times 6 \times \frac{1}{3} = 56$$

ここで上辺の2が0であった場合、

$$(底面積) \times (高さ) \times \frac{1}{3}$$

となり、現在の私たちが知っている錐体の体積の公式と同じになります。いかにしてこの公式を得たのかは定かではないものの、ピラミッドの建設などの経験によるものと考えられています。

前1850年頃	前1650年頃
『モスクワ・パピルス』がヒエラティックで書かれる	『リンド・パピルス』がヒエラティックで書かれる

❸リンド・パピルス

『リンド・パピルス』は分数表から始まり、実生活で役立つ計算問題を中心に扱っています。エジプトは幾何学の発祥地ということもあり、平面図形や空間図形についても紙面を割いています。

◆分数は単位分数の和で表す◆

ヒエログリフ p.14 やヒエラティック p.15 では、単位分数（分子が1の分数）のみ表すことができました。では、$\frac{2}{5}$ はどのように表せばよいのでしょうか。

そこで役に立つのが、『リンド・パピルス』に載っている分数表です。5から101までの奇数を分母とした、分子が2の分数を、単位分数の和でそれぞれ表しています。

『リンド・パピルス』分数表（一部）

$\frac{2}{5} = \frac{1}{3} + \frac{1}{15}$　　$\frac{2}{7} = \frac{1}{4} + \frac{1}{28}$

$\frac{2}{9} = \frac{1}{6} + \frac{1}{18}$　　$\frac{2}{97} = \frac{1}{56} + \frac{1}{679} + \frac{1}{776}$

$\frac{2}{99} = \frac{1}{66} + \frac{1}{198}$

$\frac{2}{101} = \frac{1}{101} + \frac{1}{202} + \frac{1}{303} + \frac{1}{606}$

◆円周率は3.16◆

円の面積を求めようとする動きは今から3000年以上前のエジプトですでに起こっており、『リンド・パピルス』では、以下のような図から円の面積を考えました。

一辺の長さが9の正方形に内接する円を八角形で近似します。八角形は正方形5つと直角二等辺三角形4つからできているので、

$$3^2 \times 5 + 3 \times 3 \times \frac{1}{2} \times 4 = 63$$

と面積が求められます。ただ、エジプトの書記官たちは円の面積を平方数で表したかったため、答えとしては64としました。これにより、半径 $\frac{9}{2}$ から逆算することで、エジプトで求められた円周率は3.1604…の精度であったことがわかります。

また、あえて64を採用したことから、エジプトが円積問題 p.34 に似た興味を持っていたことも見えてきます。

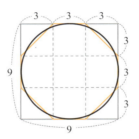

◆「アハ問題」◆

「アハ問題」というのは、現在の「方程式」のこと。未知数を「アハ」と呼び、「仮置法」という解を事前に仮定する方法で解いていました。

『リンド・パピルス』問題26

アハとアハの $\frac{1}{4}$ の和が15であるとき、アハの値を求めよ。

解法

アハを4と仮定する。

このとき、アハとアハの $\frac{1}{4}$ の和は5。

これを3倍すれば15になるため、仮定した4を3倍することで、求めたいアハは12とわかる。

等式の性質を使わなくても、比で解けちゃうもんね〜。

賢いでしょ

アーメス

column なぜ単位分数を好んだ？

単位分数の優れているところは、物を分けるときに形まで平等に分けられる点。2個のパンを5人で分けるとき、$\frac{2}{5}$ ずつで考えてしまうと、1人だけ $\frac{1}{5}$ の寄せ集めとなってしまいます。

しかし、$\frac{1}{3} + \frac{1}{15}$ で考えてあげると、全員が同じ形のパン2切れを手にすることができ、量だけでなく形まで平等に分けられます。

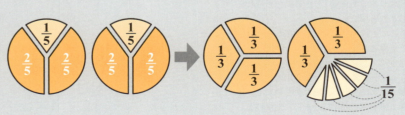

1-4 メソポタミア（バビロニア） 位取り記数法の始まり

ポイント
1. バビロニアはメソポタミアの一部の地域名を指す。
2. 楔形文字が使われ、数字は2種類用意されていた。
3. 60進法の位取り記数法で数が表された。

❶メソポタミア文明の始まり

紀元前5500年頃、チグリス川とユーフラテス川の畔に人々が住み始めました。エジプトにおけるナイル川と同様、2つの河川の氾濫によって、土地がやせることなく肥沃であり続けたのです。紀元前3000年頃には、シュメール人が国家を形成しました。民衆の穀物の収穫量や家畜の数を記録・管理するために、**楔形文字**が使われるようになりました。

◆肥沃な三日月地帯◆

後に世界の中心となるヨーロッパ、とりわけローマから見ると、エジプトやメソポタミアの方角は東にあたるため、日が昇るところという意味の「オリエント」という言葉を用いて、2つの文明は「古代オリエント文明」としてまとめられることもあります。

この古代オリエントの地域を象徴づける言葉として有名なのが、「肥沃な三日月地帯」です。ナイル川やチグリス川、ユーフラテス川といった河川の氾濫や多量の降水によって作物が育ちやすく、豊穣が期待される地域が三日月型に位置していたことに由来します。

◆保存技術に優れた粘土板◆

メソポタミア文明では楔形文字が使われ、尖筆で文字を粘土板に彫りつけて記録されました。粘土板を乾燥させることで長期的に文書を保存することが可能 p.20 だったため、現在まで大量の粘土板が残っています。

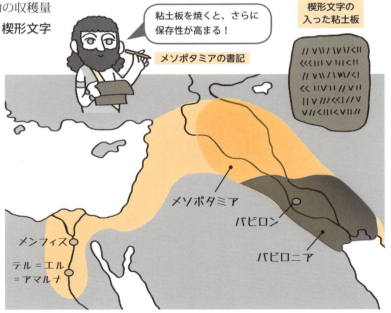

◆バビロニアは地域名◆

紀元前2000年頃、バビロニア人がメソポタミアの地の主権を握るようになり、都市バビロンを中心とした地域一帯を**バビロニア**と言うようになりました。

紀元前1750年頃のハンムラビ王の時代に、メソポタミアの数学がある程度完成したため、数学史では「メソポタミアの数学」の代わりに「バビロニアの数学」と言い表すのが通例となっています。

◆ペルシャの支配下へ◆

紀元前20世紀から紀元前18世紀が、世界史的にも数学史的にもメソポタミアの最盛期でした。その後は肥沃な土壌を巡ってさまざまな民族が攻め入り、支配者が何度も変わったのち、紀元前500年頃にペルシャの支配地域となりました。これにより、約4000年続いたメソポタミア独自の風土や文化の歴史は途絶えてしまいました。

前5500年頃	前3000年頃	前2000年頃	前1750年頃	前1600年頃	前500年頃
メソポタミア文明がチグリス川とユーフラテス川の流域に誕生する	シュメール人の国家ができ、楔形文字が使われるようになる	バビロニア人がメソポタミアを支配するようになる	ハンムラビ王の時代に、バビロニアの数学体系が完成する	さまざまな民族がメソポタミアに侵入し、支配者が頻繁に変わっていく	ペルシャの支配下となり、メソポタミア独自の歴史は幕を閉じる

❷楔形文字の数字

　為政者が国家に関係するさまざまな数量を把握するためには、数字が不可欠です。メソポタミアの書記たちは「1」と「10」を表す2種類の楔形文字による数字を使って、どんなに大きな数でも表せるようになりました。

◆60進法による位取り記数法◆　n進法・位取り記数法 p.200

　「1」と「10」を使って、1から59までの数は並べるだけで表すことができました。60以上の数については、現在私たちが数を表すときに使っている「位取り記数法」を利用しています。現在の位取り記数法は10進法によるもので、0から9までの10種類の数字を1の位、10の位、100(10^2)の位、…と並べていくことでどんなに大きな数でも表すことができます。それに対し、メソポタミアでは0から59までの60種類の数字を1の位、60の位、3600(60^2)の位、…と並べる60進法を使っていました。

10進法の位取り	60進法の位取り
423	
100の位が4で100×4 = 400 10の位が　2で10×2 = 20 1の位が　3で1×3 = 3 よって、 400 + 20 + 3 = 423を表す	3600の位が2で3600×2 = 7200 60の位が　11で60×11 = 660 1の位が　34で1×34 = 34 よって、 7200 + 660 + 34 = 7894を表す

◆位取り記数法の問題点◆

　世界初の位取り記数法を用いて書かれた楔形文字による数字ですが、書かれている数字がどこの位の数字なのかがわからないという問題点がありました。その理由は「0」がなかったからです。そのため、▼を見たときに、1の位が「1」なのか、1の位は空所で60の位が「1」なのか、はたまたもっと大きな位が「1」なのかを文脈から判断しなければなりませんでした。

私は今▼歳です。

メソポタミアの書記

1歳じゃ話せないよね
1歳や3600歳のはずがないから、60歳を指しているんだろう。

メソポタミアの書記

column なぜメソポタミアでは60進法が使われた？

　ペルシャに支配される紀元前500年頃まで、メソポタミアの地の伝統として60進法は受け継がれてきました。その理由として一番大きいのは、約数の個数の多さ。60の約数は1, 2, 3, 4, 5, 6, 10, 12, 15, 20, 30, 60の12個であり、9個の約数をもつ100よりも数を分割するのに優れています。その利便性から、現在の我々の生活に欠かせない時間の表示でも60進法が利用されています。

8:59　9:00
+1分
60分で時刻が1つ繰り上がる

1-5 メソポタミア（バビロニア） バビロニアの数学プリント集

ポイント
1. 二次方程式は3パターンに分けて解の公式が使われた。
2. $\sqrt{2}$ の近似値が小数第5位まで現在と一致していた。
3. 三平方の定理を理解していた。

粘土板に残る数々の数学の問題

　古代エジプトのパピルスに比べ、バビロニア（メソポタミアの一部の地域）で使われた**粘土板**は保存性が高く、当時のバビロニアの状況を何万枚もの粘土板から知ることができています。数学に関する粘土板は、数学体系が確立したハンムラビ王の時代（紀元前1750年頃）のものを中心に発掘されており、バビロニアの数学が実生活で使う範囲を超えた高度なものであったことがわかっています。

column 粘土板は再利用可能？

　3000年以上前の情報を我々に伝えてくれる粘土板。当時は、楔形文字を書いては粘土をこねて消し、また新たな文字を書くという繰り返し使用可能な記録媒体という位置づけでした。残しておきたい情報を記したときに、太陽熱や窯で焼いて加筆・修正ができない状態にすることで保存していました。

◆連立方程式◆

　バビロニアでは $3x - 2 = 7$ のような一元一次方程式は、現在と同様の方法で解かれていたとされています。さらにバビロニアは高度な方程式の解法も持っており、2つの未知数を持つ連立方程式は、以下のように解を仮定する方法で解いています。

連立方程式 $\begin{cases} \dfrac{2}{3}x - \dfrac{1}{2}y = 500 \cdots ① \\ x + y = 1800 \cdots ② \end{cases}$ の解法

②より、$x = 900, y = 900$ と仮定する。

①の左辺に代入して、$600 - 450 = 150$。

左辺を500にしたいので、その差は350である。

次に、x を $+1$、y を -1 した場合、①は、

$\dfrac{2}{3} \times 1 - \dfrac{1}{2} \times (-1) = +\dfrac{7}{6}$ だけ増えるため、

350の差を詰めるためには、

$350 \div \dfrac{7}{6} = 300$ だけ x を $+1$、y を -1 すればよい。

よって、$x = 1200, y = 600$ と求められる。

◆二次方程式◆

　バビロニアでは一次方程式にとどまらず、二次方程式まで扱っていました。負の数や0がないこの時代では、二次方程式を次の3つのパターンに分け、それらに応じた解法を適用しています。

$\begin{cases} (1)\ x^2 - px - q = 0 \\ (2)\ x^2 + px - q = 0 \\ (3)\ x^2 - px + q = 0 \end{cases}$ （p と q は正の数）

（1）であれば、

$$x = \sqrt{\dfrac{p^2}{4} + q} + \dfrac{p}{2}$$

という式にあてはめることで解を求めていました。この式は、現在我々が使っている二次方程式の解の公式と同じ式を表しています。負の数を考えないため、$\sqrt{\ }$ の前の±が＋だけになっているのです。

　ちなみに、$\sqrt{\ }$ の値については、「平方根表」という数表がバビロニアには存在していたため、それを使って調べることができました。

（1）と（2）のパターンは解が1つ、（3）のパターンは解が2つあることは知っていたよ。

バビロニアの書記

前2000年頃	前1800年頃	前1750年頃	前1800年頃～前1600年頃
バビロニア人がメソポタミアを支配するようになる	プリンプトン322が書かれる	ハンムラビ王の時代に、バビロニアの数学体系が完成する	YBC 7289をはじめ、数学に関する重要な粘土板が書かれる

◆ $\sqrt{2}$ の近似値 ◆

有名な粘土板の1つとして、YBC 7289（イェール・バビロニア・コレクションNo.7289）があります。

紀元前1800年頃～紀元前1600年頃に書かれたとされ、その粘土板には $\sqrt{2}$ の近似値が図形の中に記されています。

YBC 7289

YBC 7289には一辺30の正方形が描かれていて、その対角線の長さが今の数字で42.42638889…であると読み取れます。粘土版中央には、一辺の長さと対角線の長さの比が1.41421296…であることまで書かれており、現在わかっている実際の値は、$\sqrt{2}$ = 1.41421356…（一夜一夜に人見頃）なので、小数第5位まで一致していることがわかります。

$\sqrt{2}$ の近似値を求められる魔法の公式 p.85 がすでにあったらしい。

自分もこの方法を使ったよ

ヘロン

◆ 三平方の定理 ◆

数学上のよくある勘違いとして、三平方の定理はギリシャの数学者ピタゴラス p.28 が発見したというものがあります。しかし、実際には、紀元前1800年頃のバビロニア人がすでに理解していたことがわかっています。

その証拠として残っているのがプリンプトン322です。この粘土板には表形式で数がたくさん書かれており、右のようなピタゴラス数（$a^2 + b^2 = c^2$ を満たす自然数 a, b, c の組み合わせ）のリストとなっていました。

一番左の列の数値から、a の値を求めると、No.1の行は $a = 120$ となります。120, 119, 169 は $120^2 + 119^2 = 169^2$ なのでピタゴラス数です。さらに、各行の辺の長さで直角三角形を書いてみると、1つの鋭角が約45°, 約44°, 約43°, …, 約31°と約1°ずつ減っていることがわかっており、バビロニア人が直角三角形で三平方の定理が成り立つことを知っていた証拠とされています。

ピタゴラス

バビロニアへの留学中に知りました

私は三平方の定理を初めて証明したよ。

プリンプトン 322

一番右の列は整理番号だよ。

$\left(\dfrac{c}{a}\right)^2$	b	c	No.
1.9834028	119	169	1
1.9491586	3367	4825	2
1.9188021	4601	6649	3
⋮	⋮	⋮	⋮
1.3871605	56	106	15

角の大きい順になっています

バビロニアの書記

column バビロニアではケアレスミスが多かった？

高度な数学力を誇っていたバビロニアですが、小数点の位置や各数字の位については読み手が文脈から判断しなければならないため、単純な計算ミスが多かったようです。

極端な話ですが、「𒐕+𒐕」を見たときに、人によっては 1 + 1 ではなく、$1 + \dfrac{1}{3600}$ や 3600 + 60 と解釈してしまうということ。今のアラビア数字 p.94 の便利さがわかりますね。

Pick Up!

エジプトとバビロニアの四則演算

どの時代、どの場所においても四則演算は生活するうえで欠かせない、数学の基礎部分と言えます。数学史上最古の2つの文明ではどのように計算していたのでしょうか。

●生活上でも必要な四則演算。計算しやすいのはどちらの文明？

エジプトのたし算・ひき算

古代エジプトで使われていた**ヒエログリフ**や**ヒエラティック**では、1, 10, 100, …というように10の累乗ごとに別々の数字が用意されていました。そのため、たし算やひき算はとてもシンプルで、以下のルールに基づきます。

エジプトのたし算・ひき算のルール
- 同じ種類の数字どうしをたす、またはひく。
- 同じ種類の数字が10個そろったら、1つ上の位の数字1個に変換する。

同じ種類の数字というのは、同じ位の数字を指しているため、現在とほとんど変わらない方法で計算していたことがわかります。実際に例をいくつか見てみましょう。

バビロニアのたし算・ひき算   n進法・位取り記数法 p.200

バビロニアで使われていた**楔形文字**は**60進法**に基づいており、数字自体は1と10のみしか用意されていませんでした。しかし、**位取り記数法**によってどんなに大きい数でも表すことができるのが利点で、計算方法も位を意識していました。

バビロニアのたし算・ひき算のルール
- 同じ位の中で、同じ種類の数字どうしをたす、またはひく。
- 同じ位の中で1が10個そろったら、10に変換する。
- 同じ位の中で60がそろったら、1つ上の位の1に変換する。

60に注意しながら、下の例を見てみましょう。

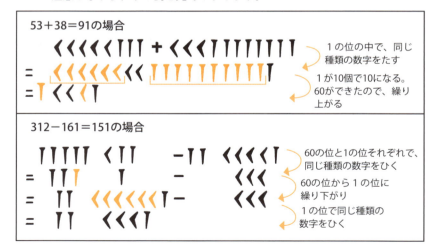

10を1つのかたまりとして計算を行うため、シンプルでわかりやすいです。ただ、9999999を超える計算ができなかったり、書き表すのが非常に大変だったりという欠点もあります。

それぞれの数字がどの位に属しているかを正しく見極めないと計算ミスをしてしまいます。

エジプトのかけ算・わり算

たし算やひき算に比べて高度な技術が求められるのがかけ算とわり算。古代エジプトにおいては、「**2倍法**」と呼ばれる方法で、大きな数のかけ算とわり算を効率的に行っていました。

エジプトのかけ算・わり算の方法（2倍法）
❶「かけられる数（わる数）×2の累乗リスト」を作成する。
❷（かけ算なら）リストの中から、かける数として必要な数だけ取り出してたす。
（わり算なら）リストの中から、できるだけ大きい数をわられる数からひいていく。

かけ算・わり算ともに「×2の累乗リスト」が鍵を握ります。暗算が難しい計算を例に「2倍法」を実践してみましょう。

36×19＝684 の場合

❶ 36×1＝36。
　36×2＝36+36＝72。
　36×4＝72+72＝144。
　36×8＝144+144＝288。
　36×16＝288+288＝576。
　　　　　（×19を超える直前まで作成）

❷ 19＝16+2+1なので、①の中から
　36×16, 36×2, 36×1の数だけをたす
　ことで、576+72+36＝684。

816÷48＝17 の場合

❶ 48×1＝48。
　48×2＝48+48＝96。
　48×4＝96+96＝192。
　48×8＝192+192＝384。
　48×16＝384+384＝768。
　　　　　（816を超える直前まで作成）

❷ 816から48×16の768をひき、残り
　816−768＝48。
　48から48×1の48をひき、残り
　48−48＝0。よって、16+1＝17。

道具を使わないかけ算とわり算の方法として、9世紀にアラビア数字（現在の数字）を使った筆算 p.95 が登場するまでの間、この2倍法が使われていました。リストを作成するのは大変ですが、それでも一番効率的に計算できる方法だったのです。

バビロニアのかけ算・わり算

バビロニアの書記

数表には、平方根表や指数表など、さまざまな種類があったんだ。

60進法でかけ算とわり算を行うのは難しかったようで、バビロニアの書記たちは「**数表**」と呼ばれる計算表を活用していました。

バビロニアのかけ算・わり算の方法
- かけ算…「積表」を見るだけ。
- わり算…「逆数表」と「積表」から数字を得て、位を必要な分だけ動かす。

積表というのは、かけられる数を固定したうえで、特定の数をそこにかけた結果をまとめた表です。逆数表もその名のとおりの表ですが、表の中で扱われている数は60の素因数（2, 3, 5）からなる数のみでした。

36の積表
上段が36にかける数、下段がかけ算の結果を表す（実際は60進数）。

1	2	3	…	19	20	30	40	50
36	72	108	…	684	720	1080	1440	1800

バビロニアのかけ算とわり算の方法を、10進法に置き換えて例示します。

36×19＝684 の場合

36の積表を使って、かける数が19のところを見ることで684。

36÷20＝1.8 の場合

逆数表を使って、20の逆数は5。

36の積表を使って、36×5＝180。小数点をずらして、1.8。

（小数点がなく、どこかの位の数字だけが逆数表には書かれていた。本来なら0.05。）
（センスで！）

計算したい数の組み合わせが表の中になければ、近い数を使って大体の値しか求められません。また、小数点や0が存在しなかったために、逆数表は非常に不親切で、表から読み取った数字が小数第何位なのかを考える必要がありました。

実際に、発掘されたバビロニアの粘土板では小数点の位置を間違えたことによる計算ミスが目立っています。

1-6 古代ギリシャ 証明の始まりの地

ポイント
1. ポリスの民主政から数学の証明の文化が生まれた。
2. エジプトやバビロニアの数学を知ることができた。
3. 数学の研究が数学書として残るようになった。

❶古代ギリシャの歴史

中世以降、数学の中心となったヨーロッパですが、その起源は四大文明よりも少し遅い紀元前2000年頃でした。数学を発展させた古代ギリシャの変遷をたどります。

◆文明の誕生から暗黒時代まで◆

紀元前2000年頃、地中海に位置するクレタ島を中心とする島々でエーゲ文明が誕生しました。

紀元前1600年頃にはギリシャ本土でミケーネ文明が誕生し、エーゲ海周辺地域を支配します。しかし、気候変動や敵の侵入などの外的要因により、紀元前1200年にミケーネ文明は滅亡。その後の人々はエーゲ海周辺を移住していたため、文化の発展は停滞し、400年の暗黒時代を過ごすこととなりました。

◆ポリスの誕生◆

紀元前8世紀になり、有力貴族を中心にして人々が集住し、ポリスと呼ばれる都市国家ができ始めます。

移住者が多いポリスでは植民市の開拓を進めたため、アテネやスパルタといった大きな勢力を持つポリスも出現しました。軍事色の強いスパルタに対し、アテネでは民主政を展開。市民にも参政権が与えられ、物事を議論する文化がこの地に芽生えました。

◆ポリスの衰退◆

紀元前500年頃から、エーゲ海周辺はアテネとスパルタ、そしてペルシアの3大勢力の争いが断続的に続きました。約100年もの間、3つの国が戦争を続けたため、ポリス社会が崩壊していきます。

最終的には、マケドニアがギリシャ全土を制圧。これをきっかけに、エーゲ海周辺に栄えたギリシャ独自の文化は失われてしまいました。

前2000年頃	前1050年頃	前8世紀頃	前8世紀半	前6世紀頃	前500年頃	前400年頃	前338年
クレタ島を中心にエーゲ文明が誕生する	アルファベット(ギリシャ文字)が誕生する	ポリスが誕生。アテネでは法による統治が行われる	ギリシャ文字が数字としても使われるようになる	数学の証明がタレスによって生み出される	度重なる戦争でポリスが衰退し始める	数学書が活発に書かれるようになる	マケドニアがギリシャ全土を制圧する

❷数学の発展

争いが多かった古代ギリシャですが、数学が発展していくための条件がそろっており、現在の数学の礎(いしずえ)がこの時代に築かれました。

◆エジプトやバビロニアとの交流◆

紀元前8世紀頃にポリスが成立し始めてから、各ポリスでは土地や奴隷を求めて近隣への植民市の開拓が進められました。

その時代にはエジプトやバビロニアの数学がある程度完成されており、それらの洗練された知識がギリシャへと伝わります。また、有望なギリシャの若者たちの中には、エジプトやバビロニアに留学する者もおり、高い知識レベルから数学の研究を始めることができたのです。

相似を使った方法だよ p.27

エジプトに留学したときに、ピラミッドの高さを影から求めたんじゃ。

タレス

タレス師匠に勧められて訪れたバビロニアで三平方の定理を知ったよ。帰国してから証明を考えたんだ。

パズルのような方法で示した p.32

ピタゴラス

◆証明の誕生◆

数学には欠かせない証明。その起源はポリスにありました。

市民は談話や議論を楽しむ余裕があり、特に法制度の整ったアテネでは、自分の主張を合理的に説明するスキルが重視されました。

数学においても、エジプトやバビロニアの知識を鵜呑(うの)みにするのではなく、本当にそれが正しいのか、どう説明をすれば全員が納得してその知識を受け入れるのかという議論で盛り上がり、証明という文化が誕生したのです。

◆数学者・数学書の誕生◆

議論が重視されるポリス内では、口頭でのコミュニケーション力や記憶力が必要とされていました。

しかし、紀元前500年頃から戦争が続き、ポリスが弱体化。紀元前400年頃からは、先が不透明な世界を案じて著作活動が活発化し始めます。それ以降、数学書という記録により、誰がどんな発見をしたのかが歴史に残るようになりました。

口頭で伝わってきた古代ギリシャの知識は、僕が『原論』でまとめたよ p.54。

ゆえに著作がない数学者の名も残っている

ユークリッド

広場では議論だけでなく、集会が開かれることもあったよ。

仕事は奴隷に任せているから、たっぷり時間が使える!

広場(アゴラ)で議論をする市民たち

column ギリシャの数字

古代ギリシャで使われていたギリシャの数字は、α(アルファ)やβ(ベータ)などのギリシャ文字を使っていました。現在も残っているギリシャ文字24種と古いギリシャ文字3種の計27種類の数字からできています。

	1	2	3	4	5	6	7	8	9
数字	アルファ α	ベータ β	ガンマ γ	デルタ δ	イプシロン ε	ディガンマ F	ゼータ ζ	エータ η	シータ θ

	10	20	30	40	50	60	70	80	90
数字	イオタ ι	カッパ κ	ラムダ λ	ミュー μ	ニュー ν	クシー ξ	オミクロン o	パイ π	コッパ ϱ

	100	200	300	400	500	600	700	800	900
数字	ロー ρ	シグマ σ	タウ τ	ウプシロン υ	ファイ ϕ	カイ χ	プサイ ψ	オメガ ω	サンピ

これらを書き並べることで、$\sigma\iota\delta$(214)のように数を表せます。4ケタ以上も特殊な記号を使って表せましたが、計算にはとにかく不向きで、数値を記録するためだけの数字でした。

1-7 古代ギリシャ タレス

ポイント
1. 歴史上、名前が残っている最古の数学者。
2. 幾何学に関する定理に初めて証明を与えた。
3. 影を使ってピラミッドの高さを測った。

❶タレスってどんな人？

世界で最初の数学者であると同時に、世界で最初の哲学者でもある**タレス**。紀元前625年頃にイオニア地方のミレトスで生まれ、若い頃にエジプトやバビロニアを旅行して数学を学びました。ミレトスに戻ってきてからはイオニア哲学学校を創立し、数学や天文学をはじめとするさまざまな分野で才能を発揮しています。特に、日食の起こる日を予言し、日食が実際にその日に起こったことで有名になりました。ギリシャの七賢人にも選ばれるほどの人物でしたが、生活には無頓着であり、うっかり者のエピソードも語り継がれています。

タレスゆかりの地

❷タレスの功績

タレスよりも1000年以上前から、エジプトやバビロニアを中心に発展していた数学。なぜ彼が最初の数学者と呼ばれているのでしょうか。

◆**初めて証明を行った**◆

エジプトやバビロニアへの旅行中、幾何学を中心にさまざまな知識を得たタレスでしたが、市民たちが談話や議論を楽しむ文化を持つギリシャのポリス内では、知識がすんなりとは受け入れられませんでした。
そこで、タレスは誰が聞いても納得できるような説明、すなわち証明を考えます。数学で必要不可欠な証明を行ったことが、彼を「最初の数学者」にしているのです。

column 万物の根源は○○である

イオニア地方の哲学者の間で当時研究の対象だったのは、世界の根源が何であるかということ。タレスはその根源を「水」、ピタゴラス p.28 は「数」、デモクリトス p.44 は無限の「原子（アトム）」と考えました。
実際に、ピタゴラスはさまざまな数を研究・分類し、デモクリトスは立体を無限個に分割する考え方を提唱しています。

前625年頃	若い頃	前590年頃	前585年5月28日	時期不明	前547年頃
イオニア地方のミレトスで生まれる	エジプトやバビロニアを旅行し、高度な数学的知識を得る	ミレトスで「イオニア哲学学校」を創立する	事前に予言した日食が起こり、名声を得る	「タレスの定理」を証明する	第58回オリンピックを観戦中に熱中症で死亡する

◆タレスの定理◆　公理・公準 p.196

タレスが証明をしたとされる幾何学の定理は5～6個知られており、その中でも特に有名なのが次に示す「タレスの定理」です。

タレスの定理

半円に内接し、直径を一辺に持つ三角形は直角三角形である。

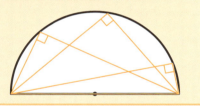

この定理の内容自体はバビロニアですでに知られていました。しかし、証明を与えたのはタレスが最初だったため、彼の名前を冠する定理となりました。具体的な証明方法は残っていませんが、誰もが納得する公理・公準から論理を展開していったとされています。

「当たり前に思えることでも論理的に説明するのが大切！」
「ってか、ギリシャの人を納得させるのは大変…」
タレス

◆幾何学が得意だった◆

タレスは相似の性質を巧みに使い、旅行先のエジプトでピラミッドの高さを測っています。

「立てた棒と影の比が1：2なら、ピラミッドの高さと影の比も1：2になるよ。」
タレス

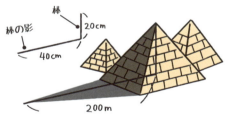

ピラミッドの高さの測量や日食の予言により、学者としての評判が広がってからは、さまざまな人がタレスのもとを訪れるようになりました。

船乗りが、沖に出ている仲間の船までの距離を陸から測りたいという依頼をしてきたり、鉱山の労働者が荷(岩塩)が軽くなることを覚えたロバの悪知恵に対処してほしいと助けを求めてきたりとさまざまです。タレスは持ち前の幾何学の知識や頭のよさを生かして、臨機応変に解決したと言われています。

column 星に熱中して井戸に落ちた

研究熱心で、自分の生活に無頓着であったタレスを表すエピソードとして、次のようなものがあります。

星空を観測していたある夜のこと。タレスは上を向いていたために足元がおろそかになり、井戸に落ちてしまいます。通りすがりの女性に、「タレス先生ほどの賢い人が、頭上にある遠くの星には注意を払うのに、自分の足元にあるものは見えないんですか？」と皮肉を言われてしまいました。

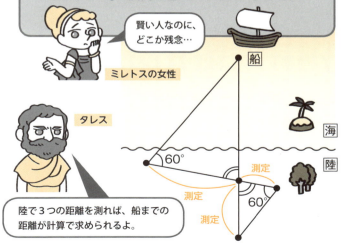

「賢い人なのに、どこか残念…」
ミレトスの女性

「陸で3つの距離を測れば、船までの距離が計算で求められるよ。」
タレス

| 前5000 | 前1000 紀元前569年〜前500年 | 0 | 400 | 800 | 1200 | 1300 | 1400 | 1500 | 1600 | 1700 | 1800 | 1900 | 2000 |

1-8 古代ギリシャ ピタゴラス

ポイント
1. 「万物の根源は数である」と主張し、数の分類を行った。
2. バビロニアで発見された三平方の定理を証明した。
3. ピタゴラス教団をつくり、集団で研究を行った。

❶ピタゴラスってどんな人？

三平方の定理で有名な古代ギリシャの数学者**ピタゴラス**。彼は紀元前569年頃、エーゲ海東部に浮かぶサモス島で誕生しました。同じイオニア地方出身のタレスと交流があったとされ、そのタレスの勧めで若い頃にエジプトやバビロニアを旅しています。

サモス島に戻って何年か教員生活を送ったのち、イタリアのクロトンに移り、「**ピタゴラス教団**」を創立。弟子たちと集団生活を送りながら、数に関する研究を共同で行いました。教団の規模が大きくなっていくにつれ、教団を批判する市民たちと衝突し、紀元前500年頃に暴徒化した市民たちに殺されてしまいました。

❷ピタゴラスの功績

ピタゴラスは**自然数**を中心に、さまざまな分野について弟子たちと研究をしました。

◆数の分類◆

数が世界を支配していると考えたピタゴラスは、それぞれの数字にはそれぞれ異なる性質があり、それが万物の性質を決めていると主張しました。

数についての研究は、現在の「数論」や「集合論」という分野にもつながっており、同じ性質を持つ整数のグループに名前をつけるということを行っていました。ピタゴラスの整数への執着は強く、「**万物の根源は数である**」と主張しているように、音楽や天文学の現象も整数を使って説明しています。

たとえば、2は女、3は男を表し、5は2＋3だから結婚を表すのだ。

弦楽器で聞きやすい音を出すためには、弦の長さが2：3や3：4などの単純な比でないといけない！

音楽の根源も数だよ

ピタゴラスによる数の分類例
（詳しくは p.30）

偶数…二等分できる数	例 2, 8, 18
奇数…偶数ではない数	例 1, 9, 17
三角数…その個数の点で正三角形がつくれる数	例 3　6　10
完全数…その数以外の約数の和が、その数自身と等しい数	例 28（＝1＋2＋4＋7＋14）

前569年頃	若い頃	前539年頃	前529年頃	時期不明	前500年頃
イオニア地方のサモス島で生まれる	タレスの勧めでエジプトやバビロニアに留学する	サモス島で教員となるが、生徒が集まらなかった	クロトンに引っ越して、ピタゴラス教団を創立する	「ピタゴラスの定理」を証明する	教団への反抗勢力に襲われて死亡する

◆三平方の定理の証明◆

「三平方の定理」は別名「ピタゴラスの定理」と呼ばれており、「タレスの定理」と同様、ピタゴラスがこの定理を初めて証明したことによってその名前がつきました。

ピタゴラスの定理（三平方の定理）

右のような直角三角形において、$a^2+b^2=c^2$ が成り立つ。

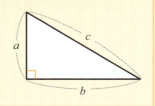

紀元前1800年頃に書かれたバビロニアの粘土板 p.21 に三平方の定理に関する記述があり、ピタゴラスはバビロニアへの留学中にこの定理を知ったとされています。彼は数式をまったく使わない方法 p.32 で証明したと推測されていて、ピタゴラス以降もたくさんの証明方法が生み出されています。

◆正多角形や正多面体の研究◆

サモス島で講義をして生活していたものの、目立った成果が挙げられなかったピタゴラスは、クロトンでピタゴラス教団を立ち上げます。教団のシンボルマークとして使われたのが正五角形で、ピタゴラスが作図方法を思いついたお気に入りの図形でした。

I love 五角形

また、空間幾何学にも興味を示し、正多面体のうち正4面体と正6面体、正12面体を発見しています。正多面体は5種類しかなく、残りの2種類は約150年後にアテネのテアイテトスが発見しました。

正4面体　正6面体　正12面体

正8面体と正20面体を見逃したようだな。
テアイテトス

column お金を払って授業をした

エジプトやバビロニアでの留学後、学んだ知識を故郷のサモス島で教えようとするも、生徒が集まりませんでした。そこで、ピタゴラスは貧乏そうな少年に「授業を受けて定理を1つ理解するごとにお金をあげる」と声をかけました。

最終的に貯金が尽きて授業ができなくなったピタゴラス先生に対し、その少年は「お金を払うので授業を続けてください」と言ったとされます。

column ピタゴラスは策士

ピタゴラス教団は、厳しい戒律を遵守しながら、共同生活・共同研究をする組織でした。しかも、そこでの研究成果はすべてピタゴラスのものとされ、教徒が勝手に研究成果を教団外にもらすようなことがあれば、厳罰に処されます。

だって教祖だもん
おまえの発見は俺のもの。俺の発見も俺のもの。
ピタゴラス

なぜこのような戒律を持つピタゴラス教団が教徒を集められたのでしょうか。その理由は教団創立前にピタゴラスが死者の世界からよみがえってきたという伝説をつくったからです。ピタゴラスは1か月間自宅の地下に閉じこもって、母からクロトンの毎日の様子を聞きつつ、水と野菜のみを摂取して生活しました。1か月後にやつれた姿を見せることでクロトンの人々を見事にだましたのです。

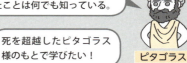
1か月間、死の世界からクロトンを見ていたぞ。その証拠に、この町で起こったことは何でも知っている。
本当の情報源はお母さん
すげー
死を超越したピタゴラス様のもとで学びたい！
クロトンの人々
ピタゴラス

第1章 古代文明の数学
第2章 ヘレニズム時代から中世までの数学
第3章 近世の数学
第4章 近代・現代の数学
第5章 数学史のための数学解説
付録 年表・さくいん

29

Pick Up!
ピタゴラスが分類した数

●整数を愛し、研究したピタゴラス。偶数や奇数などの分類を行った

紀元前6世紀の数学者ピタゴラス。彼は弟子たちと一緒に、整数をグループ分けしました。「数論」や「集合論」と呼ばれる分野の先駆けとなり、現在でも使われている用語を紹介します。

偶数や奇数における分類

ピタゴラスはその「**万物の根源は数である**」という主張からもわかるとおり、世界の秩序が「数」という最小単位によって成り立っていると考えていました。そのため、数の持つ性質を研究することは宇宙の理解につながると信じていました。まずは2で割れるかどうかによって、分類される数について見てみましょう。

> 0や負の数は存在しないし、無理数は論外！
> 「数」は、自然数（正の整数）のこと。
> ピタゴラス

整数が2で割れるか？

割れる →

偶数とは？
整数が二等分できるとき、その整数を偶数という。
例 2, 4, 6, 8, 10, 12, 14, 16

割れない →

奇数とは？
整数が二等分できずに1余るとき、その整数を奇数という。
例 1, 3, 5, 7, 9, 11, 13, 15

奇数×2

偶奇数とは？
偶数のうち、奇数の2倍として表せるものを偶奇数という。
例 6 (= 3×2)
　　10 (= 5×2)

奇数×2^n ($n≧2$)

奇偶数とは？
偶数のうち、奇数の2倍が複数あるものを奇偶数という。
例 12 (= 3×2×2)
　　40 (= 5×2×2×2)

2^n ($n≧1$)

偶偶数とは？
偶数のうち、2だけを素因数に持つものを偶偶数という。
例 4 (= 2×2)
　　8 (= 2×2×2)

ピタゴラスはこれらを定義するだけでなく、（奇数）×（偶数）が偶数であることや、（奇数）×（奇数）が奇数であることを、小石を並べることで説明しました。

図形による分類

（偶数）×（偶数）が偶数であることから誕生したのが正方形数です。そこから、図形と数を関連させる研究へと発展しました。

三角数とは？
正三角形の形に点を並べたとき、必要な点の個数を三角数という。
例 3　6　10

正方形数とは？
正方形の形に点を並べたとき、必要な点の個数を正方形数という。
例 4　9　16

ピタゴラスは、これらの図形を観察し、整数に関する等式をいろいろ導いています。

たとえば、正方形数を下のように考えることで、平方数が奇数の和で表せることがわかります。

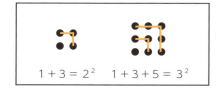

$1 + 3 = 2^2$　　$1 + 3 + 5 = 3^2$

長方形数(矩形数)とは？
一辺の個数がもう一辺の個数よりも1だけ大きくなるよう点を並べたとき、必要な点の個数を長方形数という。
例 6　12　20

また、長方形数を右のように区切ることで、長方形数が三角数の2倍で表せることがわかります。

2×3=6　　2×6=12　　2×10=20

約数による分類

ピタゴラスが定義し、現在でも研究が続いている数も存在します。それは主に約数で分類された数で、ピタゴラス以後多くの数学者たちが研究を進めています。

完全数は p.58 で詳しく解説！

自分は4つだけ見つけました

ピタゴラス

自身以外の約数の和が、自身よりも大きいか？

大きい → **過剰数とは？**
自分自身を除く約数の和が、自身より大きくなる整数を過剰数という。
例 $12 (< 1+2+3+4+6)$

等しい → **完全数とは？**
自分自身を除く約数の和が、自身に等しい整数を完全数という。
例 $6 (= 1+2+3)$

小さい → **不足数とは？**
自分自身を除く約数の和が、自身より小さくなる整数を不足数という。
例 $8 (> 1+2+4)$

過剰数の個数は数全体の約25％、不足数の個数は約75％と言われています。**完全数**はいまだに51個しか見つかっていない非常にレアな数で、無限個あるのかどうかすらわかっていません。

また、2つの数の約数の関係についてもピタゴラスは言及しました。

友愛数とは？
2つの数について、それぞれ自身以外の約数の和が相手と等しくなる数を友愛数という。
例 220（約数の和は $1+2+4+5+10+11+20+22+44+55+110 = 284$）と 284（約数の和は $1+2+4+71+142 = 220$）

こちらも非常にレアな数の組み合わせで、ピタゴラス自身は220と284しか見つけられませんでした。中世のイスラム以降、**友愛数**を見つける公式が生み出されるなど、研究が進みました。

サービト・イブン・クッラの法則
p, q, r が素数で、$p = 3 \times 2^{n-1} - 1$, $q = 3 \times 2^n - 1$, $r = 9 \times 2^{2n-1} - 1$ であれば、$2^n pq$ と $2^n r$ は友愛数である。

$n=2$ のとき、220 と 284

一部の友愛数が見つけられる公式だよ。

（サービト・イブン）クッラ

column 正方形数からピタゴラス数へ

ピタゴラスと言えば、三平方の定理 p.29 で知られており、$a^2 + b^2 = c^2$ を満たす a, b, c のうち、すべて整数であるものを**ピタゴラス数**と言います。バビロニア p.21 でも15組のピタゴラス数が見つかっていましたが、ピタゴラスは正方形数からピタゴラス数を無限に生成する方法を見つけました。

n 個目の正方形数 n^2 から、点を $2n+1$ 個増やすことで、$(n+1)$ 個目の正方形数 $(n+1)^2$ ができ上がります。これを式にすると、
$(n+1)^2 = n^2 + (2n+1)$ となるので
$2n+1 = m^2$、すなわち $n = \dfrac{m^2-1}{2}$
と置き換えることで

$$\left(\dfrac{m^2+1}{2}\right)^2 = \left(\dfrac{m^2-1}{2}\right)^2 + m^2$$

が成り立ちます。この式に、3以上の奇数 m を代入することで、ピタゴラス数を何組でも求めることができるのです。

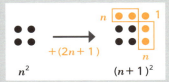

$m=3$ で、3, 4, 5
$m=5$ で、5, 12, 13
の直角三角形ができるよ。

これぞ教祖の力

ピタゴラス

オイラーの法則
p, q, r が素数で、$p = (2^{n-m}+1) \times 2^m - 1$, $q = (2^{n-m}+1) \times 2^n - 1$, $r = (2^{n-m}+1)^2 \times 2^{n+m} - 1$ であれば、$2^n pq$ と $2^n r$ は友愛数である。

イブン・クッラの法則を一般化しました。

約60組の友愛数を見つけたよ

オイラー

イブン・クッラやオイラーなどの研究で、多くの友愛数の組が見つかったものの、友愛数が無限組あるのかどうかは解明されていません。また、これまでに見つかった友愛数はすべて偶数どうしか奇数どうしであり、偶数と奇数の組み合わせはあるのかどうかも謎のままです。ピタゴラスから2500年以上経った現在もコンピュータを利用した友愛数探しが続いています。

Pick Up!
三平方の定理の証明方法

●数学者だけではない！　いろいろな人が考えた証明を紹介！

紀元前6世紀にピタゴラスが初めて証明した三平方の定理。その証明方法はさまざまで、2000年以上経った今も新たな方法が生み出されています。その一部をのぞいてみましょう。

ピタゴラスの証明

三平方の定理そのものは紀元前1800年頃のバビロニアですでに知られていました。紀元前6世紀に、古代ギリシャの数学者**ピタゴラス**がバビロニアからその知識を持ち帰り、なぜ成り立つのかを証明したことで、「**ピタゴラスの定理**」とも呼ばれています。

そんなピタゴラスが考えたのは、数式を使わずに図だけで理解できる証明方法だったと推測されています。

ピタゴラスの証明方法

4つの直角三角形の位置を変えると、c^2の面積を持つ正方形が、a^2とb^2の面積を持つ正方形に分けられる。

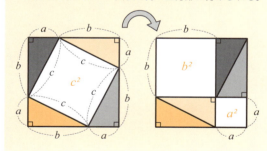

これなら議論好きなギリシャの人々も納得してくれるはず！
ピタゴラス

ユークリッドの証明

紀元前300年頃に書かれた**ユークリッド**の『**原論**』p.54。全13巻からなるこの大著の第1巻に三平方の定理の証明が載っています。

ユークリッドの証明方法

平行線や合同の性質を使って等積変形していくと、最終的に△DEB＝△JBH、△FGC＝△JCIとなり、小さい2つの正方形の面積の半分の和が、大きい正方形の面積の半分に等しいことがわかる。

$$\frac{a^2}{2}+\frac{b^2}{2}=\frac{c^2}{2}$$

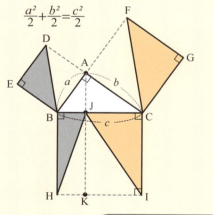

この図には、「風車」や「花嫁の椅子」という名前がついているよ。
ユークリッド

トレミーの定理を使った証明

三角関数
・正弦 p.202

三角関数の性質を使って正弦表をつくった1～2世紀の数学者**プトレマイオス**。彼の英名にちなんだ「**トレミーの定理**」p.78 を長方形に対して使うことで、三平方の定理を簡単に証明することができます。

トレミーの定理を利用した証明方法

円に内接する長方形 ABCD について、トレミーの定理より、次の式が成り立つ。

$$c \times c = a \times a + b \times b$$

よって、$c^2 = a^2 + b^2$ が示される。

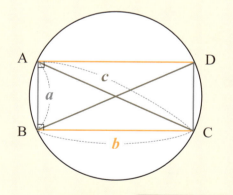

正弦表を求めるため以外にも、この定理が使えるとは驚き
トレミーの定理の証明自体が難しいんです。
プトレマイオス

ダ・ヴィンチの証明

「最後の晩餐」や「モナ・リザ」で有名なイタリアの**レオナルド・ダ・ヴィンチ** p.116 は、科学論文の中で三平方の定理の証明を与えました。

ダ・ヴィンチの証明方法

$$\begin{cases} 六角形BHIGFC \equiv 六角形BACDJE \cdots\cdots ① \\ \triangle AGI \equiv \triangle JED \cdots\cdots ② \end{cases}$$

をまずは証明する。そして、△ABCと②の三角形を、①からそれぞれ引けば、

　　正方形ABHI＋正方形ACFG＝正方形BCDE

となるため、$a^2+b^2=c^2$ が言える。

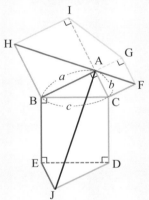

友人のルカ・パチョーリ p.117 の影響で数学に興味を持ち、証明を考えちゃいました。

幾何の知識は遠近法でも使える

ダ・ヴィンチ

アメリカの大統領の証明

1881年に第20代アメリカ大統領に就任した**ジェームズ・エイブラム・ガーフィールド**も、それまでになかった証明方法を見つけています。

ガーフィールドは最も博学の大統領と言われており、下院議員時代の1876年に他の国会議員たちと数学の話をしているときに証明を思いつきました。

ガーフィールドの証明方法

合同な直角三角形を2つ用意し、次のような台形をつくる。

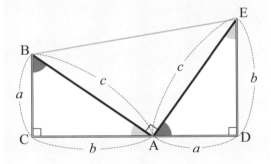

この台形の面積から、

$$\frac{1}{2}(a+b)^2 = \frac{1}{2}ab + \frac{1}{2}ab + \frac{1}{2}c^2$$

となるため、式変形することで $a^2+b^2=c^2$ が言える。

片手でラテン語、もう一方の手でギリシャ語を同時に書くという特技も持っていたよ。

ガーフィールド

アインシュタインの証明

ドイツ生まれで、相対性理論で有名な物理学者である**アインシュタイン**。彼は9歳のときに伯父から三平方の定理の話を聞き、試行錯誤の末、新たな証明方法を自力で思いつきました。昔から存在していた相似による証明方法を面積比に置き換えた方法です。

アインシュタインの証明方法

下の図で、$\triangle CBH \infty \triangle ACH \infty \triangle ABC$ であり、相似比は $a:b:c$。よって、面積比は $a^2:b^2:c^2$ となる。

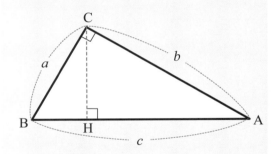

正の定数 k を使うと、△ABCの面積から、

$$ka^2+kb^2=kc^2$$

となるため、両辺を k でわり、$a^2+b^2=c^2$ が言える。

12歳で幾何学の正確さや厳密さを学んだよ。

数学と物理大好き

アインシュタイン

相似の線分比だけを使った証明なら12世紀のインドで私が発見済み。

リーラーヴァティーの著者です p.93

バースカラ

1-9 古代ギリシャ 円積問題

ポイント
① 円と同じ面積の正方形を作図する問題。
② 古代ギリシャで議論された三大作図問題の１つ。
③ ヒポクラテスが月形の求積に成功した。

❶ 三大作図問題とは？

紀元前5世紀頃、古代ギリシャでは、3つの作図についての問題（**三大作図問題**）が数学者たちの関心の的となっていました。その3つとは、

- 円積問題
- 立方体倍積問題
- 角の三等分問題

です。これらの問題は、どれもこの時代には解決に至らなかったものの、古代ギリシャの数学レベルを押し上げるのに一役買いました。

内容がシンプル！だから、取り組みやすかった。

ギリシャの数学者

◆作図のルール◆

現代の数学と同様、古代ギリシャにおける作図も目盛りのない定規（**定木**）とコンパスのみを使って行うのがルールでした。また、作図は平面を前提とし、有限回の操作で完了させないといけません。 p.198 。

❷ 円積問題の解決に向けて

三大作図問題の中で最も歴史があり、最も魅力的だったのが「**円積問題**」です。「円の平方化問題」とも呼ばれるこの問題の内容は以下のとおりです。

円積問題

ある半径の円に対して、その円と面積が等しい正方形を作図しなさい。

紀元前1650年頃にエジプトで書かれた『**リンド・パピルス**』にも、円を正方形で近似しようとした形跡があり、この問題の歴史の古さがわかります p.17 。

◆アナクサゴラスの研究◆

ギリシャで一番初めに円積問題に取り組んだのは**アナクサゴラス**です。彼は牢屋の中で研究していたとされていますが、研究の詳細な内容は明らかになっていません。

太陽が灼熱の石であると言ったら牢屋に入れられたよ。理不尽…。

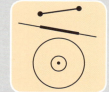

アナクサゴラス

column 定木とコンパスのみの作図がなぜ定着したのか？ 公準 p.196

古代ギリシャの人々が、作図の定義を「定木とコンパスによる有限回の操作」とした理由は定かではないものの、その習慣が現在にまで伝わっている要因の1つはユークリッドの『原論』p.54 にあります。この本で書かれている以下の3つの公準が、作図のルールに関係しています。

- **任意**[※]の2点が与えられたとき、それを端点とする線分を引くことができる
- 与えられた線分は、どちら側にでも、いくらでも延長することができる
- 任意の与えられた点に対し、その点を中心に任意の半径の円を描くことができる

これらをわかりやすくまとめると、「目盛りのない定木とコンパスだけを使ってよい」になります。

（※「任意の」は「自由な場所に」という意味）

前1650年頃	前5世紀	前5世紀	前430年頃～前410年頃	1882年
古代エジプトの『リンド・パピルス』で、円の面積を正方形で近似計算する	アナクサゴラスがギリシャで初めて円積問題を研究する	アンティフォンが正多角形を無限に細かくして円に近づける	ヒポクラテスが円以外の曲線図形（月形）の面積を初めて求める	リンデマンが円積問題は作図不可能であることを証明する

◆アンティフォンの成果◆ 積分 p.214

紀元前5世紀のアテネの弁論家**アンティフォン**は、正多角形の辺の数を無限に2倍し続けることで円に近づくという考えから、円を正多角形に変換しようと試みました。

「無限に」という点で、アンティフォンの考えは当時受け入れられることはありませんでした。しかし、その後に出てくる「取りつくし法」 p.45 、さらには現在の積分法にまでつながる重要な考え方となっています。

この考え方だと、円は直線図形になっちゃうよ。

はい、論破〜。

ゼノン

◆ヒポクラテスの成果◆

古代ギリシャで円積問題の解決に最も近づいたのはキオス島出身の**ヒポクラテス**です。「ヒポクラテスの月」と言われる図形を使って、円を多角形で表そうとしました。

ヒポクラテスの月

直角三角形において、各辺を直径とする半円を描いたとき、月形の面積の和は直角三角形の面積と等しい。

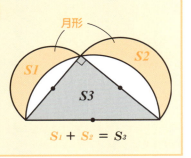

$S_1 + S_2 = S_3$

ヒポクラテスはこの月形図形を応用し、半円を多角形で表そうと試みたものの失敗。ただ、曲線で囲まれた図形が、直線で囲まれた図形に変換できるという点で画期的な発想でした。

◆リンデマンによる結論づけ◆

その後も**ディノストラトス** p.39 が特殊な曲線を使って円積問題の解決に挑みましたが、その特殊な曲線が作図できず失敗。この問題の解決はどんどん先送りとなってしまいました。

ヒポクラテスから約2300年後の1882年、ドイツの数学者**フェルディナント・フォン・リンデマン**（Ferdinand von Lindemann, 1852年～1939年）によって、この問題は作図不可能と結論づけられました。その理由は、円周率πが**超越数**（有理数だけでつくられた方程式の解にはならないほど複雑な数）であることが証明され、超越数の作図はできないことが示されたからです。

そりゃムズいわけだ

当時は絶対作図できると思って、みんな考えていたのになぁ。

ヒポクラテス

column ヒポクラテス 〜海賊のおかげで名を残した数学者〜

キオス島で生まれたヒポクラテスは、最初は商人として暮らしており、数学者になるつもりはありませんでした。しかし、ある日ヒポクラテスの店を海賊が襲い、彼の全財産を奪って逃げていきました。怒り狂ったヒポクラテスはその海賊をアテネまで追いかけたものの、捕らえることができませんでした。店もお金もないヒポクラテスは得意であった幾何学をアテネで教えて生計を立てるようになり、やがて円積問題にも挑戦し、後世に名を残すことができました。

ちなみに、同時代に「医学の父」と呼ばれたコス島出身のヒポクラテスがおり、キオス島のヒポクラテスの名は当時あまり知られていなかったようです。

数学を始めたのは40歳を過ぎてから。

今となっては海賊に感謝

ヒポクラテス

1-10 古代ギリシャ 立方体倍積問題

ポイント
❶ 2の立方根の長さを作図する問題。
❷ 古代ギリシャで議論された三大作図問題の1つ。
❸ アルキュタス、メナイクモスが一定の成果を出した。

❶立方体倍積問題とは？　$\sqrt[3]{2}$・立方根 p.195

　紀元前5世紀末に登場した、立方体の体積を2倍にするための作図問題が「**立方体倍積問題**」です。円積問題 p.34 や角の三等分問題 p.38 と並んで、**三大作図問題**と呼ばれています。

　体積が2倍ということは、一辺の長さは$\sqrt[3]{2}$倍。2の立方根の長さを作図できるかが問われていました。

立方体倍積問題
ある立方体に対して、その立方体の体積が2倍の立方体を作図しなさい。

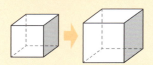

◆神が出題した問題だった◆

　スパルタとのペロポネソス戦争の最中である紀元前430年頃、アテネでは疫病が流行していました。困ったアテネ市民はデロス島に行き、疫病を防ぐための方法を神に質問したところ、「アポロンの祭壇（立方体）の体積を2倍にせよ」とのお告げを受けます。そのため、アテネで立方体倍積問題が考えられるようになりました。
　戦争中もこの問題はアテネで考え続けられましたが、神が満足する解答を出すことができず、疫病とスパルタの両方にアテネは負けてしまいました。

❷立方体倍積問題の解決に向けて

　神託を受け、アテネの人々はすぐにアポロンの祭壇の一辺の長さを2倍にします。しかし、疫病は収まらず、人々は答えが誤っていたことに気づきました。

　そんな状況の中、立方体倍積問題を進展させたのはヒポクラテス p.35 です。彼は$\sqrt[3]{2}$を比の式で書き表すことで、後の数学者たちにヒントを残しました。

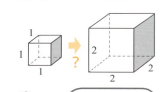

体積8倍じゃん。疫病はまだ続いちゃうよ。

$1 : a = a : b = b : 2$ を満たすとき、aは2の立方根になるよ。作図の仕方は知らんけど。

ヒポクラテス

アテネにて
疫病で全市民の3分の1が死んだ。スパルタに負けてしまう…。

その祭壇の体積を2倍にできれば、疫病は治まるだろう。
代表をデロス島に派遣し、神のお告げを聞こう
デロス島祭壇にて
神よ。アテネを救うにはどうすればよいか教えたまえ。

がんばって
アポロン神

column　$1 : a = a : 2$ だったら　作図方法 p.198

ヒポクラテスの考えた$\sqrt[3]{2}$を導く比が、なぜ当時の方針の1つになったかと言うと、$1 : a = a : 2$ だと簡単に作図できることが知られていたからです。その方法は次のとおり。

① 長さ1の線分ABを、3倍した線分ACをつくる。
② ACを直径とする円Oをかく。
③ BからACの垂線を引き、円周との交点をDとすると、BD = $\sqrt{2}$ となっている。

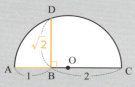

前430年頃	前430年頃～前410年頃	前4世紀前半	前4世紀後半	1837年
神のお告げにより立方体倍積問題をアテネ市民が考え始める	ヒポクラテスが $\sqrt[3]{2}$ を求めるための比を提案する	アルキュタスが三次元の作図によって解けることを示す	メナイクモスが円錐曲線の組み合わせにより、作図できることを示す	ワンツェルが $\sqrt[3]{2}$ の長さは作図不可能であることを証明する

◆アルキュタスの成果◆

ヒポクラテスからのヒントを受け、紀元前4世紀前半に一定の解を導いたのがアルキュタスです。彼は空間内で作図をすることで、$\sqrt[3]{2}$ を求めました。

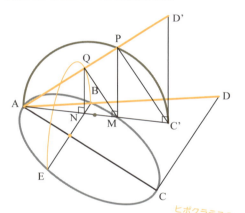

P, Q, D′は他の8点とは違う平面上の点。こんな作図をすればAB＝1, AC＝2のときにAM＝$\sqrt[3]{2}$になるんだ。

ヒポクラテスの考えた比を実現！

アルキュタス

理論的にはこの作図方法は合っています。ただ、作図が三次元空間に及んだ点で作図のルールに反しているため、立方体倍積問題の解決とは言えませんでした。

◆メナイクモスの成果◆

紀元前4世紀後半、アレクサンドロス大王の家庭教師としても有名なメナイクモスは、放物線と双曲線を使って平面上での解法を示しました。

放物線と双曲線の交点の x 座標が $\sqrt[3]{2}$。

座標という言葉はなかったけど

メナイクモス

しかしながら、放物線や双曲線をコンパスと定木で作図することができず、こちらも本来の作図のルールに反した方法でした。

◆ワンツェルによる結論づけ◆

ヘレニズム時代に入った後も数々の才能ある数学者たちが図形をすべらせたり、目盛りのある定規を使ったりして作図をしていますが、本来の作図のルールに従って $\sqrt[3]{2}$ を描いた人はいませんでした。

デロス島の神殿で神のお告げを受けてから2200年以上経った1837年、フランスの数学者ピエール・ワンツェル（Pierre Wantzel, 1814年～1848年）が作図可能数を研究する中で $\sqrt[3]{2}$ は作図不可能な数と結論づけました。

祭壇の体積を2倍にするのは、実は最初から無理だったんだね。

アテネのみんな、ごめん

アポロン神

column 幾何学に王道なし

紀元前336年に即位したマケドニアの王、アレクサンドロス大王は16歳になるまでの間、アリストテレスやメナイクモスの教えを受けました。

あるとき、メナイクモスに対して、「幾何学を習得する近道はないのか？」という質問をしたときに、メナイクモスは「世界には王様だけが通れる王道と一般道がありますが、幾何学においては1本しか道はありません」と答えました。約50年後のユークリッド p.53 とプトレマイオス王の間でも同様の逸話があります。

もっと簡単に学べる方法ないの？

王道はございません。

飽きちゃった

みんな苦労してます

アレクサンドロス大王

メナイクモス

1-11 古代ギリシャ 角の三等分問題

ポイント
①角の三等分線を作図する問題。
②古代ギリシャで議論された三大作図問題の1つ。
③ヒッピアスが一定の成果を出した。

❶角の三等分問題とは？

三大作図問題の最後の1つが、紀元前430年頃に登場した「**角の三等分問題**」です。

角の三等分問題
与えられた角を三等分する直線を作図しなさい。

この問題の起源は解明されていませんが、立方体倍積問題とほぼ同時期に提起されたことを見るに、必然的な思考の流れによって生まれたのでしょう。

❷角の三等分問題の解決に向けて

古代ギリシャの数学者で、この問題の解決に寄与した人物として名を残したのは**ヒッピアス**です。しかし、ギリシャ人の誰かが考えた解法も後の時代に伝わっていました。

◆あるギリシャ人の成果◆

誰が発案したかは明らかになっていないものの、「**傾斜図形**」と呼ばれる図形を利用した作図方法が当時知られていました。

傾斜図形を利用した作図

∠ABCを三等分するために、長方形ACBDをつくり、半直線DA上にEをとる。このとき、BEとACの交点Fが、AB:EF＝1:2となっていれば、BEは∠ABCの三等分線のうちの1本となる。

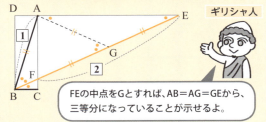

FEの中点をGとすれば、AB＝AG＝GEから、三等分になっていることが示せるよ。

この作図の中で、定木とコンパスで求められないのはEの位置です。ABの2倍の長さをもつEFを延長した先にBがないといけないため、Eの位置が正確に定まりませんでした。

column 三等分できる角度
作図方法 p.198

角の三等分問題の難しさは、与えられた角がどんな大きさでも三等分できる方法を探すことにありました。しかし、特殊な角であれば簡単に作図することができます。

例として 90°の場合、正三角形の作図と角の二等分線の作図を組み合わせれば30°をつくることができます。

古代ギリシャにおいて、作図できる最小の角は3°と考えられていたため、9の倍数の角度は作図によって三等分できたはずです。

正五角形と正三角形の作図でできる72°と60°の差12°を二等分しまくれば3°が描けるよ。

ピタゴラス

前430年頃	前430年頃	時期不明	1837年
立方体倍積問題とほぼ同時期に、角の三等分問題が誕生する	ヒッピアスが円積線を発明し、それを利用した作図方法を示す	ギリシャ人によって「傾斜図形」を使った解法が示される	ワンツェルが角の三等分線は作図不可能であることを証明する

◆ヒッピアスの成果◆

紀元前430年頃のアテネにて、ヒッピアスは**円積線**という曲線を発明しました。この曲線は数学史上初めて登場する円以外の曲線として有名です。この円積線は、角の三等分線を簡単に描くことができる夢のような曲線でした。

column ヒッピアス
~大哲学者たちに紹介された数学者~

ヒッピアスはアテネで研究をしていた数学者ですが、当時のギリシャではそこまで有名な人物ではありませんでした。そんな彼が現在にまで名を残している理由はソクラテスやプラトン p.48 といった大哲学者に紹介されたからです。特にプラトンが書いた『大ヒッピアス』に円積線をはじめとする彼の功績が載っており、それがヒッピアスの有能さを現在にまで伝えています。

ヒッピアスは男前で学はあるが、高慢で浅薄。

インテリなイケメンであることは認めよう

ソクラテス

ヒッピアスの円積線

扇形OABで、点PはAを出発し、辺AO上を一定の速さで動く。点QはAを出発し、弧AB上を一定の速さで動く。点Pと点Qは同時に出発し、OとBに同時にたどり着く。

このとき、Pを通りOBと平行な線分PP′とOQの交点Rが動いた様子を結んだ線を円積線という。

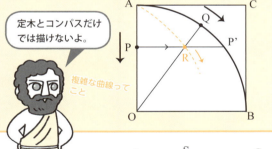

定木とコンパスだけでは描けないよ。

複雑な曲線ってこと

ヒッピアス

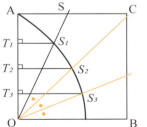

∠SOBを三等分したい場合、円積線上でのOからの距離OT_1をT_2, T_3で三等分することで、右のように三等分線を描くことができます。

ヒッピアスの後、数学者ディノストラトスは、円積線を使えば円積問題 p.34 も解くことができることを示しました。

2つの未解決問題の鍵を握る円積線を作図しようと人々は研究し続けたものの、それが叶わないまま時は流れていきました。

弟のメナイクモスは立方体倍積問題に熱中してたなぁ

円積線を研究することに生涯を費やしたよ。

ディノストラトス

◆ワンツェルによる結論づけ◆

ヘレニズム時代に入った後もアルキメデス p.68 が新たな傾斜図形を考えたり、ローマ時代にはパッポス p.88 が双曲線を使って作図したりと特殊な作図や曲線によって解決を試みましたが、作図本来のルール p.198 で角の三等分線を描けた人はいませんでした。

この問題が誕生してから2200年以上経った1837年、フランスの数学者ピエール・ワンツェルが作図可能数を研究する中で、角の三等分線は作図不可能と結論づけました。

立方体倍積問題と角の三等分問題の両方に終止符を打ちました。

ワンツェル

Pick Up!
三大作図問題は折り紙で解ける？

紀元前5世紀の古代ギリシャから作図方法が模索されてきた三大作図問題。その中の「立方体倍積問題」と「角の三等分問題」は、日本の伝統文化である折り紙で作図することができます。

● 2の立方根と角の三等分線を折り紙で折ってみよう

2の立方根の折り方 立方根・$\sqrt[3]{2}$ p.195

❶ 折り紙の底辺から等間隔となるように2本の折り目をつける。

広すぎると折れないし、狭すぎると折りづらいよ。

全体の $\frac{1}{6}$ くらいの幅がよさそう

折り目②
折り目①

❷ 左下で折り目②と重なるように直角二等辺三角形を折る。

ていねいに

❸ 直角二等辺三角形の一辺の長さと同じ間隔で、折り紙の左の辺から2本の折り目をつける。

折り目③　折り目④

裏面に直接描いてもOK。

❹ 折り目①の左端と、折り目③の下端に、裏から見えるような濃い点ABを描く。

折り目⑤

❺ 点Aが折り目④に、点Bが折り目②に重なるように折る。

ここが重要！微調整しながら点と折り目を合わせよう。

折るのムズいよ

❻ 折り目①と⑥の交点と、折り目①と③の交点の間の距離が、❶でつけた折り目の間隔の $\sqrt[3]{2}$ 倍となっている。

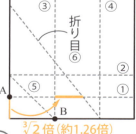

$\sqrt[3]{2}$ 倍（約1.26倍）

長さを測ってみよう。

完成

column 線分の三等分

紙を封筒に入れるときに必要な3つ折り。余計な折り目がついてもよければ、正確に折ることができます。

❶ 正方形ABCD を斜め方向と横方向に2つ折りし、折り目①(AC)と折り目②(EF)をつける。

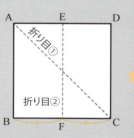

角の三等分線の折り方

❶ 折り紙で三等分したい角の大きさの折り目をつける。

> 三等分したい角は、90°未満限定です。

❷ 折り紙の底辺から等間隔となるように2本の折り目をつける。

> 間隔はうまく調整しよう。

全体の $\frac{1}{3}$ くらいの幅がよさそう

❸ 折り紙の底辺、折り目②、折り目③の左端に、裏から見えるような濃い点ABCを描く。

> 裏面に直接描いてもOK。

表面なら濃いめに

❹ 点Aが折り目②に、点Cが折り目①に重なるように折り、点Aと点Bの移動先に点を描く。

> ここが重要！微調整しながら点と折り目を合わせよう。

点もズレないように

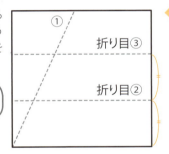

❺ ❹で描いた点と、点Aをそれぞれ結んだ線が、❶でつくった角の三等分線となっている。

> 分度器で確かめてみよう。

完成

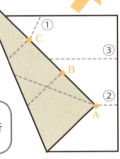

---

❷ 折り目③(BE)をつけ、折り目①との交点 G をつくる。

❸ Gを通るように横方向に折ると、その折り目や辺ABの移動先が底辺BCの三等分線となっている。

完成

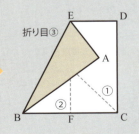
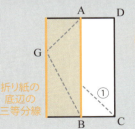

ちなみに原理は △AGE ∽ △CGB

> 正確な三等分だけど、余計な折り目がつくので、正式な書類には向いていません。

1-12 古代ギリシャ 無理数の発見

ポイント
1. ヒッパソスが無理数の存在を証明した。
2. エウドクソスは、無理数を比の中で理解した。
3. 線分計算により、無理数の加減乗除ができた。

❶無理数が登場

紀元前6世紀末にピタゴラスが証明した三平方の定理 p.29。この定理を認めたことにより、ピタゴラス教団の信条である「万物の根源は数である」が揺らぐことになりました。

◆√2は無理数◆

ピタゴラス教団が数として認めていたのは、整数と整数の分数で表される有理数まででした。

しかし、三平方の定理により、底辺が1の直角二等辺三角形の斜辺に分数で表せない数が登場。この数を研究したのは教団員の**ヒッパソス**で、今で言う$\sqrt{2}$が**無理数**であり、分数では表せないことを証明してしまったのです p.197。

◆無理数が続々と証明される◆

ヒッパソスの発見で無理数の存在が広まり、数学者**テオドロス**は、$\sqrt{3}, \sqrt{5}, \sqrt{7}, …, \sqrt{17}$が無理数であることを幾何学図形により証明しました。また、**テアイテトス** p.29 は、無理数かどうかの証明を一般化しています。

column イオニア海殺人事件

ピタゴラス教団においては、教団内の発見は教祖ピタゴラスのものであり、研究成果を勝手に外部にもらしてはならないという戒律がありました。しかし、ヒッパソスは無理数の発見を外部にもらしてしまったのです。そこで、教団は船でイオニア海沖までヒッパソスを運び、彼を海の中に突き落としました。

❷エウドクソスの比例論

ピタゴラス学派を中心に、無理数の扱いに困っていた5世紀以後のギリシャ。そこに一手を打ったのが、紀元前4世紀前半の数学者**エウドクソス**でした。

◆比で無理数を理解した◆

ピタゴラス学派の影響もあり、当時扱われていた数は整数か分数のみ。比の概念を利用することで、無理数を他の数と同じように扱うための基礎を築きました。

エウドクソスの比例論

$a : b = c : d$であるとは、与えられた整数m, nに対して、次のいずれかが成り立つことである。
1. $ma < nb$ ならば、$mc < nd$
2. $ma = nb$ ならば、$mc = nd$
3. $ma > nb$ ならば、$mc > nd$

この比の定義は、19世紀の**デデキント**が**実数の連続性** p.183 を示すときに参考するほど、完成度の高いものでした。

42

前5世紀頃	前5世紀後半	前399年頃〜前369年頃	前368年頃〜前365年頃
ヒッパソスが$\sqrt{2}$は無理数であることを証明する	テオドロスが$\sqrt{3}$や$\sqrt{17}$も無理数であることを証明する	テアイテトスが無理数の証明を一般化する	エウドクソスが比例論や取りつくし法について言及する

❸幾何学での計算

平行線の作図 p.198

当時のギリシャでは、数値計算だけでなく、**線分計算**も行われていました。

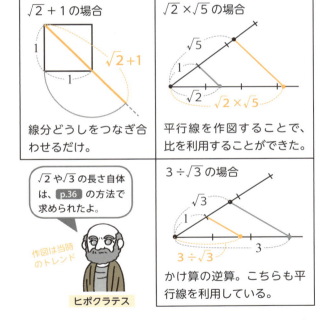

エウドクソスの比例論で無理数への警戒心が薄らいだこともあり、無理数の計算も線分上で表面的に理解されるようになりました。

column エウドクソス 〜貧しくても学校に通いたかった数学者〜

無理数の存在に一定解を与えたクニドス出身のエウドクソス。プラトンが紀元前387年頃にアテネ北西部に創立したアカデメイアの評判を聞き、そこで学びたかったエウドクソスは借金をしてクニドスを出ました。しかし、家賃の高いアテネには住むことができず、7km以上離れたペイライエウスという港町から毎日アカデメイアまで通いました。この彼の学びへの熱心さや実際の才能が学長のプラトンの目に止まり、卒業後も交流が続くことになったのです。

無理数の存在は紀元前5世紀のギリシャを一時的に混乱させたものの、エウドクソスの比例論や線分計算により、少しずつ無理数が理解されるようになってきました。しかし、あくまで「数と同じようなもの」としての理解であり、$\sqrt{2} \times \sqrt{5} = \sqrt{10}$ のように数として計算されるようになるまでは1000年以上の月日が必要だったのです。

1-13 古代ギリシャ 無限の扱い

ポイント
1. エレア学派のゼノンがパラドックスを提示した。
2. デモクリトスが無限に細かく分割する考え方を使用した。
3. エウドクソスの取りつくし法は極限の先駆けとなった。

❶ パラドックスで混乱

　紀元前7世紀以降、ギリシャ数学を引っ張っていたのは、タレスやピタゴラスをはじめとするイオニア地方を中心とする数学者たち（**イオニア学派**）でした。彼らの思想は、物事の根源を探ろうとする思想でしたが、これに異を唱える**エレア学派**が登場したのです。

◆エレア学派の思想◆

　空間の根源は点、時間の根源は瞬間と仮定したうえで連続した運動を考えていたイオニア学派に対し、エレア学派の**ゼノン**は4つの運動に関する**パラドックス**（矛盾）を提示して、運動の不可能性を主張しています。その中の1つを以下に示します。

アキレスと亀のパラドックス

　俊足のアキレスとゆっくり進む亀がいる。亀がアキレスよりもよりも前方にいるとき、アキレスは亀に追いつくことができない。

　なぜなら、アキレスが亀のいた地点に達したときには、亀は少し先に進んでいて、この現象が繰り返されるからである。

　亀が動いた先の地点は無限にあり、無限個の点にアキレスが有限の時間内（有限個の瞬間）に到達するのは不可能であるというのがゼノンの主張です。

❷ 無限小に分割

　「万物の根源は原子」であると主張したイオニア学派の**デモクリトス**は、立体を無限に細かく切った平面の集まりという捉え方をしました。これは、17世紀に登場する「**カヴァリエリの原理**」p.130 と同様の考え方です。

カヴァリエリの原理（立体）

　2つの立体において、平行な平面で切った切り口の面積がつねに等しいとき、2つの立体の体積は等しい。

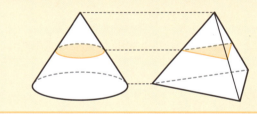

　エレア学派のパラドックスが世間を騒がせていた時期だったため、この主張は疑問視され、デモクリトスも世間を納得させることができませんでした。

重なり合う平面の大きさが違ったら、側面がなめらかな立体はできないし、重なり合う平面の大きさが同じだったら柱体となってしまう。

ゼノン

前5世紀中頃	前400年頃	前368年頃〜前365年頃
ゼノンがパラドックスをイオニア学派に提示する	デモクリトスが三角錐と三角柱の体積の関係を示し、立体を無限小に分ける方法を提案する	エウドクソスが比例論や取りつくし法について言及する

❸ エウドクソスの取りつくし法

エレア学派の主張により、無限を扱うことにためらいが生じたギリシャ数学。そこに別の切り口で挑んだのが比例論を定義した**エウドクソス** p.42 でした。

◆連続的に分割していく◆ 無限小 p.213

エウドクソスの取りつくし法は最初から無限小に細かくするのではなく、連続的に一定の規則で細かくしていき、決められた大きさよりも小さくなればよいというものです。

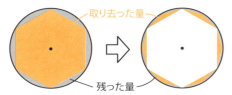

半径1の円の場合
（面積が0.2より小さくなるまで取りつくす）
①正6角形を取り去る　②正12角形を取り去る
取り去った量
残った量
残りの面積は約0.54　残りの面積は約0.14

エウドクソス
「あらかじめ決めた量より小さくなった！」

◆極限の考え方を使っていた◆ 極限 p.212

エウドクソスの取りつくし法が画期的だったのは、無限小という言葉を使わずに、「あらかじめ決めた量よりも小さい量」をつくっている点。あらかじめ決めた量が0に近ければ近いほど無限小とほぼ同じ意味を表せます。取りつくし法の考え方は、2000年以上後にコーシー p.169 やワイエルシュトラス p.182 による「$\varepsilon-\delta$論法」で厳密化され、無限の議論に終止符を打つことにつながりました。

エレア学派がうるさいからなぁ。
「無限」という言葉を使わないのがポイント！
エウドクソス

「0に限りなく近づく」を「δの取り方によって、0との誤差εをいくらでも小さくできる」と読み替えました。

詳しくは p.182 で
ワイエルシュトラス

column アキレスと亀の解決法　無限等比級数 p.212

イオニア学派だけでなくギリシャ数学全体を混乱させたパラドックスですが、現在の数学を使えばパラドックスを解決することが可能です。先ほどの「アキレスと亀」について、右のような数値設定をしたうえで、解決へと導いてみましょう。

この設定だと、アキレスが亀のいた地点に達するまで10m÷10m/秒＝1秒かかり、その間に亀は1m/秒×1秒＝1m進みます。

次に、その1mをアキレスが進むのに、1m÷10m/秒＝0.1秒かかり、その間に亀は1m/秒×0.1秒＝0.1m進みます。

これを繰り返すので、アキレスが亀に追いつくまでにかかる時間は、無限等比級数の考え方を使うことで、$1+0.1+0.01+0.001+\cdots=\frac{10}{9}$秒と計算できます。無限にたし算を行っても、1.2秒もかからずに亀は追いつかれるとわかるのです。

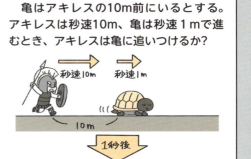

亀はアキレスの10m前にいるとする。アキレスは秒速10m、亀は秒速1mで進むとき、アキレスは亀に追いつけるか？

秒速10m　秒速1m
10m
1秒後
1m

多種多様なパラドックス

●古代ギリシャを困惑させたパラドックス。その後もたくさん誕生した

紀元前5世紀中頃にゼノンが提示したパラドックス（矛盾）。「アキレスと亀」のみならず、その時代から現代にいたるまでさまざまなパラドックスが誕生しています。有名なものを4つ見てみましょう。

うそつきのパラドックス

「うそつきのパラドックス」は自己言及のパラドックスの1つで、紀元前600年頃の哲学者である**エピメニデス**の名が登場します。エピメニデスはギリシャ南部に位置するクレタ島の住民であり、そのことが矛盾の引き金となる内容です。

うそつきのパラドックス

クレタ島民であるエピメニデスは言った。
「すべてのクレタ島民はうそつきである」

さて、このエピメニデスの発言は正しいのでしょうか。次の2通りに分けて考えてみましょう。

このように、エピメニデスの発言の真偽をどちらに仮定したとしても、矛盾が生じる可能性を含んでいます。ただ、このパラドックスに関しては、エピメニデスの発言が正しくない場合に、エピメニデスはうそつきの可能性もあるため、その場合は矛盾を回避できます。

しかし、同じ自己言及のパラドックスの中には、ラッセルのパラドックス p.179 のような回避が難しいものも存在し、20世紀に数学の公理系に疑問符を投げかけました。

「不完全性定理」といって、数学で真偽を証明できない命題があることを証明したよ p.186 。
ゲーデル

ロバのパラドックス

曖昧さが引き起こすパラドックスの紹介です。次のパラドックスはどこが変でしょうか。

ロバのパラドックス

わらの束を3つ背中に積んでいるロバがいて、束を4つ乗せるとロバの背骨が折れる。このロバにわらを1本乗せても気づかないため、わらを1本乗せた。これを繰り返せば、束4つ分のわらを運んでもらうことが可能である。

似たようなパラドックスとして、「砂山のパラドックス」も有名です。

砂山のパラドックス

大きな砂山がある。砂山から砂を1粒取り除いても砂山のままである。砂山から何度も1粒取り除いても砂山のままなので、最後の1粒も砂山である。

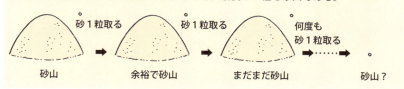

「ロバが乗せられるわらの量」や「砂山」の定義が曖昧だからこそ、もっともらしく感じてしまい、現象と論理の間に矛盾が生じています。「ロバが乗せられるのは、わら3束と10本まで」「砂山は1000個以上の砂粒の集まり」など、定義を明確化すれば、これらのパラドックスは回避できます。

囚人のジレンマ

2つの選択肢に対して、どちらを選択したとしても合理的で判断がつかないという矛盾を抱える問題です。1950年にカナダの数学者アルバート・タッカー（Albert Tucker, 1905年〜1995年）が考案しました。

囚人のジレンマ

ある強盗事件で銃を持っていた2人組の容疑者A・Bが逮捕された。取調官は2人の容疑者に強盗事件の罪を自白させるため、それぞれ別室に呼び出して次の取引を持ちかけた。

「このまま黙秘を続ければ、銃を不当に持っていた罪で2人とも懲役1年だ。ここに強盗の罪が明らかになれば2人とも懲役3年になる。そこで提案だが、もし、君が強盗の罪を自白してくれれば君は釈放、相方は懲役5年にしよう。だから自白をして捜査に協力してくれないか？　相方にも同じ提案をするから、どうするか考えてくれ」

このとき、容疑者A・Bは黙秘と自白、どちらを選択するべきか？

	B：黙秘	B：自白
A：黙秘	A：1年 B：1年	A：5年 B：釈放
A：自白	A：釈放 B：5年	A：3年 B：3年

この問題、倫理観を排除して考えたとしても、どちらの選択が合理的か決めかねる設定となっています。容疑者Aの立場で考えてみましょう。

自分が黙秘し、Bも黙秘していれば刑期は1年ずつ。2人合わせても2年で、これが得策！

でも、待てよ。Bが黙秘してくれるとは限らない。Bがどちらを選択しても、自分は自白したほうが得策。だって、Bが黙秘なら1年が0年（釈放）になり、Bが自白しても5年が3年になるからな。

全体の利益を考えれば黙秘を選択すべきなのは明白ですが、個々の利益を考えれば自白を選択すべきとなります。この全体の利益vs.個人の利益という状況は、スーパーの価格競争や軍拡競争など、人間社会の現象とも結びついており、囚人のジレンマに関する研究は今も続けられています。

誕生日のパラドックス

最後に紹介する「誕生日のパラドックス」は、矛盾しているわけではないものの、直感に反するパラドックスとして知られています。

誕生日のパラドックス

何人集まれば、その中に誕生日が同じになるペアが50%以上の確率で1組以上存在するか？

1年を365日と考えると、366人いれば100%の確率で1組は同じ誕生日となります。しかし、今回の問題のように、50%以上の確率であればどうでしょう。感覚的にはそれなりの人数が集まらないと同じ誕生日のペアが生まれなさそうですが、実際はなんと23人。

実際に、「23人の誕生日のうち、少なくとも1組は同じになる確率」を求めてみると、

23人全員が違う誕生日の確率

$$1 - \frac{365}{365} \times \frac{364}{365} \times \frac{363}{365} \times \cdots\cdots \times \frac{343}{365} \fallingdotseq 50.7\%$$

本当に50%を超えた！

となるため、見事50%以上の条件を達成しました。ちなみに人数を10人単位で増やして同様の計算をすると、それぞれの人数で少なくとも1組は誕生日が同じになる確率は以下のようになります。

人数	10人	20人	30人	40人	50人	60人
確率	11.7%	41.1%	70.6%	89.1%	97.0%	99.4%

30人学級で、自分と同じ誕生日の人がいる確率は低いものの、誰でもいいから1組は同じ誕生日となる確率は70%を超えるのです。

1-14 古代ギリシャ 2人の哲学者の功労

紀元前407年～前334年

ポイント
1. プラトンがアカデメイアを創立し、数学者を育てた。
2. アリストテレスが論理についてまとめた。
3. アレクサンドロス大王の東方遠征により、数学の中心がギリシャからアレクサンドリアに移った。

❶ プラトン

高名な哲学者ソクラテスの門人であった**プラトン**は、数学者ではないものの古代ギリシャ末期の数学の発展に大きく貢献しました。

◆イデア論と数学◆

プラトンは数学を学ぶ意義を、建築や天文学といった実用性ではなく、精神の陶冶（鍛錬のこと）にあると主張しました。目に見えている現象を「影」、感覚を超えたところにある永久不変の真の存在を「**イデア**」と呼び、それらの橋渡し役が数学であるとしました。

◆アカデメイアの創立◆

プラトンは20歳から8年間、アテネで哲学者のソクラテスに師事し、その後シチリア島やエジプトを訪れ、アテネに戻ります。

紀元前387年頃、プラトンは40歳のときにアテネ郊外に**アカデメイア**という学校を創立しました。そこで、算術、幾何学、天文学、哲学を中心としたカリキュラムをつくり、後世の数学者たちを育成しました。そのため、プラトンは「数学者育ての親」と呼ばれています。

プラトンの死後も、529年に東ローマ帝国によって閉鎖される p.91 までの約900年間、アカデメイアは存続しました。

ルネサンス期にはアカデメイア（Akademeia）を語源に、アカデミー（Academy）という語が生まれ、今も「学校」を意味する言葉として残っています。

column プラトンの関係者

古代ギリシャの有名な数学者たちの中で、プラトンやアカデメイアにかかわった人たちは多くいます。

テオドロス p.42	キュレネにて、プラトンに無理数を説いた
テアイテトス p.29	プラトンの学友。テオドロスの下で一緒に学んだ
アルキュタス p.37	プラトンに数学の重要性を説いた
エウドクソス p.42 p.45	紀元前385年頃にアカデメイア入学。貧乏で、通学に7kmかけた。やがて先生としても活躍した
ディノストラトス p.39	メナイクモスの兄。アカデメイアで学んだ後は円積線の研究をした
メナイクモス p.37	ディノストラトスの弟。アカデメイアで学んだ後はアレクサンドロス大王の家庭教師を務めた
アリストテレス p.49	紀元前367年にアカデメイア入学。学園内では、読書家で有名だった。その後はアレクサンドロス大王の家庭教師を務めた

48

前407年	前387年頃	前367年	前343年	前338年	前334年
プラトンがソクラテスに師事する	プラトンがアカデメイアを創立する	アリストテレスがアカデメイアに入学する	アリストテレスがアレクサンドロス大王の家庭教師を務める	マケドニアのフィリッポス2世がギリシャ全土を制圧する	アレクサンドロス大王の東方遠征により、ギリシャ文化が東方に伝わり始める

❷アリストテレス

アカデメイアで学んだ**アリストテレス**も、師のプラトンと同様に数学者ではないものの、数学界に大きな影響を与えた人物です。いろいろな分野の学問に精通していたため、「万学の祖」と呼ばれ、後にマケドニアを治めるアレクサンドロス大王の家庭教師をするほど、当時からその名をとどろかせていました。

◆三段論法を提唱した◆

数学に関するアリストテレスの貢献の1つは、論理の分野にあります。彼は2つの事象から演繹的に真実を導き出す「三段論法」を提唱しました。

アリストテレスが挙げた三段論法の例として有名なのは、「ソクラテスは人間である。すべての人間は死ぬ。よって、ソクラテスは死ぬ」というもので、最初の2つの文から結論を示しているのがわかります。

隙のない論法こそが数学

数学の証明では欠かせない！

アリストテレス

◆言葉を整理した◆ 公理・公準 p.196

アリストテレスは数学の証明をするうえで重要な言葉について整理しました。

定義：基本的な用語の意味。
　例 二辺が等しい三角形を二等辺三角形という。
公理：説明なしでも誰もが正しいと認める事柄。
　例 互いに重なり合うものは互いに等しい。
公準：特定分野の中で、誰もが正しいと認める事柄。
　例 すべての直角は互いに等しい。
定理：定義や公理、公準、または証明済みの定理から証明される重要な事柄。
　例 二等辺三角形の底角は等しい。

まぎらわしいので要注意

数学の中の"当たり前"が「公準」、数学に限らず一般的な"当たり前"が「公理」だよ。

アリストテレス

タレスによる初の証明以来、数学用語は月日の経過とともに少しずつ曖昧になってきていました。しかし、アリストテレスによって、正確な定義に基づき、仮定を明確にしたうえで厳密な証明を行っていくという今の数学のスタイルが定着したのです。

❸アテネ中心の世界の終焉

紀元前338年にマケドニアがギリシャ全土を制圧。紀元前334年からアレクサンドロス大王が東方遠征を行い、マケドニアの領土をインド西部まで拡大した結果、数学の中心はアテネからアレクサンドリアへと移っていきました。

アレクサンドロス大王の東方遠征

この東方遠征が行われる前までの時代を「古代ギリシャ」や「ギリシャ時代」と呼び、ギリシャ文化が東方世界へと伝わっていった後の時代を「**ヘレニズム時代**」と呼んでいます。

オリエント p.18 の文化と融合！

「ヘレニズム」というのは「ギリシャ風」という意味。ただ、ギリシャ独自の文化は消えていったよ。

アレクサンドロス大王

Pick Up!
古代ギリシャ数学者相関図

● つながりがあったのは誰と誰？

世界で最初の数学者であるタレスに始まり、約400年もの間にアテネを中心とした古代ギリシャで多くの数学者や哲学者が活躍しました。この時代の数学者たちは研究テーマが同じであったり、同じ場所で学んだりというつながりがあります。本書に登場する数学者たちの主な関係を、相関図で一気に把握しましょう！

- 「アキレスと亀」などのパラドックスを提示した

ゼノン(Zeno) p.44
前490年頃～前430年頃
エレア

- 牢屋の中で円積問題に挑戦した

アナクサゴラス(Anaxagoras) p.34
前500年頃～前428年頃
クラゾメナイ

反論

- 立体を無限個の平面の集まりと考えた
- 「万物の根源は原子である」

デモクリトス(Democritos) p.44
前460年頃～前370年頃
アブデラ

無限小の扱い

反論

- 数学の定理（タレスの定理）を初めて証明した
- ピラミッドの高さを求めた
- 「万物の根源は水である」

タレス(Thales) p.26
前625年頃～前547年頃
ミレトス

イオニア学派　万物の根源は？

水　数　原子

タレス（ミレトス）　ピタゴラス（サモス島）　デモクリトス（アブデラ）

- $\sqrt{3}$, $\sqrt{5}$, …, $\sqrt{17}$ が無理数であることを証明した

テオドロス(Theodorus) p.42
前465年頃～前398年頃
キュレネ

無理数の扱い

助言

$a^2 + b^2 = c^2$

- 三平方の定理を初めて証明した
- ピタゴラス教団の教祖
- 「万物の根源は数である」

ピタゴラス(Pythagoras) p.28
前569年頃～前500年頃
サモス島

正多面体の研究

- $\sqrt{2}$ が無理数であることを証明した
- 研究内容を教団外にもらしたため、処刑された

ヒッパソス(Hippasus) p.42
前5世紀頃
メタポンタム

ピタゴラス教団

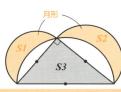

円積問題

- ヒッピアスの円積線を円積問題に利用した

ディノストラトス(Dinostratus) p.39
前390年頃～前320年頃

- 円積線を発見し、角の三等分問題に挑戦した

ヒッピアス(Hippias) p.39
前460年頃～前399年頃 エリス

円積線の応用

角の三等分問題

- 正多角形の辺の数を無限に2倍し続けることで円に近づくことを主張した

アンティフォン(Antiphon) p.35
前5世紀頃

- 月形図形を利用し、円積問題に挑戦した
- 立方体倍積問題を比の問題に置き換えた

ヒポクラテス(Hippocrates) p.35 p.36
前470年頃～前410年頃 キオス島

アカデメイアで指導　兄弟

- 放物線と双曲線で立方体倍積問題に挑戦した

メナイクモス(Menaechmus) p.37
前380年頃～前320年頃 アロペコネソス

立方体倍積問題

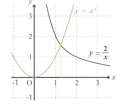

- 無理数も扱える「比例論」を考えた
- 「取りつくし法」で無限を別の視点から扱った

エウドクソス(Eudoxus) p.42 p.45
前408年頃～前355年頃 クニドス

アカデメイアで指導

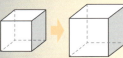

- イデア論を提唱した
- アカデメイアを創立した

プラトン(Plato) p.48
前427年～前347年 アテネ

アカデメイアで指導

アレクサンドロス大王の家庭教師

無理数を指導　　学友

- 正8面体と正20面体を発見した
- 無理数の証明を一般化した

テアイテトス(Theaetetus) p.29 p.42
前415年頃～前369年 アテネ

数学の重要性を説明

- 三次元の作図により立方体倍積問題に挑戦した

アルキュタス(Archytas) p.37
前428年頃～前360年頃 タレンテ

- 三段論法を提唱した
- 定義や公理などの言葉の意味を整理した

アリストテレス(Aristotle) p.49
前384年～前322年 マケドニア

ピタゴラス教団

51

前5000　前1000　0　400　800　1200　1300　1400　1500　1600　1700　1800　1900　2000
紀元前338年～前275年頃

1-15 古代ギリシャ ギリシャ数学の集大成

ポイント
❶数学の中心がアテネからアレクサンドリアに移動した。
❷アレクサンドリアには大きな図書館があった。
❸ユークリッドの『原論』はギリシャ数学の集大成。

❶アレクサンドリアの繁栄

　ギリシャ制圧後、東方遠征によって領土を広げたマケドニアのアレクサンドロス大王。彼の死後、後継者争いが起こり、セレウコス朝シリア、アンティゴノス朝マケドニア、プトレマイオス朝エジプトの３つの国に分かれました。

　この３つの国の中で最も長く存続したのがプトレマイオス朝エジプトであり、その首都である**アレクサンドリア**は新たな数学の中心地として、ヒュパティア p.90 の時代まで栄えることになりました。

◆アレクサンドリア図書館◆

　アレクサンドリアが数学の中心地となった理由は、**ムセイオン**という国立の研究施設があり、その付属の**アレクサンドリア図書館**が50万冊以上の蔵書数を誇っていたからです。プトレマイオス朝の王たちは強引な方法も含めた手段をいろいろと講じることで、世界中の本を集めました。

本の集め方①　買い物
　お金をたくさん持たせた使者たちを各地へ派遣し、あらゆる作家のあらゆる著作を購入する。

◆著名な科学者を雇った◆

　研究者にも大金を投じ、周辺地域の有名な科学者たちをムセイオンに集め、そこで研究活動に取り組ませました。ヘレニズム時代初期に集められた数学者の中には**ユークリッド**も含まれています。こうしてアレクサンドリアは過去の偉人の英知だけでなく、最新の研究も知ることができる学術都市としての役割を果たすことになりました。

本の集め方②　輸入船の書籍からの複写
　アレクサンドリアに入港した船に積んである書籍を借り、写本を作成する。

本の集め方③　他の図書館から本を借り、写本を返却
　お金を払って他の図書館から本を借り、原本ではなく写本を返却する。

52

前338年	前334年頃	前330年頃	前323年	前300年頃	前300年頃	前275年頃
マケドニアのフィリッポス2世がギリシャ全土を制圧する	アレクサンドロス大王が東方遠征開始。ギリシャ文化が東方に伝わり始める	ユークリッドがティルスで生まれる	アレクサンドロス大王死去。国が3つに分かれる	ムセイオンやアレクサンドリア図書館が創立される	ユークリッドがアレクサンドリアに移り、『原論』を記す	ユークリッドがアレクサンドリアにて死亡する

❷ ユークリッドの『原論』

プトレマイオス1世に招かれ、アテネからアレクサンドリアに移ったユークリッド。彼は主著『原論』（ストイケイア）でギリシャ時代の数学をまとめ、その後の数学に大きな影響を与えました。

◆命題→証明の形◆

『原論』の最大の特徴は、現在の数学書と同様のレイアウトとなっていること。まず、定義や公理、公準といった議論の前提が並べられており、それらに基づいて提示された命題が証明されます。そして次の命題では、それ以前に登場した命題の内容も使って証明を行う、という今の数学のスタイルがここに確立しているのです。『原論』では、全13章を通して132個の定義、5つの公理、5つの公準、465個の命題が掲載されています p.54 。

◆1000回を超える重版◆

『原論』は聖書の次に版を重ねられており、後世の数学に最も影響を大きく与えた本として知られています。「原論」という名前の本は紀元前3世紀より前にもあったものの、ユークリッドの『原論』の完成度が高すぎたため、他の「原論」は時代とともに消えていきました。また、勝手に14章や15章を追加した偽物の『原論』も過去には刊行されています。ただ、偽物のできは悪く、後世の研究によってオリジナルの『原論』と区別されました。

ユークリッド

ヒポクラテス

column ユークリッド
～ギリシャ時代を総括した数学者～

ユークリッドはティルスで生まれ、若い頃はプラトンのアカデメイアで数学を学びました。

紀元前300年頃、当時エジプトを統治していたプトレマイオス1世に招かれ、アレクサンドリアへと向かいます。ユークリッドが務めたムセイオン付属のアレクサンドリア図書館は無数の本を集めていたため、アカデメイアで学んだことと合わせて、ギリシャの数学を『原論』という1冊の本にまとめることができました。

前330年頃	ティルスで誕生する
若い頃	ダマスクスを経てアテネに移り、アカデメイアで学ぶ
前300年頃	アレクサンドリアに引っ越す『原論』を記す
前275年頃	アレクサンドリアにて死亡する

ユークリッド

ユークリッド（Euclid）は英語読みで、ラテン語だと「Euclīdēs」のため、「エウクレイデス」とも呼ばれているよ。

column Q.E.D.（これが証明すべきことであった）

ユークリッドの書いた『原論』の各証明の最後には、「これが証明すべきことであった」という3語が書かれていました。後にラテン語訳された際、この3語は「Quod Erat Demonstrandum」と書かれ、頭文字の「Q.E.D.」は現在でも多くの数学者が証明をしめくくる際に使っています。

ちなみに、作図終了を表すときには「行うべきことが行われた」を意味する「Q.E.F.（Quod Erat Faciendum）」が使われました。

（ポール・）ハルモス

第1章　古代文明の数学
第2章　ヘレニズム時代から中世までの数学
第3章　近世の数学
第4章　近代・現代の数学
第5章　数学史のための数学解説
付録　年表・さくいん

Pick Up!
空前のベストセラー『原論』
● 重版回数は聖書に次いで歴代2位。何が書かれているのか？

紀元前300年頃、ユークリッドによって書かれた『原論』。それ以前のギリシャ数学の成果をまとめただけでなく、その後に登場する数学書のモデルともなっています。古今東西で最も読まれた数学書の中身を見てみましょう。

分野ごとに13章に分かれる
命題・公準・公理 p.196　等比数列 p.201

　紀元前7世紀生まれのタレスに始まり、数々の数学者たちが成果を残してきたギリシャ数学。はじめは伝聞による情報だったものの、紀元前400年頃からプラトンを中心に著作活動が始まり、それ以降に書かれた本がアレクサンドリア図書館に収められました。その図書館で研究した**ユークリッド**はギリシャ数学の集大成とも言える『原論』を執筆。以下のように全13章からなる大作です。

章	分野	定義の数	命題の数	特徴的な内容
1	平面図形の基礎	23	48	5つの公準、5つの公理が掲載。対頂角や平行線の錯角、合同条件などの基本的な知識の命題が中心。ユークリッドが考えた三平方の定理の証明も p.32。
2	代数公式	2	14	分配法則や展開公式、二次方程式の解の公式を図形によって証明している。
3	円	11	37	円に内接する四角形の性質や接線の性質など、円に関する基本定理を紹介。
4	円と正多角形	7	16	円に内接・外接する正多角形の作図方法が中心。正五角形の作図はピタゴラスによる。
5	比例論	18	25	エウドクソスの比例論 p.42。無理数をうまく扱っている。
6	相似	4	33	相似な図形を考え、図形の中で比の性質を利用している。
7	数論①	22	39	6章までとは独立。最大公約数の求め方が載っている。
8	数論②	なし	27	2, 4, 8, 16, …のような等比数列を扱っている。
9	数論③	なし	36	命題20で素数が無限に存在することを証明している p.56。また、命題36では完全数を導く公式が登場している p.58。
10	無理数	16	115	最も重要と考えられている章。テアイテトス p.42 によるものと考えられており、$\sqrt{2}$ が無理数であることの証明が記されている。
11	空間図形の基礎	29	39	角錐や角柱など立体の定義と基本的な性質が載っている。球は半円を直径を軸に回転させた立体と定義されている。
12	面積と体積	なし	18	エウドクソスの取りつくし法 p.45 により証明される面積や体積の公式。
13	正多面体	なし	18	ピタゴラスやテアイテトス p.29 による5つの正多面体について紹介。

5つの公準と公理

　『原論』では、現在の数学書と同様で、定義や公準、公理を最初に並べ、それに基づいて命題の証明が行われていきます。本全体、そしてその後の数学全体の根幹にもなっている5つの公準と公理を見てみましょう。

5つの公準
（1）与えられた1点から他の点へ直線を引くこと。
（2）有限な直線を連続して一直線に延長すること。
（3）与えられた1点を中心とし、与えられた半径をもって円を描くこと。
（4）すべての直角は等しいこと。
（5）1直線が2直線に交わるとき、同じ側の内角の和が2直角（180°）より小さいならば、この2直線は、限りなく延長されたとき、内角の和が2直角より小さい側において交わること。

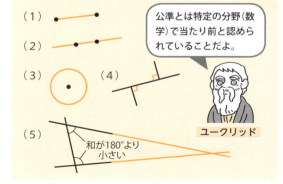

公準とは特定の分野（数学）で当たり前と認められていることだよ。

ユークリッド

5つの公理
（1）同じものに等しいものは、また等しい。
（2）等しいものに等しいものを加えれば、その全体は等しい。
（3）等しいものから等しいものを引けば、その残りは等しい。
（4）互いに重なり合うものは互いに等しい。
（5）全体は部分よりも大きい。

公理は一般生活上でも当たり前と認められることを指すよ。

数学でなくても当たり前

アリストテレス

これらの公準と公理が当たり前と認められるところから議論はスタートします。あとは各章で用意された言葉の定義を使って命題が与えられ、その命題を公準と公理とすでに証明された命題を使って証明していきます。ユークリッドがつくり出した数学の世界は、どんどん武器が増えるRPGのようなものと言えるでしょう。

証明できる命題が限られている…

ユークリッド	
数学者	レベル0
5つの公準　5つの公理	

いろいろな命題を証明する

ユークリッド

1章が終わって使える命題（武器）が増えた！

ユークリッド

ユークリッド	
数学者	レベル48
5つの公準　5つの公理	
対頂角は等しい	
平行線の錯角は等しい	
合同条件	
三平方の定理	

1章の命題1

最初の命題である1章の命題1は、本当に定義と公準と公理のみで証明できるのでしょうか。1章の命題1は以下のような作図の問題となっています。

『原論』1章命題1
ある直線の長さを与えられたとき、それを一辺とする正三角形を作図することができる。

この命題1で使う定義は、「円とは何か」が述べられた定義15と、「正三角形とは何か」が述べられた定義20です。これらを使って、正三角形が作図できることを次のように示しています。

『原論』1章命題1の証明
ABを与えられた直線とする。
公準（3）より、AとBそれぞれからABを半径とした円を描くことができる。
公準（1）より、2つの円の交点CからA , Bそれぞれへと直線を引くことができる。
定義15より、AC＝AB, BC＝BA である。
公理（1）より、ACとBCも等しい。
定義20より、△ABCは正三角形となる。
よって、正三角形を作図することができた。

Q.E.F. p.53

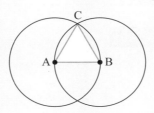

確かに公準と公理、定義によって示されました。これにより、命題2以降では正三角形は作図できることも利用して、証明や作図の議論を進められます。

column 第5公準を変えると…

『原論』の公準(5)は、2直線が平行なら交わらないという主張であり、これをもとに1章命題32にて、三角形の内角の和は180°であることを証明しています。

命題13, 29, 31を使って証明！
ユークリッド

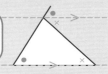

しかし、この公準(5)は他の4つの公準や公理に比べて表現が長く、本当に当たり前のことなのかという議論が19世紀に起こりました。そして**リーマン**は、「リーマン球面」と呼ばれる楕円幾何学 p.175 を生み出しています。

彼が提示したのは、球面上で考える幾何学であり、平行線が1本も引けないというもの。三角形の内角の和も180°を超えるという、現在浸透しているユークリッド幾何学では考えられない状況が誕生します。

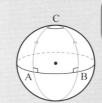

赤道上のA , Bからそれぞれ赤道と垂直に歩くと、北極で出会っちゃうんだ。

90°＋90°に∠ACBが加わるので、180°を超えます
リーマン

このように、第5公準を入れ替えた幾何学を「**非ユークリッド幾何学**」と言い、ボヤイやロバチェフスキー p.175 もその発展に貢献しています。

素数の研究

Pick Up!

● 2, 3, 5, 7, 11, … と不規則に続く素数。その魅力は今も昔も変わらない！

「1とその数自身しか約数を持たない自然数」である素数。今も昔も、その魅力に取りつかれた数学者はたくさんいます。素数がどう研究され、どう利用されているのかを見てみましょう。

素数は無限に存在する
背理法 p.196
一般化 p.194

素数が最初に登場したのは、紀元前1650年頃のエジプトの問題集『リンド・パピルス』です。しかし、本格的に研究され始めたのはユークリッドの『原論』から。彼は背理法を使って素数が無限にあることを証明しました。

『原論』9章命題20
素数の個数はいかなる定められた素数の個数よりも多い。

ユークリッドはこの命題に対し、次のような証明を与えました。

『原論』9章命題20の証明
素数は A, B, C の3個しかないものと仮定する。このとき、N＝ABC＋1 を考える。
N が素数であれば、素数が3個しかないことに矛盾する。
N が素数でなければ、何かしらの素数で割りきれるはずだが、既存の3つの素数 A, B, C のどれで割っても1余ってしまう。
いずれにせよ矛盾となるため、素数は3個より多くあることが示された。　Q.E.D. p.53

一般化された形ではないものの、背理法を使って見事に証明をしています。

『原論』の読者は納得してくれるよね？

証明の本質は理解できるはず。

ユークリッド

さまざまな素数

ピタゴラス教団によって自然数が分類されたように、素数の研究が進むにつれて、さまざまな素数グループが定義されました。数学史上の誰かが定義してその名前がついたものもあれば、自然と定着した名前もあります。その一部を見てみましょう。

素数	説明	例
双子素数	差が2になる素数の組み合わせ。	3と5、29と31など。
三つ子素数	p, p＋2, p＋6 または p, p＋4, p＋6 が素数となる組み合わせ。	5と7と11、7と11と13など。
いとこ素数	差が4になる素数の組み合わせ。	3と7、19と23など。
セクシー素数	差が6になる素数の組み合わせ。	5と11、17と23など。
エマープ	右から読んでも素数となる素数。	13（31も素数）、149（941も素数）など。
メルセンヌ素数	$2^n－1$ の形の素数。完全数 p.58 の発見にもつながる。	3（n＝2のとき）、31（n＝5のとき）など。
ソフィー・ジェルマン素数	2p＋1 も素数となる素数 p	2（5も素数）、29（59も素数）など。

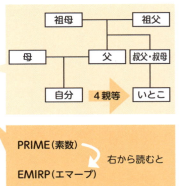

PRIME（素数）
↓ 右から読むと
EMIRP（エマープ）

素数生成式

不規則に登場する素数の全貌を掴もうという流れが高まった近世ヨーロッパ。その流れの中で、素数を生み出す式が名だたる数学者たちによって生み出されました。ただ、常に素数だけを生成し続ける式は存在せず、あくまで素数を生み出すことが多い式として知られています。

式	説明
$2^{2^n}＋1$	フェルマー p.134 が導入。自然数 n を代入するとすべて素数になるとされたが、オイラー p.152 が1732年に n＝5 のときの4294967297は素数ではないことを指摘 p.154。n≧5 では素数が生成できないことが予想されている。
$n^2－n＋41$	オイラーが導入。n＝0 から n＝40 までは式の値が素数となる。しかし、n＝41 のときの1681は素数ではない。
$2n^2＋29$	ルジャンドル p.165 が導入。n＝0 から n＝28 までは式の値が素数となる。しかし、n＝29 のときの1711は素数ではない。

RSA暗号

素数が身近で使われている例として挙げられるのが、1977年に発明された「**RSA暗号**」。2つの大きな素数の積で表された合成数の素因数分解が不可能に近いことを利用しています。

RSA暗号のしくみ
① 受信者が素数 p, q を用意。これらの素数を使った特殊な計算式で2つの自然数 m, n を求める。送信者に向け、素数の積 pq と m のみを提示する。
② 送信者のパスワードを、pq と m を使った特殊な計算式で変換。変換された文字列を送る。
③ 受信者は変換された文字列を、n を使った特殊な計算式で復元できるため、パスワードがわかる。

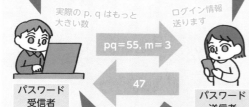

オイラー積

不規則に並ぶ素数をすべて使った式が、規則的な自然数をすべて使った式で表せることを18世紀にオイラーが示しました。それが**オイラー積**というかけ算です。

ゼータ関数のオイラー積

ゼータ関数 $\zeta(s)$ は次のように定義される。

$$\zeta(s) = \frac{1}{1^s} + \frac{1}{2^s} + \frac{1}{3^s} + \cdots + \frac{1}{n^s} + \cdots$$

このゼータ関数は、素数 p を用いて、次のような積（オイラー積）に変形できる。

$$\zeta(s) = \frac{2^s}{2^s-1} \times \frac{3^s}{3^s-1} \times \frac{5^s}{5^s-1} \times \cdots \times \frac{p^s}{p^s-1} \times \cdots$$

ここで登場した**ゼータ関数**は、素数の規則性を探る重要な問題である「リーマン予想」p.176 にもつながっています。

> ゼータ関数の性質を研究すれば、素数の研究にもつながるということ！
> リーマン、あとはよろしく！
> ——オイラー

column 1は素数なのか？

素数に関するよくある質問の1つに、「1は素数なのか？」というのがあります。それを解決してくれるのが「**素因数分解の一意性**」で、素因数分解は積の順序を無視すれば、1通りの表し方しかないという考え方のことです。

もし1を素数に加えて12を素因数分解すると、$2^2 \times 3$ だけでなく $1 \times 2^2 \times 3$ や $1^3 \times 2^2 \times 3$ でも表すことができてしまい、無限通りの表し方ができてしまいます。そのため1は素数ではないと決められているのです。

> 『原論』の中で、一意性をおおむね証明したよ。
> 完璧な証明はガウスの功績 p.170
> ——ユークリッド

前1650年頃	『リンド・パピルス』の分数表 p.17 では、分母が素数の場合と素数でない場合で分解の方法が異なる。
前300年頃	ユークリッドが『原論』の中で、素数が無限に存在することを証明する。
前3世紀	エラトステネスが素数をふるい分ける方法を発明する p.76。
17世紀以降	素数を生み出す式がフェルマーやオイラー、ルジャンドルなどによってつくり出される。
1790年代	ガウスやルジャンドルが、素数の個数を計算で求める式を考案する p.176。
1859年	リーマンがリーマン予想を発表する。
1977年	3人の数学者リベスト（Rivest）、シャミア（Shamir）、エーデルマン（Adleman）がRSA暗号を開発する。
2018年	51番目のメルセンヌ素数（$2^{82589933}-1$）が発見される（2024年現在最大の素数）。

Pick Up!

完全数の研究

● 6, 28, 496, 8128, … と非常にレアな完全数はどう見つけられたか？

紀元前6世紀にピタゴラスによって定義され、『原論』でも紹介された「完全数」。2500年以上経った今も51個しか見つかっていないほどレアなこの数はどのように研究されてきたのでしょうか。

完全数とは？

完全数は、三平方の定理で有名なピタゴラスが定義した、非常にレアな特徴を持つ自然数です。

完全数の定義
自分自身を除く正の約数の和が、自分自身に等しい自然数を完全数という。

> この定義、わかりづらいよね
> 「正の約数の和が、自分自身の2倍」でもOK。
> ピタゴラス

ピタゴラスが見つけた、完全数の最初の2つと、完全数ではない例を見てみましょう。

自然数	自分自身以外の約数の和	完全数か？
6	1 + 2 + 3 = 6	完全数
10	1 + 2 + 5 = 8	完全数ではない
12	1 + 2 + 3 + 4 + 6 = 16	完全数ではない
28	1 + 2 + 4 + 7 + 14 = 28	完全数

ちなみに、自分自身以外の約数の和が、12のようにその数自身よりも大きくなれば「**過剰数**」、10のように小さくなれば「**不足数**」と呼びます。これらもピタゴラスが定義しました。

> 自然数推し♪
> 万物の根源は数なり！自然数をいろんな定義で分類したよ。
> ピタゴラス

完全数発見の歴史（手計算）

紀元前6世紀頃、完全数を定義したピタゴラスは、6, 28, 496, 8128の4つを発見しました。そのことは紀元前300年頃のユークリッドの『原論』p.54 で紹介されており、ユークリッドは次のような命題も載せています。

『原論』9章命題36
$2^n - 1$ が素数であるならば、$2^{n-1}(2^n - 1)$ は完全数である。

その後、数学者たちは $2^n - 1$ が素数となるような n を探すことに努め、15世紀に5個目の完全数が、16世紀後半に6個目と7個目の完全数が見つかりました。

17世紀に入り、**フェルマー** p.134 が **メルセンヌ** p.133 に送った手紙の中に、右上の命題が記載されていました。これを受けて、メルセンヌは右下の予想を打ち立てます。

この予想に対し、1772年に**オイラー** p.152 が p=31 のときに予想が正しいことを示し、1876年に**エドゥアール・リュカ**（Edouard Lucas, 1842年～1891年）が発明した素数判定法により、p=127 のときが示されました。その後のリュカの研究で p=67, 257 のときは素数でなく、逆に p=61, 89, 107 のときは素数であることがわかりましたが、メルセンヌの予想は17～19世紀の完全数探しの原動力となったのです。

『原論』の命題から得られる最初の7つの完全数

n	$2^n - 1$（素数）	$2^{n-1}(2^n - 1)$（完全数）
2	$2^2 - 1 = 3$	$2^1 \times (2^2 - 1) = 6$
3	$2^3 - 1 = 7$	$2^2 \times (2^3 - 1) = 28$
5	$2^5 - 1 = 31$	$2^4 \times (2^5 - 1) = 496$
7	$2^7 - 1 = 127$	$2^6 \times (2^7 - 1) = 8,128$
13	$2^{13} - 1 = 8,191$	$2^{12} \times (2^{13} - 1) = 33,550,336$
17	$2^{17} - 1 = 131,071$	$2^{16} \times (2^{17} - 1) = 8,589,869,056$
19	$2^{19} - 1 = 524,287$	$2^{18} \times (2^{19} - 1) = 137,438,691,328$

メルセンヌへの命題
n が素数でないならば $2^n - 1$ は素数ではない。

> 敬意をこめて、$2^p - 1$ を「メルセンヌ素数」と名づけよう
> 自然数の中でも、素数だけを考えればよくなったよ。
> フェルマー

メルセンヌの予想
2^{p-1} が素数となるのは、$p \leq 257$ の範囲において、p = 2, 3, 5, 7, 13, 17, 19, 31, 67, 127, 257 だけである。

> 根拠は勘。
> 修道士が本職だし
> メルセンヌ

> $2^{31} - 1$ は素数だった。
> 数学界の巨人もビックリ！
> オイラー

完全数発見の歴史（コンピュータ）

p＝127 のときの $2^{127}-1$ はなんと39ケタ。これが手計算で確認された最大の**メルセンヌ素数**です。優れた数学的発想だけでメルセンヌ素数を発見していくことには限界が見えてきており、20世紀からはコンピュータが盛んに開発されるようになったことで、メルセンヌ素数の探索の舞台は、優秀な数学者の頭脳から優秀な処理能力を持つコンピュータ開発へと移り変わっていきました。

1952年に p＝521 のメルセンヌ素数がコンピュータによって発見されて以来、優れたコンピュータが開発されるたびに新たなメルセンヌ素数が見つかりました。

1996年には**GIMPS**（Great Internet Mersenne Prime Search）という、有志の人々がネットワーク通信を行いながら、計算を分散して処理することでメルセンヌ素数を探そうという組織が発足しました。1996年11月以降に見つかったメルセンヌ素数はGIMPSによるものであり、世界中の有志たちが今もメルセンヌ素数、ひいては完全数の発見に協力しています。

リュカ・テストのアルゴリズムはコンピュータでも使える！

手計算はもう限界です

リュカ

前6世紀頃	ピタゴラスが「完全数」を定義し、4つの完全数を見つける。
前300年頃	ユークリッドが『原論』の中で完全数を発見するための命題を証明する。
15世紀	5番目の完全数が発見される（発見者不明）。
1603年	イタリアの数学者ピエトロ・カタルディが6、7番目の完全数を発見する。
1640年	フェルマーがメルセンヌに完全数探しのヒントを与える。
1644年	メルセンヌがメルセンヌ素数に関する予想を打ち立てる。
1772年	オイラーが8番目の完全数を発見する。
1876年	リュカが「リュカ・テスト」を考案。12番目の完全数を発見する。
1883年	ロシアの数学者イヴァン・ペルヴーシンが9番目の完全数を発見する。
1914年	アメリカの数学者ラルフ・パワーズが10、11番目の完全数を発見する。
1952年	コンピュータの計算によって、13番目の完全数が発見される。以後、コンピュータの発展と共に完全数が見つかっていく。
1996年	GIMPSが発足し、世界中の人々が協力して完全数を探すようになる。
2018年	GIMPSによって、51番目の完全数が見つかる。このときのメルセンヌ素数が、2024年現在見つかっている最大の素数である。

GIMPSと完全数

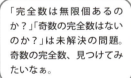

GIMPSのサイトから専用のソフトのダウンロードが必要です。

自分はコンピュータが小型だから、小さいタスクをこなします。

計算が終わるとGIMPSのサーバーに結果が送られるよ。

「完全数は無限個あるのか？」「奇数の完全数はないのか？」は未解決の問題。奇数の完全数、見つけてみたいなぁ。

我々が最近見つけたメルセンヌ素数は、p＝82,589,933 のときで24,862,048ケタの数。さらに、完全数だと、49,724,095ケタの数になるよ。

column なぜ「完全」数なのか？

ピタゴラスが名づけた「完全数」ですが、彼が「完全」という言葉を使った理由については言及されていません。1000年以上経った8世紀、イングランド出身の教育者兼司教のアルクインは、完全数が神の完全性に由来していると説きました。なぜなら、『旧約聖書』において神が6日間で天地創造したとされ、また月の公転周期は約28日であったからです。

私がつくったこの世界に由来する数字だから「完全」なのだ！

Pick Up!
紀元前の中国数学
● 地中海地域から離れた地で、独自の数学を発展させていた

今から約7000年前に興った四大文明発祥地の1つである中国。秦の始皇帝の政策により、紀元前の数学を知るのは難しいものの、限られた資料から独自の発展をしていたことがわかっています。

中国の歴史

四大文明の1つとして数えられる中国文明。その歴史は非常に古く、メソポタミアやエジプトに匹敵するほど。しかし、紀元前の中国数学はあまり注目されません。その理由は歴史上のある出来事にありました。

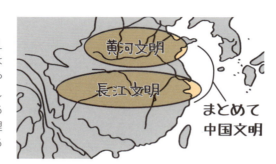

前5000年頃	黄河や長江の流域で文明が興る。
前1600年頃	殷王朝で甲骨文字が誕生。数字もできる。
前1000年頃	小国が乱立する戦国時代に突入する。
前221年	秦の始皇帝が中国を統一する。
前213年	始皇帝が焚書政策を行う。
前200年頃	数学書『周髀算経』ができる。
	数学書『九章算術』ができる。

始皇帝が行った焚書政策により、紀元前213年以前のほとんどの数学書は焼き払われてしまいました。古代エジプトやメソポタミア、古代ギリシャなどと並ぶ高度な数学があったのかもしれませんが、燃やされてしまっては知りようがありません。そのため、紀元前の中国数学を知る主な手がかりは『周髀算経』と『九章算術』となっています。

甲骨文字の数字

紀元前の中国で使われていたのは、漢字のもととなる**甲骨文字**です。元々は占いのときに亀の甲羅や牛の骨に刻まれた文字で、数字は13種類ありました。

1	2	3	4	5	6	7
一	二	三	亖	𠄡	介	十
8	9	10	100	1000	10000	
)(	き	∣	⌀	千	萬	蠆がモチーフ。

現在の漢数字とほぼ同じものもいくつかあるのがわかります。甲骨文字では、これらの数字を書き並べることで数を表しますが、20, 30, 40, …, 200, 300, 400, … などは、2つ以上の文字を1つの文字で表す「合字」を使いました。数によって多少ルールは異なるものの、かけ算の考え方で字を合わせています。

30	50	9000
10×(2+1)より、縦棒(10)と2を合わせた字	10×5より、縦棒(10)と5を合わせた字	100×9より、9と1000を合わせた字

実際に数を表すときは、エジプトと同様、これらの数字を書き並べて表すことになります。

52	39481
50+2	30000+9000+400+80+1

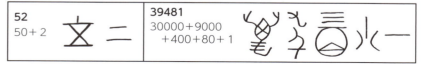

99999以下の整数なら5文字あれば表せるのがこの甲骨文字の特徴です。

算木と負の数

エジプトのヒエログリフ p.14 やバビロニアの楔形文字 p.19 と比べ、甲骨文字による数字は合字を使うため種類が多く、たし算・ひき算といった計算を行うのには適していませんでした。そこで、紀元前の中国では、「算木」という道具で計算を行いました。位取りを明示したマス目上に、細長い木製の棒を並べることで数を表し、今の筆算と同じ原理で計算しています。

上の算木は「9305」を表すよ。
算木を置かないマスの位は0の意味
中国の役人

また、算木には赤と黒の2色があり、赤い算木が正の数、黒い算木が負の数を表すために使われました。

左の算木は「-6226」を表すよ。置き方を縦と横の交互にすることで位をわかりやすくしたんだ。

ちなみに負の数の概念は中国が最古！
中国の役人

14世紀まで算木は使われ続け、ある著述家は、優秀な役人が計算する様子を「算木は飛ぶように見え、その動きがあまりにも速いので目で追うことができないほどである」と記しました。

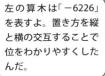

実用重視の数学

計算スピードには優れた中国ですが、数学の中身はギリシャの深い論考には遠く及ばない、実学重視の数学でした。貴重な数学資料である『周髀算経』が天文学で必要な計算を中心に掲載し、その時代の数学を体系的に示した『九章算術』が問題の解法を証明なしに並べていることに、その傾向が表れています。実際の問題を1つ見てみましょう。

『九章算術』7章「盈不足」17問

今、善田は1畝で価は300銭、悪田は7畝で価は500銭である。合わせて100畝買うと、価は10000銭であった。善田と悪田の面積は何畝ずつか？

今の数学で解こうとすれば、連立方程式を使うことになりますが、加減法や代入法の代わりに「盈不足術」というオリジナルの公式を利用していました。

盈不足術

求めたい数量に対して、aと仮定するとm多く、bと仮定するとn不足するとき、その数量は

$$\frac{an+bm}{m+n}$$

で表すことができる。

「盈不足術」は、エジプトやバビロニアでも使われていた仮置法 p.17 を発展・公式化したものです。この盈不足術は次のように使うことができます。

『九章算術』7章「盈不足」17問の解法

善田を20畝と仮定すると、善田と悪田の合計の価は10000銭よりも $\frac{12000}{7}$ だけ多くなる。

善田を10畝と仮定すると、善田と悪田の合計の価は10000銭よりも $\frac{4000}{7}$ だけ少なくなる。

盈不足術にあてはめると、善田は

$$\frac{20 \times \frac{4000}{7} + 10 \times \frac{12000}{7}}{\frac{12000}{7} + \frac{4000}{7}} = \frac{25}{2}$$

畝と求めることができる。

また悪田は、$100 - \frac{25}{2} = \frac{175}{2}$ 畝となる。

証明なしに求められた解法はまさに「術」。『九章算術』にはさまざまな術が載っており、問題の型に合わせてそれらの術を使い分けています。

263年に注釈書を書いたよ p.106
劉徽
理由が載っていなかったから、注釈本をつくるのに苦労したよ〜。

数学的な論考の代わりに、負の数の概念の獲得や算木という計算道具の開発に成功した紀元前の中国の数学は、ヨーロッパの風潮に染まることなく16世紀頃まで独自の成長を続けました。

紀元後の中国数学へ p.106

Pick Up!
紀元前のインド数学

四大文明の1つが興（おこ）ったインド。この地での紀元前の数学は宗教上必要な内容が中心でした。どのような数学を扱っていたのでしょうか。

●宗教と結びついた数学が中心。アラビア数字の祖先も誕生した

インドの歴史

　紀元前2600年頃にインダス川流域に興った**インダス文明**。しかし、この文明が栄えていた期間は短く、インダス文字の解読も進んでいないため、この時代の数学の内容はわかっていません。

　インダス文明衰退後、この地では**アーリヤ人**が文化を形成していきました。このアーリヤ人は自然神を崇拝し、バラモン教を成立させ、その儀式の方法を記すようになります。

　その中の1冊が『**シュルバスートラ**』で、幾何学的な内容を含んでおり、この資料が紀元前のインド数学を知る手がかりとなっています。

　その後は、別の宗教の学者が数論など抽象的な数学を進め、**ブラーフミー数字**が誕生したものの、アレクサンドロス大王の東方遠征以降、ヘレニズムの影響を受けることになりました。

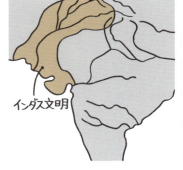
インダス文明

前2600年頃	インダス文明がインダス川流域で興る。
前1800年頃	インダス文明がこの頃までに衰退する。
前1500年頃	牧畜民であるアーリヤ人がインド北西部に侵入し、自然神を崇拝する。
前1000年頃	宗教書『シュルバスートラ』が書かれる。
前400年頃	ブラーフミー数字がインドで使われる。
前330年頃	ギリシャ文化の流入により、インド独自の文化が衰退する。

バラモン教は儀式を重要視したよ。
いろいろな儀式で自然神を崇拝しよう
バラモン（司祭）

宗教×数学

　『シュルバスートラ』に登場する主な数学的内容は平面幾何学。儀式に使う縄の長さや祭壇の面積といった、宗教上必要な問題を中心に扱っています。アーリヤ人は、三平方の定理を理解したうえで、2つの正方形を合わせた面積を持つ正方形の作図方法を知っていたとされ、$\sqrt{2}$ の近似値も小数第5位まで求められています。

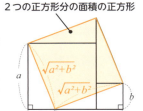
2つの正方形分の面積の正方形

ブラーフミー数字

　インドで400年頃まで使われた**ブラーフミー数字**は現在使われている**アラビア数字** p.94 の祖先にあたり、20種類の数字がありました。

1	2	3	4	5	6	7	8	9	10
一	二	三	￦	ト	ϥ	၇	ς	?	α

20	30	40	50	60	70	80	90	100	1000
θ	♩	X	♩	ヰ	え	○	⊕	ŋ	ŋ

　中国の**甲骨文字** p.60 と同様、これら以外の数については合字により表しています。基本は既存の数字どうしのかけ算で表しますが、200, 300, 2000, 3000などはたし算で表します。

400	200	300
100×4より、100と4の合字	100に100を1つ加えた数なので、100と1の合字。	100に100を2つ加えた数なので、100と2の合字。

紀元後のインド数学へ p.92

Pick Up!

紀元前の主な数字の比較

● 紀元前に世界各地で誕生した数字。その特徴を見てみよう

紀元前からある程度の数学が発展していた地域では、それぞれが独自の数字を使っていました。各地域を代表する数字について、その長所や短所を知っておきましょう。

場所と文字	エジプト ヒエログリフ p.14	メソポタミア（バビロニア） 楔形文字 p.19	中国 甲骨文字 p.60	ギリシャ ギリシャ文字 p.25	インド ブラーフミー数字 p.62
成立時期	前3200年頃	前3000年頃	前1600年頃	前8世紀頃	前400年頃
記録媒体	神殿の柱、石碑	粘土版	亀の甲羅や牛の骨	パピルス	樹皮や葉
数字の種類	7種類 1, 10, 100, …, 1000000	2種類 1, 10のみ	13種類 1, 2, …, 9と 10, 100, 1000, 10000	27種類（アルファベット） 1, 2, …, 9と10, 20, …, 90と 100, 200, …, 900	20種類 1, 2, …, 9と10, 20, …, 90と 100, 1000
数の表し方	7種類の数字を必要な数だけ書き並べる。	60進法の位取り記数法。	乗法の考え方による「合字」により、各位に1文字の数字を使用。	各位で必要な数字を選んで使用。千の位は「,」を利用し、1万や1億以上の位は「M」や「MM」を利用する。	乗法や加法の考え方による「合字」により、各位に1文字の数字を使用。
表せる 最大の数※	9,999,999	どんなに大きい数でも表せる 例 131,981,402	99,999	どんなに大きい数でも表せる 例 199,999,999	99,999
分数や小数	記号「◯」の下に整数を書くことで単位分数を表せた。	整数の位取り記数法を延長し、$\frac{1}{60}$の位, $\frac{1}{3600}$の位…と続けた。	不明（度量衡の発達により、不要だったと考えられる）。	整数の直後に「´」をつけることで、単位分数を表せた。 例 $\frac{1}{2}$ → β´	単位分数（表し方は不明）。
主な長所	同じ絵が同じ位を表すため、たし算・ひき算に利用できた。	2種類の数字でどんなに大きな数でも表すことができた。たし算・ひき算にも利用できた。	合字により、各ケタは1文字で表すことができる。	各数字の画数が少なく、普段から使っているアルファベットなので、書きやすかった。	合字により、各ケタは1文字で表すことができる。
主な短所	同じ絵を何度も書かなければいけないのが大変。	60進法でわかりづらく、空位の記号がないため、位の読み取りミスが多発した。	20, 30, 40のみ合字のルールが異なる。絵に近いものもあり、書くのが大変。	数字に対応するアルファベットを覚えるのが大変。	200や300は合字のルールが異なる。また、数字の種類が多く覚えるのが大変。
主な進化先	ヒエラティックやデモティック	古代ペルシャ楔形文字	楷書（現在使われている漢字の書体）	ヘブライ文字	アラビア数字

※記録上はこれほど大きな数を扱ってはいないため、ルールに基づいて書いた場合で考えています。特に、合字の場合は合わせる位置が異なる可能性があります。

Pick Up!

紀元前の数学の比較

●紀元前から発展していた数学。各地の違いを見てみよう

第1章で扱った四大文明と古代ギリシャ。これらの地域で、数学が最も発展していた時期に焦点を当て、そのときの数学の特徴を振り返ってみましょう。

ギリシャの数学（前7世紀頃〜前4世紀頃）

アテネでは議論が盛んであったことから、証明文化が当たり前のものとなった。この時代の数学はユークリッドの『原論』にまとめられており、その影響は現在の数学にまで及んでいる。内容はほとんどが幾何学で、実用性には欠けるものの、高度な数学が多く登場した。

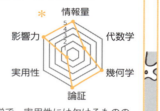

バビロニアの数学（前18世紀頃〜前17世紀頃）

大量に現存している粘土板には二次方程式や三平方の定理などの高度な数学が載っている。位取り記数法により、2つの数字だけでどんな数でも表すことができ、数表によって複雑な計算も行うことができた。エジプトと同様、古代ギリシャの数学者たちの留学先にもなった。

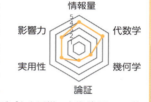

中国の数学（前2世紀頃）

秦の始皇帝の焚書政策によって、手がかりが少ない。ただ、『九章算術』には、3文字以上の連立方程式や二次方程式などの高度な代数の問題が多数載っている。実用的な問題も多く、「こう考えれば解ける」という視点で解法が与えられている。16世紀まで独自の数学を貫き、日本に影響を与え続けた。

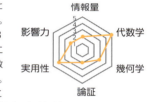

エジプト文明の数学（前19世紀頃〜前17世紀頃）

幾何学の発祥地であり、土地測量や建築に幾何学を利用した。「2倍法」でかけ算を効率的に行い、「アハ問題」で方程式を解いている。記録媒体には保存性の低いパピルスが使われており、『リンド・パピルス』では、問題と答えのみが載っている。タレスやピタゴラスの留学先でもあり、古代ギリシャに影響を与えた。

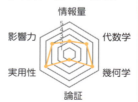

インドの数学（前1000年頃）

宗教書『シュルバスートラ』が手がかり。儀式で必要な縄の張り方などの幾何学的な問題が書かれ、数学書でないため論証もない。ただ、後の建築や土地測量の技術に影響を与えた。

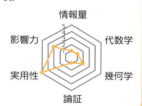

●各項目（レーダーチャート*）の点数は文献に基づいた筆者の主観によります。
●項目「影響力」は、ヘレニズム時代以降の数学への影響力を指します。
●項目「実用性」は、どれくらい生活に紐づいた内容だったかを指します。

第2章 ヘレニズム時代から中世までの数学

ディオファントス

ブラフマグプタ

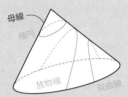
アポロニウス

フワーリズミー

厳密なギリシャ数学を引き継いで、アレクサンドリアを中心に発展したヘレニズム時代の数学。しかし、ローマ帝国やキリスト教の影響で、純粋な数学が失われてしまいました。地中海地域の手を離れ、インドやアラビアを経由して再びヨーロッパに戻ってくるまでの数学の流れをたどります。

3.14

アルキメデス

1,1;2,3

フィボナッチ

オレーム

ヒッパルコス

年表で理解！ 数学史の流れ
ヘレニズム時代から中世まで

アレクサンドロス大王の東方遠征を機に、地中海から旅立った数学。時代や地域によって、実用数学や代数学が発展し、ギリシャ幾何学にこだわらない数学の多様化が進みました。長い旅を経て中世ヨーロッパに戻ってくるまでの数学の軌跡を追ってみましょう。

年号・生年	国・地域	主なできごとや誕生した数学者
前300年頃	アレクサンドリア	アレクサンドリア図書館設立。研究施設ムセイオンに隣接してできる。
前287年頃	アレクサンドリア	アルキメデス（Archimedes, 前287年頃〜前212年）。円周率の近似や放物線の求積を行う。
前276年頃	アレクサンドリア	エラトステネス（Eratosthenes, 前276年頃〜前194年）。地球の1周の長さを測定する。
前262年頃	アレクサンドリア	アポロニウス（Apollonius, 前262年頃〜前190年頃）。円錐曲線の研究を行う。
前190年頃	アレクサンドリア	ヒッパルコス（Hipparhcus, 前190年頃〜前125年頃）。天体の動きを理解するために三角比を定義する。
前30年	アレクサンドリア	プトレマイオス朝エジプトがローマの侵攻によって滅亡する。
1世紀	インド	インドとローマの交易が盛んになり、ヒッパルコスの三角比や天文学が伝わる。
70年頃	アレクサンドリア	メネラウス（Menelaus, 70年頃〜130年頃）。天球上の三角形について論じる。
85年頃	アレクサンドリア	プトレマイオス（Ptolemaeus, 85年頃〜165年頃）。ヒッパルコスの三角比を発展させる。
1世紀頃	アレクサンドリア	ヘロン（Heron, 1世紀末に活躍）。幾何学に依存しない代数計算を行う。
3世紀頃	アレクサンドリア	ディオファントス（Diophantus, 3世紀頃に活躍）。代数でよく出る言葉を記号化する。
260年頃	アレクサンドリア	パッポス（Pappus, 260年頃〜4世紀中頃）。ギリシャ幾何学を網羅した本を著す。
370年頃	アレクサンドリア	ヒュパティア（Hypatia, 370年頃〜415年）。ユークリッドの『原論』に注釈を加える。
391年頃	アレクサンドリア	アレクサンドリア図書館がキリスト教徒たちによって破壊される。

ギリシャ数学の資料がアレクサンドリア図書館に集められていたよ。

研究に最適！

アポロニウス

ローマが強大化していくにつれ、ギリシャ由来の幾何学ではなく、天文学や地理学といった実学が重視されました。

役に立つ数学だけが推奨されました

ヒッパルコス

数の代わりに文字を使用

幾何学だけでなく、代数学だって大切！

ディオファントス

宗教なんて迷信なのに

知の宝庫であるアレクサンドリア図書館に、なんてことを。

ヒュパティア

イエス様の教えこそすべて

コンスタンティヌス帝もキリスト教を応援している！ 数学書は不要。聖書を読め！

キリスト教徒たち

解説 ▶ 円錐曲線 p.208　三角比 p.202

数学の中心地

アレクサンドリア
古代エジプトやバビロニアを継承したギリシャ数学が起源。
天文学から三角比が誕生した。
代数計算に記号が使われた。

→ 交易 →

インド　解説 ▶ n進法 p.200　位取り記数法 p.200
ヒッパルコスの天文学を発展させた。
古代エジプトからの10進法、バビロニアからの位取り記数法に、0の計算を加えて現在の記数法が完成した。

年号・生年	国・地域	主なできごとや誕生した数学者
476年頃	インド	アールヤバタ（Aryabhata, 476年頃～550年頃）。正弦表を3.75°間隔で作成する。
529年	ヨーロッパ	プラトンが創立したアカデメイアが閉鎖。ヨーロッパが「科学の暗黒時代」に突入する。
598年	インド	ブラフマグプタ（Brahmagupta, 598年～665年頃）。0を初めて数として扱う。
8世紀初め	アラビア（イスラーム）	イスラームの領土が最大になる。
780年頃	アラビア（イスラーム）	アル・フワーリズミー（Al Khwarizmi, 780年頃～850年頃）。インド数字や代数学を広める。
800年頃	ヨーロッパ	キリスト教の行事を正確に行うため、カール大帝が数学を奨励する。
830年	アラビア（イスラーム）	バグダードに知恵の館が建てられ、バグダードは学問の中心地となる。
1048年	アラビア（イスラーム）	オマル・ハイヤーム（Omar Khayyam, 1048年～1131年）。フワーリズミーの代数学を発展させる。
1114年	インド	バースカラ（Bhaskara, 1114年～1185年）。数学の百科事典をつくる。
12世紀	ヨーロッパ	ユークリッドやプトレマイオス、アル・フワーリズミーの著書がラテン語に翻訳される。
1170年頃	ヨーロッパ	フィボナッチ（Fibonacci, 1170年頃～1250年頃）。アラビア数字をヨーロッパに広める。
13世紀	インド	インドのイスラーム化により、インドで育った数学はイスラームに継承される。
1258年	アラビア（イスラーム）	モンゴルの侵攻により、イスラーム世界が崩壊する。

ブラフマグプタ
空位を表す記号0も計算しちゃおう！
0＋3＝3ができるようになったよ

フワーリズミー
館長として、数学者として嬉しい限り
製紙工場ができて、知恵の館にたくさんの本が保存できたのが革新的！

ハイヤーム
代数学における公式を、幾何学で証明することも。アラビアには各地の知が集結しています。
天文学の資料から、暦だってつくれちゃう

フィボナッチ
ウサギだって数えやすい
アラビア数字、便利だよ～。筆算で計算も簡単！

オレーム
近世の先取り！
グラフや無限について考えたよ。

解説 正弦 p.202

イスラームの拡大 →

アラビア
- 周辺地域の数学を網羅し、便利で有用な数学だけを発展させた。
- インドの数字により、特に代数学が発展した。

翻訳とフィボナッチ →

中世ヨーロッパ
- 暦や商業の必要性から、数学が重要になった。
- 近世ヨーロッパにつながる概念が示された。

ペストや百年戦争で一時衰退 →

近世ヨーロッパへ（3章 p.114）

2-1 ヘレニズム時代 アルキメデス

ポイント
① 円周率を3.14まで近似した。
② 放物線と直線で囲まれた部分の面積を求めた。
③ 「発見法」と「背理法」でさまざまな公式を証明した。

❶アルキメデスってどんな人？

世界三大数学者 p.170 の一人として名が挙がる**アルキメデス**。彼は紀元前287年頃、イタリアにあるシチリア島のシラクサに生まれ、一時的にアレクサンドリアで学んだ後、シラクサに戻って研究をしました。てこの原理や浮力の発見といった物理学に長けた人物として有名ですが、円周率の近似や放物線の研究など、数学でも功績を残しています。晩年、彼の持ち前の頭脳が、ローマとシラクサの戦争のときにも役立ち、彼の発明した兵器はローマを苦しめました。しかし、紀元前212年にシラクサは陥落。このときに攻め込んできたローマの兵士によって、アルキメデスは殺されてしまうのでした。

❷アルキメデスの功績

アルキメデスの著作は物理学と数学を合わせて10冊以上残っています。中世で最も人気が高かったのが円周率について述べた『円の測定について』であり、また取りつくし法に関して最も読まれたのが『放物線の求積』です。この2冊の主な内容を、アルキメデスの数学的功績として見てみましょう。

◆円周率を近似した◆

エジプトやバビロニアでも、経験的に円周率の値が知られていました。しかし、円周率を理論的に導いたのはアルキメデスが最初とされています。彼は円に内接する正多角形と円に外接する正多角形の周の長さを比較し、円周の長さの範囲を絞っていく方法を使いました。

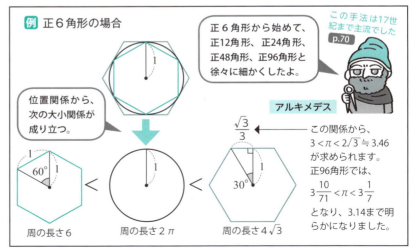

この関係から、
$3 < \pi < 2\sqrt{3} \fallingdotseq 3.46$
が求められます。正96角形では、
$3\frac{10}{71} < \pi < 3\frac{1}{7}$
となり、3.14まで明らかになりました。

前287年頃	若い頃	若い頃	留学後	前212年
アルキメデスがシラクサで生まれる	シラクサの学校で教育を受ける	アレクサンドリアで学ぶ。このときにエラトステネス p.74 との交流が始まる	シラクサに戻り、物理学や数学を中心とした研究成果を残す	ローマとシラクサの戦いで、ローマ軍の兵士に殺される

◆放物線の面積◆

この時代より約100年前のギリシャの数学者メナイクモス p.37 により、放物線の存在は知られていましたが、その面積を求めることに初めて結果を出したのはアルキメデスです。彼は、次のような公式を得ることができました。

放物線の面積

直線ABと平行な直線と放物線の接点をCとする。
このとき、直線ABと放物線で囲まれた面積 K は、
$K = \dfrac{4}{3} \triangle ABC$　で表される。

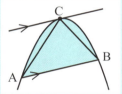

この公式を証明するにあたっては、エウドクソスの取りつくし法 p.45 を利用し、放物線の内部に三角形をつくっていく方法で証明を行いました。

最後は無限等比級数 p.212 を利用したよ。

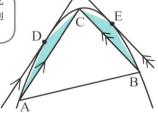

アルキメデス

◆「発見法」と「背理法」◆　背理法・命題 p.196

アルキメデスは、機械や実験を通して図形の面積や体積などの重要な結果を発見し、それを後から証明する「発見法」を使っていました。証明を行うときには、その結果が正しくないと仮定して矛盾を導く「背理法」を多用しています。

発見法の例

①発見：直径2mの円に紐を巻いて測ったら6.3mだった。
②命題：円周率は3より大きい。
③証明：円周率が3だとすると、円と正六角形が同じ図形になってしまうので矛盾（p.68 の図）。よって円周率は3より大きい。

column エウレカ!!

アルキメデスはある日、王様から王冠が純金かどうかを壊さずに知りたいとの依頼を受けました。アルキメデスはお風呂に入りながらこの問題を考え、浮力による解決法を思いついたとき、「エウレカ!!（わかった）」と叫びながら裸で町を走り回ったという伝説があります。

column 幾何学をしながら死す

紀元前215年頃から始まったローマとシラクサの戦争。シラクサ側はアルキメデスがつくった投石器や熱光線といった兵器を使い、ローマ軍の船を追い払い続けていましたが、陸経由で攻めてきたローマ軍の侵入を許してしまいます。シラクサ市民が逃げ惑う中、アルキメデスは自宅で地面に図形を描いて研究に没頭。アルキメデスのもとを訪れたローマ軍の兵士が研究の邪魔をしたため、アルキメデスはその兵士を一喝します。腹を立てた兵士にアルキメデスは殺されてしまうのでした。

お前が有名なアルキメデスだな。将軍マルケルス様が会いたがっている。ついて来い！

私の図を踏むな！研究の邪魔だ!!

アルキメデス

このことに心を痛めたローマの将軍マルケルスは、アルキメデスが好きだった図形を墓石に刻んで弔ったと言われています。

円周率の研究

Pick Up!

●3.1415926535……。誰がいつ、どこまで細かく求めたのか？

アルキメデスが3.14まで求めた円周率。現在では、小数点以下100兆桁まで知られており、円周率の研究からは数学やコンピュータの発展も感じられます。円周率発見の歴史を紀元前から見てみましょう。

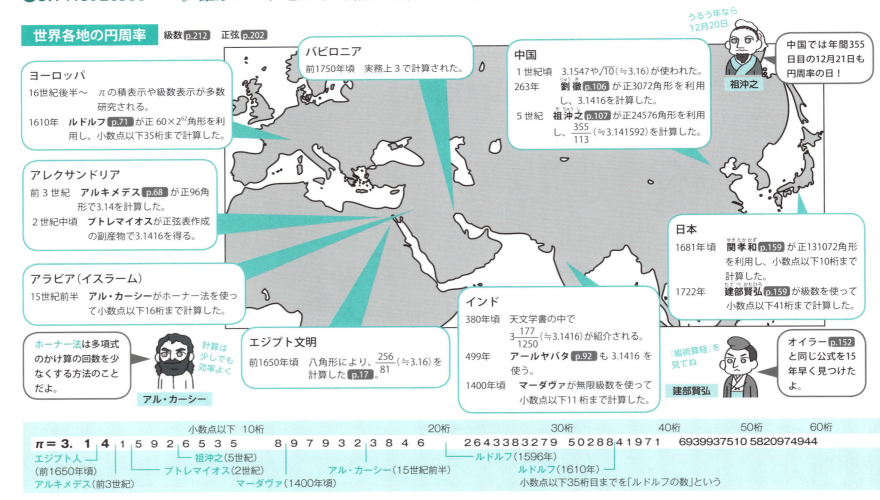

世界各地の円周率　級数 p.212　正弦 p.202

ヨーロッパ
16世紀後半〜 πの積表示や級数表示が多数研究される。
1610年　ルドルフ p.71 が正 $60×2^{62}$ 角形を利用し、小数点以下35桁まで計算した。

アレクサンドリア
前3世紀　アルキメデス p.68 が正96角形で3.14を計算した。
2世紀中頃　プトレマイオスが正弦表作成の副産物で3.1416を得る。

アラビア（イスラーム）
15世紀前半　アル・カーシーがホーナー法を使って小数点以下16桁まで計算した。

ホーナー法は多項式のかけ算の回数を少なくする方法のことだよ。

計算は少しでも効率よく

アル・カーシー

バビロニア
前1750年頃　実務上3で計算された。

エジプト文明
前1650年頃　八角形により、$\frac{256}{81}$（≒3.16）を計算した p.17。

インド
380年頃　天文学書の中で $3\frac{177}{1250}$（≒3.1416）が紹介される。
499年　アールヤバタ p.92 も 3.1416 を使う。
1400年頃　マーダヴァが無限級数を使って小数点以下11桁まで計算した。

中国
1世紀頃　3.1547や$\sqrt{10}$（≒3.16）が使われた。
263年　劉徽 p.106 が正3072角形を利用し、3.1416を計算した。
5世紀　祖沖之 p.107 が正24576角形を利用し、$\frac{355}{113}$（≒3.141592）を計算した。

うるう年なら12月20日

中国では年間355日目の12月21日も円周率の日！

祖沖之

日本
1681年頃　関孝和 p.159 が正131072角形を利用し、小数点以下10桁まで計算した。
1722年　建部賢弘 p.159 が級数を使って小数点以下41桁まで計算した。

『綴術算経』を見てね

オイラー p.152 と同じ公式を15年早く見つけたよ。

建部賢弘

　　　　　　　　　　　　　小数点以下 10桁　　　　　　　　　　20桁　　　　　　　　30桁　　　　　　　　40桁　　　　　　　50桁　　　　　　　60桁

π = 3. 1 4　1 5 9 2 6 5 3 5　8 9 7 9 3 2 3 8 4 6　2 6 4 3 3 8 3 2 7 9　5 0 2 8 8 4 1 9 7 1　6 9 3 9 9 3 7 5 1 0 5 8 2 0 9 7 4 9 4 4

エジプト人（前1650年頃）
アルキメデス（前3世紀）
祖沖之（5世紀）
プトレマイオス（2世紀）
マーダヴァ（1400年頃）
アル・カーシー（15世紀前半）
ルドルフ（1596年）
ルドルフ（1610年）
小数点以下35桁目までを「ルドルフの数」という

正多角形の限界

アルキメデス以来、円周率の近似計算の主流は正n角形との比較 p.68 によるものでした。

内接正n角形の周＜円周＜外接正n角形の周

この方法により、最も成果を残したのがドイツ生まれの数学者**ルドルフ・ファン・ケーレン**（Ludolph van Ceulen, 1540年〜1610年）です。彼は、円に内接する正多角形をどんどん細かくし、晩年には、正2^{62}角形（約461京角形）を使って小数第35位まで円周率を求めました。そのため、小数点以下35桁目までは「**ルドルフの数**」と呼ばれています。

一生を円周率に捧げました。

ルドルフ

墓石にも35桁刻んでもらったよ

3.1415… …50288

column 針を投げれば円周率は求められる？

18世紀のフランスで、「**ビュフォンの針**」が提起されました。等間隔に引かれた平行線上に、たくさんの針を投げることで円周率が近似できるという方法です。具体的には、次のような式で求めることができます。

間隔 d の平行線上に、長さℓの針を n 本投げて m 本交差したとき、$\pi = \dfrac{2\ell n}{dm}$

解析学の発展

16世紀から、無限を扱う「解析学」が発展するようになります。正n角形による近似方法も解析学の元となる取りつくし法 p.45 を使っていましたが、17世紀に誕生したのはもっと高度な方法でした。その先駆けとなったのが、スコットランドの数学者グレゴリー p.146 やドイツの数学者ライプニッツ p.142 がほぼ同時期に発見した**グレゴリー・ライプニッツ級数**です。

この級数で3.14という数値を求めるためには119項目まで計算する必要があるほど、πに近づくスピードは遅いです。しかし、これをきっかけに、**エイブラハム・シャープ**（Abraham Sharp, 1653年〜1742年）や**ジョン・マチン**（John Machin, 1680年〜1751年）などがより優秀な級数を見つけ、71〜100桁の円周率が計算されました。

グレゴリー・ライプニッツ級数
$$\frac{\pi}{4} = 1 - \frac{1}{3} + \frac{1}{5} - \frac{1}{7} + \frac{1}{9} - \frac{1}{11} + \cdots\cdots$$

シャープが用いた公式
$$\frac{\pi}{6} = \frac{1}{1} \times \frac{1}{\sqrt{3}} - \frac{1}{3} \times \left(\frac{1}{\sqrt{3}}\right)^3 + \frac{1}{5} \times \left(\frac{1}{\sqrt{3}}\right)^5 - \frac{1}{7} \times \left(\frac{1}{\sqrt{3}}\right)^7 + \cdots\cdots$$

自分もこの級数を知っていて、小数点以下11桁まで計算したよ。

しかも200年以上前に

マーダヴァ

コンピュータの開発

1949年、円周率の近似計算に革新が訪れます。戦後のアメリカで完成した**ENIAC**（電子数値積分計算機）が円周率を2037桁まで計算しました。近世の数学者たちが発見した級数をプログラミングのコードの中に組み込むことで、あとはコンピュータが計算してくれるという仕組みです。

現在求められている円周率の記録はなんと100兆桁。2022年に、日本出身のコンピュータサイエンティストである**岩尾エマはるか**氏が**チュドノフスキーの公式**という級数から求めました。

小数点以下70桁	80桁	90桁	100桁	112桁	140桁	200桁	500桁	526桁	620桁	2037桁	1万桁	100兆桁
5923078164	0628620899	8628034825	3421170679	8214……2	2	6	2	3	2	2	8	0
シャープ (1699年)		マチン(1710年)		ラグニー(1719年) ベガ(1744年)	ダーゼ(1844年)	リヒター(1855年)	シャンクス(1873年)	ファーガソン(1945年)	(1949年)	(1958年)	(2022年) 以後、コンピュータによる計算

2-2 ヘレニズム時代 アポロニウス

ポイント
① 円錐の切り方から、3種の円錐曲線を定義した。
② 放物線との関係から、楕円や双曲線を命名した。
③ 17世紀まで通用する円錐曲線の理論を展開した。

❶ アポロニウスってどんな人？

紀元前262年頃、現在のトルコに位置するペルガという町でアポロニウスは生まれました。若い頃、当時の学問の中心地であるアレクサンドリアにて、ユークリッドの後継者たちの下で学問を完成させます。その後は同地で天文学や数学の研究に励んでいたものの、紀元前222年から紀元前205年まで在位していたエジプト王プトレマイオス4世の放蕩ぶりに落胆。アレクサンドリアの暗い未来を予見し、アレクサンドリア図書館の次に大きい図書館があったペルガモン（現：トルコ西部）に一度は移りました。しかし、晩年には再度アレクサンドリアに戻り、紀元前190年頃に亡くなるまで研究を行いました。

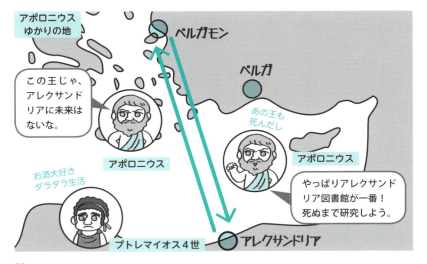

❷ アポロニウスの功績

アポロニウスは「円錐曲線」の研究をしたことで有名です。円錐曲線というのは、円錐をある平面で切断したときの断面に現れる曲線の総称で、具体的には円、楕円、放物線、双曲線を指します。アポロニウスの主著『円錐曲線論』では、円以外の3つの曲線に焦点を当てて解説しています。

◆円錐曲線のつくり方◆

円錐曲線は紀元前4世紀頃から存在し、メナイクモス p.37 が立方体倍積問題を解くために放物線と双曲線を利用しました。このときは、円錐の形状の違いによって楕円、放物線、双曲線が定義されていましたが、アポロニウスは円錐曲線の定義を一新。1つの円錐で、切り方の違いにより3つの曲線が生み出されることを主張しました。

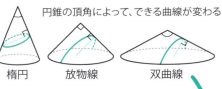

円錐の頂角によって、できる曲線が変わる
楕円　放物線　双曲線

円錐曲線とは？

1つの円錐に対して、2本の母線と交わるような平面で切断すると楕円ができ、1本の母線と平行な平面で切断すると、放物線ができる。
また、1本の母線とのみ交わり、母線と平行でない平面で切断すると、双曲線ができる。

底面と平行な平面で切断すると円になるよ。

定義を変更

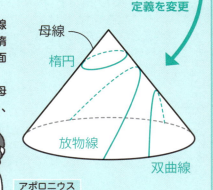

72

前262年頃	若い頃	教育を受けた後	前222年頃	その後	前190年頃
アポロニウスがペルガで生まれる	アレクサンドリアでユークリッドの後継者たちから教育を受ける	アレクサンドリア図書館で研究や教育活動に励む	アレクサンドリアを離れ、ペルガモンで研究を続ける	アレクサンドリアに戻り、研究を続ける	アレクサンドリアにて死亡する

◆円錐曲線の名前の由来◆ 円錐曲線 p.208

アポロニウスよりも少し前に生まれたアルキメデス p.68 が、放物線をパラボラ（parabola）と呼んでいたことを受け、アポロニウスは楕円をエリップシス、双曲線をハイパボラと名づけました。右のグラフは、原点を頂点とした3種の円錐曲線です。これらを式に表したとき、放物線は $y^2 = \frac{8}{3}x$ と等しいのに対して、楕円はそれよりも不足（ellipsis）、双曲線はそれよりも超過（hyperbola）することに由来します。

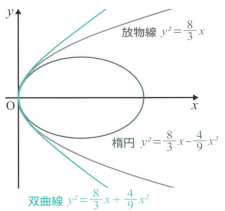

放物線 $y^2 = \frac{8}{3}x$

楕円 $y^2 = \frac{8}{3}x - \frac{4}{9}x^2$

双曲線 $y^2 = \frac{8}{3}x + \frac{4}{9}x^2$

column なぜ"双"曲線？

反比例になじみの深い双曲線ですが、円錐を平面で切断したときには1本しか曲線が現れません。実は、右の図のように、同じ形の円錐を逆さにして頂点でくっつけてから切断することで、もう1本の曲線が現れます。これもアポロニウスが考えたものですが、『円錐曲線論』では1本のみを考えることがほとんどでした。

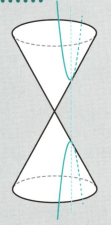

シンプルな式は5章で紹介

上の楕円と双曲線を一般形で表すと、$\frac{(x-3)^2}{9} + \frac{y^2}{4} = 1$, $\frac{(x+3)^2}{9} - \frac{y^2}{4} = 1$ になるよ。

アポロニウス

◆幾何学的に研究した◆

アポロニウスは円錐曲線を、上のような式を使わず、幾何学的に研究し、何百もの難解な定理の証明を行いました。『円錐曲線論』を超える円錐曲線の成果は、17世紀のデカルトやニュートン、ライプニッツが解析幾何学（座標上で行う幾何学 p.132 ）を発展させるまで生まれませんでした。アポロニウスの研究内容がいかに並外れていたかがわかります。

column 家にある放物線

物を投げたときの軌道としてその名がつき、アルキメデスがローマとの戦争に利用した放物線。

アポロニウスは『円錐曲線論』の3章で放物線などの焦点に関する研究を行いました。それは「軸と平行に入ってきた直線を放物線で反射させると焦点に集まる」という性質です。

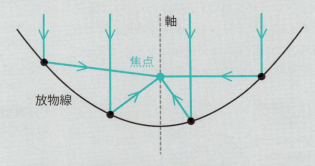

焦点の性質を利用したのがパラボラアンテナで、電波を1点に集めることで情報の受信を可能にしています。

2-3 ヘレニズム時代・ローマ時代
実用数学への逆流

ポイント
① エラトステネスが地球1周の長さを計算した。
② ヒッパルコスが天文学のために三角比の概念をつくった。
③ メネラウスが天文学のために球面三角形を研究した。

❶ ローマの支配

紀元前323年のアレクサンドロス大王の死後、3つの王朝に分かれた旧マケドニア。しかし、3つの国々が治めていた地中海沿岸地域は、ローマによって徐々に支配されていきます。そのような政情が不安定な時代背景の中、アレクサンドリアの数学者たちに求められたのは古代ギリシャ由来の学問的数学ではなく、国の繁栄のために利用できる古代エジプトやバビロニア由来の実用数学でした。

❷ 地理学や天文学で結果を残した数学者たち

国からの数学研究への支援が縮小し、数学者たちは実用数学に励むようになります。その中で目立ったのは数学を地理学や天文学へ応用することでした。

◆エラトステネス◆

エラトステネスは、キュレネで生まれた後、40歳くらいまでをアテネで過ごし、その後はアレクサンドリア図書館の館長として研究活動を行いました。彼はナイル川上流のシエネで太陽が真上にくる時間に、925km離れたアレクサンドリアに立てた棒の影の長さを算出し、そこから緯度の差を7.2°と計算することで地球1周の長さを46000kmと求めています。シエネとアレクサンドリアの延長線上から北極点がずれていたことなどが原因で、実際よりも6000kmほど長く見積もってしまいましたが、エラトステネスは数学を地理学に応用することで名を残しました。

（数学者ですから）素数に関する研究 p.76 もしたよ。
エラトステネス

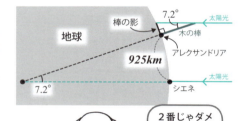

ローマの領土拡大
- 前264年
- 前146年
- 前60年
- 前14年

国の発展には論理数学など不要!
ローマの執政官
ローマの侵攻が止まらない。使える数学を発展させるのだ!
数学よりも医学や農業
ローマに支配され、実用数学を奨励されています。
アテネの学者
プトレマイオス王

column β先生（ベータ）

2番じゃダメなんですか?
エラトステネス

当時のエジプト王プトレマイオス3世から、アレクサンドリア図書館の館長の座と息子のプトレマイオス4世の家庭教師を任されたエラトステネスでしたが、彼には「ベータ先生」というあだ名がありました。βはα（アルファ）に次ぐ2番目のアルファベットです。エラトステネスがβだった理由は諸説あり、いろんな分野の才能にめぐまれたものの、トップにはなれなかったという意味のβという説もあれば、ギリシャの賢人の中で2番目の頭のよさを誇っていたという説もあります。

前276年頃	前264年	前194年	前180年頃	前146年	前125年頃	前30年	70年頃	130年頃
エラトステネスがキュレネで生まれる	ローマがイタリア半島統一する	エラトステネスがアレクサンドリアで死亡する	ヒッパルコスがニカエアで生まれる	ローマがマケドニアとギリシャを属州化する	ヒッパルコスがアレクサンドリアで死亡する	プトレマイオス朝エジプトが滅亡。ローマが地中海沿岸を統一する	メネラウスがアレクサンドリアで生まれる	メネラウスがローマで死亡する

◆ヒッパルコス◆　三角比・正弦 p.202　弧度法 p.203

ニカエア出身のヒッパルコスは、バビロニアで知識を身につけた後、ロードス島に渡り35年以上もの間天体観測を行い、死ぬまでアレクサンドリアで研究を行いました。天体の動きを理解するうえで必要となったのが三角比の知識であり、正弦（sin）にもつながるchord（crdと略す）という概念を使って7.5°刻みの三角比の表を完成させました。そのため、ヒッパルコスは三角比の創始者として現在にまで名が伝わっています。

column　1年は365.2466日

暦上の1年は365日ですが、地球が太陽の周りを1周するのには約365.2422日かかっています。そのため、うるう年を使って、暦と実際のズレを定期的に修正しています。

ヒッパルコスは長年の天体観測の成果と文献調査から、夏至の日が145年前とずれていることを発見し、1年が $365\frac{1}{4} - \frac{1}{300}$ 日であることを求めました。これは小数にすると約365.2466日であり、現在知られている数値と非常に近いことがわかります。

◆メネラウス◆

アレクサンドリア出身のメネラウスはアレクサンドリアで学び、ローマで天文学者となった人物です。彼は98年頃にローマで『球面幾何学』を記し、天球上の球面三角形について論じました。メネラウスの定理 p.77 をはじめとするメネラウスの研究成果は、その後の大天文学者プトレマイオス p.78 が黄道や天の赤道などの天球上の曲線の距離を求めるのに利用され、天文学の発展に大きく貢献しました。

chordの定義

円の弧の長さを α とする。
このときの弦の長さを crd(α) と定義する。

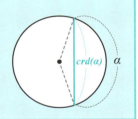

半径を1にすると、
$crd(α) = 2 \sin\frac{α}{2}$

私がつくっていたのは未来の正弦表でした

ヒッパルコス

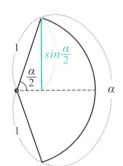

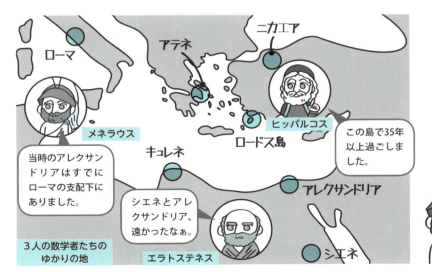

3人の数学者たちのゆかりの地

当時のアレクサンドリアはすでにローマの支配下にありました。

シエネとアレクサンドリア、遠かったなぁ。

この島で35年以上過ごしました。

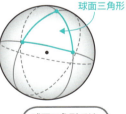

球面三角形ではユークリッドの幾何学は成立しないっぽい。

実は、リーマンの非ユークリッド幾何学 p.175 の前身

メネラウス

Pick Up!

エラトステネスのふるい

● エラトステネス発案！　素数だけが浮かび上がる魔法を解説！

三角比の考え方を利用して、地球の大きさを測った紀元前3世紀の数学者エラトステネス p.74 。彼は独特な方法で素数の一覧表を作成しました。

エラトステネスのふるい

エラトステネスは、自然数の表から素数以外を効率よくふるい落とす方法を思いつきました。例として、1から25の自然数をふるってみましょう。

エラトステネスのふるい

❶ 1は素数ではないので消す。
❷ 2に丸をつけ、2以外の2の倍数を消す。

❸ 3に丸をつけ、3以外の3の倍数を消す。

❹ 4は❷ですでに消えている。
❺ 5に丸をつけ、5以外の5の倍数を消す。

偶数が消えた
(4, 6 ,8, 10, 12, 14, 16, 18, 20, 22, 24)

偶数以外の3の倍数が新たに消えた(9, 15, 21)

偶数でも3の倍数でもない5の倍数が新たに消えた(25)

このように、素数が残って合成数だけがふるい落とされる様子から、調理器具である「ふるい」にかけて、「エラトステネスのふるい」と名づけられました。この作業を1から100までふるいきった結果が右の表です。ちなみに、100までの自然数をふるいにかける場合は、$\sqrt{100} = 10$以下の数の倍数だけを調べれば素数がすべて抽出されます。

エラトステネス

たとえば、95を消すときに19まで調べる必要はないよ。だって、95÷19=5という10以下の素数ですでに消えているはずだから。

column ウラムの螺旋（らせん）

素数が表の中である程度規則的に現れるものとして、アメリカで活躍した数学者**スタニスワフ・ウラム**(Stanisław Ulam, 1909年〜1984年)による**「ウラムの螺旋」**があります。

ウラムの螺旋

1を中央に、螺旋状に自然数を並べていく。その後、素数だけに色をつけると、以下のような性質が現れる。
● 素数のマスはななめにつながる（2以外）。
● 素数のマスが連続しているのが随所に見られる（19, 7, 23, 47, 79 や 5, 19, 41, 71 など）。

ウラムが学会で他人の発表を聞いている最中に、退屈しのぎに落書きをしていたところ、この性質を見つけたとされています。

ヒマだから数字を螺旋状に書いて遊ぼう。

ウラム

素数を塗ってみよう

Pick Up!

チェバ・メネラウスの定理

● 教科書とは順番が逆！ 時代もまったく違う2つの定理のつながりは？

「チェバの定理」と「メネラウスの定理」は似たような図形を扱うため、高校では同時に学ぶことが多いです。しかし、2つの定理の間には1000年以上の隔たりがあり、教科書の学習順とは逆の順で成立しました。

メネラウスの定理　正弦(sin) p.202

メネラウス p.75 が、天文学を考える際に用いたのが「**メネラウスの定理**」です。数学の実用的な面に焦点が当たっていたこの時代、天球上の角度を求めることを目的につくられたこの定理は当初、球面三角形で考えられました。

メネラウスの定理（原形）

右のような球面三角形ABDにおいて、以下の等式が成り立つ。

$$\frac{\sin\widehat{AF}}{\sin\widehat{FB}} \times \frac{\sin\widehat{BC}}{\sin\widehat{CD}} \times \frac{\sin\widehat{DP}}{\sin\widehat{PA}} = 1$$

ただし、$\sin(\widehat{AF})$は、弧AFの中心角の正弦を表す（$\sin\angle AOF$）。

中心角がわかれば弧の長さ（天球上の距離）がわかったよ。

正弦表はヒッパルコス p.75 がつくってくれた

メネラウス

球面で考えられていたメネラウスの定理を平面に適用したものが、高校数学で習う線分の比についての定理となります。

メネラウスの定理

右のような平面上の△ABDにおいて、以下の等式が成り立つ。

$$\frac{AF}{FB} \times \frac{BC}{CD} \times \frac{DP}{PA} = 1$$

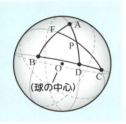

平面の場合sinは不要だよ。

メネラウス

約1600年後

チェバの定理

メネラウスから約1600年後、イタリアの数学者**ジョバンニ・チェバ**（Giovanni Ceva, 1647〜1734年）が、メネラウスの定理と似た形の定理である「**チェバの定理**」を1678年に発表しました。

チェバの定理

右のような平面上の△ABCにおいて、以下の等式が成り立つ。

$$\frac{AF}{FB} \times \frac{BD}{DC} \times \frac{CE}{EA} = 1$$

メネラウス先輩よりもシンプル！

形は似ているけどね

チェバ

チェバが自身の定理をどのように証明したかは明らかではありませんが、メネラウスの定理を再発見して論文にまとめていることから、メネラウスの定理を利用した証明方法をとっていたのではないかと考えられます。

チェバの定理の証明

△ABDにおいて、メネラウスの定理より、

$$\frac{AF}{FB} \times \frac{BC}{CD} \times \frac{DP}{PA} = 1 \cdots\cdots ❶$$

△ACDにおいて、メネラウスの定理より、

$$\frac{AE}{EC} \times \frac{CB}{BD} \times \frac{DP}{PA} = 1 \cdots\cdots ❷$$

❶の両辺を❷の両辺で割ることで、

$$\frac{AF}{FB} \times \frac{BC}{CD} \times \frac{DP}{PA} \times \frac{EC}{AE} \times \frac{BD}{CB} \times \frac{PA}{DP} = 1$$

$$\frac{AF}{FB} \times \frac{BD}{DC} \times \frac{CE}{EA} = 1$$

以上より、チェバの定理が示された。

column　チェバ 〜メネラウスを掘り起こした数学者〜

チェバはイタリアのミラノで生まれ、ミラノのイエズス会学校やピサ大学で学びました。メネラウスの『球面幾何学』を研究し、メネラウスの定理に関する論文を書いています。チェバがいなければ、メネラウスの業績は忘れ去られ、教科書に載っていなかったかもしれません。

チェバのおかげで教科書に名を残せました。

あざっす

メネラウス

| 前5000 | 前1000 | 0 85年〜165年 400 | 800 | 1200 | 1300 | 1400 | 1500 | 1600 | 1700 | 1800 | 1900 | 2000 |

2-4 ローマ時代 プトレマイオス

ポイント
① ヒッパルコスを引き継ぎ、正弦表を0.5°刻みでつくった。
② トレミーの定理を発見し、証明を行った。
③ トレミーの定理から三角関数に関する公式を導いた。

❶プトレマイオスってどんな人？ 三角比・三角関数 p.202

85年頃、エジプトのアレクサンドリアで**プトレマイオス**は生まれました。彼の生涯については細かいことはわかっていませんが、127年頃から141年頃までアレクサンドリアで天体観測を行ったと言われています。天文学を合理的に理解するために幾何学、とりわけヒッパルコス p.75 が始めた三角比(三角関数)を継承し、165年頃に亡くなるまで研究を進めました。紀元前30年までアレクサンドリアを治めていたプトレマイオス王の一族とは関係はなく、英語名では**トレミー**(Ptolemy)と呼ばれることもあります。

❷プトレマイオスの功績

アレクサンドリアを治めるローマの実学重視の風潮の中、プトレマイオスも例外ではなく、天文学や地理学に励みました。彼の主著『**アルマゲスト**』は、ギリシャ天文学の頂点と言われています。

◆正弦表(sinの表)の作成◆ 正弦(sin) p.202

プトレマイオスの約300年前、ヒッパルコス p.75 が正弦表を7.5°刻みで作成したのに対し、プトレマイオスはより高度な幾何学を使って0.5°刻みの正弦表を完成させました。それらの値の精度は現在の高校数学の教科書に載っているものと同等の小数第4位まで正確でした。

◆トレミーの定理◆

彼の名を冠する「**トレミーの定理**」は円に内接する四角形についての定理です。

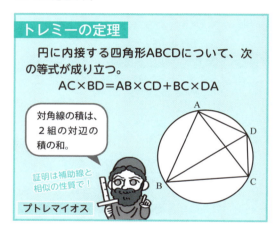

トレミーの定理

円に内接する四角形ABCDについて、次の等式が成り立つ。

AC×BD＝AB×CD＋BC×DA

対角線の積は、2組の対辺の積の和。

証明は補助線と相似の性質で！

プトレマイオス

プトレマイオスゆかりの地
生まれも育ちもアレクサンドリア！
だってプトレマイオスって名前だし(関係はない)
プトレマイオス アレクサンドリア

column プトレマイオスのミスがコロンブスを航海(後悔)させた

プトレマイオスが書いた『地理学体系』では、緯度と経度の考え方を導入しており、地理学者の間では聖書のように扱われました。世界の8000地点における緯度と経度も記載されており、これを読んだコロンブスはインドが近いことに気づき、1492年に航海を開始します。しかし、『地理学体系』で採用した地球の1周の長さは33000km(実際の長さの約8割)でした。さらに緯度と経度にも誤差があったため、航海中のコロンブスはなかなか陸が見えず焦ったという記録が残っています。

インドって意外と近いんだなぁ。行ってみよう！
プトレマイオスが書いた本だから間違いない
コロンブス

85年頃	127年頃～141年頃	天体観測後	165年頃
プトレマイオスがアレクサンドリアで生まれる	アレクサンドリアで天体観測を行う	『アルマゲスト』や『地理学体系』を著す	アレクサンドリアにて死亡する

◆三角関数の加法定理◆

トレミーの定理を使うことで、三角関数の加法定理を導くことができました。加法定理というのは、2つの角の和や差で表される角の三角関数を求める公式です。そのうちの1つ、正弦に関するものを以下に示します。

正弦の加法定理

$$\sin(\alpha+\beta) = \sin\alpha\cos\beta + \cos\alpha\sin\beta$$
$$\sin(\alpha-\beta) = \sin\alpha\cos\beta - \cos\alpha\sin\beta$$

直径1の円で、対角線ACが直径となるような四角形ABCDをつくると、∠DAC=α, ∠BAC=β によって四角形ABCDの各辺が図のように表せます。ここで、トレミーの定理を使うことで、

$$1 \times \sin(\alpha+\beta) = \cos\beta \times \sin\alpha + \sin\beta \times \cos\alpha$$

となるため、$\sin(\alpha+\beta) = \sin\alpha\cos\beta + \cos\alpha\sin\beta$ を証明することができます。

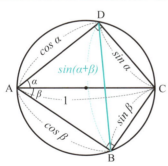

> 正弦定理というものを使うと、BD=sin(α+β)がわかるよ。
> 調べてみてね
> プトレマイオス

◆三角関数の半角公式◆

プトレマイオスは、加法定理以外に三角関数の半角公式も相似の知識から導いています。

正弦の半角公式

$$\sin\frac{\alpha}{2} = \sqrt{\frac{1-\cos\alpha}{2}}$$

プトレマイオスはユークリッドの『原論』p.54 の命題を発展させて36°の三角比も求めています。加法定理に半角公式、30°や36°といった特殊な角度の三角比 p.84 を自在に操って0.5°刻みの正弦表を完成させることができました。

> **例** 0.5°の三角比を求める手続き
> - 36°と30°をもとにする。
> - 加法定理より、6°（=36°－30°）が求まる。
> - 半角公式より、3°（6°の半分）が求まる。
> - 半角公式より、1.5°（3°の半分）が求まる。
> - 半角公式より、0.75°（1.5°の半分）が求まる。
> - 1.5°と0.75°の値を1：2で比例配分して、1°が求まる（角度が小さいとき、角度とsinの値は比例するから）。
> - 半角公式より、0.5°（1°の半分）が求まる。

この手続きにより、sin0.5°＝0.0087268と求めていて、小数第6位まで正しいことがわかっています。

> 6種類の三角比の表ができたのは140年後 p.124！
> ヴィエト

column πでアルキメデスを超えた

プトレマイオスが求めた sin0.5°の値は、円周率πの近似値の算出にも使えました。直径1の円では弦の長さが円周角のsinとなるため、円に内接する正360角形をつくると、その一辺の長さは約0.0087268と求められます。

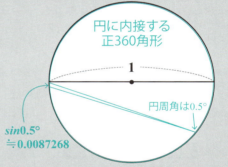

これにより、正360角形の周の長さは
0.0087268×360＝3.141648
となり、三角比の近似値の粗さは目立つものの、円周率が小数第3位まで出ていることがわかります。

> そりゃ正96角形で求めた3.142857よりも精度いいよね…。
> 正192、正384角形まで求めれば勝てたかな
> アルキメデス

Pick Up!
天文学が重要視された理由
● 時代や地域が変わっても、天文学は常に求められてきた

紀元前のバビロニアから始まった天文学。ローマやインド、イスラーム、中世以降のヨーロッパでも、為政者を中心に天文学が重要視されました。その理由はどこにあったのでしょうか。

ヒッパルコス
「天文学によって、三角比が誕生したよ p.75。」

なぜ天文学は重要視された？

メネラウス
「天球上で使える定理も研究しました p.77。」

理由❶ 農業で必要だったため
古代の人々は、星や惑星の動きが季節や農業のサイクルと密接に関連していることを発見しました。星座や天体の周期を観察し記録することで、彼らは作物の植えつけや収穫の最適な時期を知ることができたのです。

古代エジプト人
「ナイル川の氾濫がいつ起こるかを知るために、天体観測をしていたよ。」
「日の出直前にシリウスという一等星が東に昇ったら、氾濫の合図」

理由❷ 為政者を権威づけるため
月や星の動きを予測することで、為政者が特別な力を有しているように見せ、彼らの決定や指導への信頼を高めました。また、時間や暦をしっかりと定めることで社会秩序を保ち、農業などの経済活動の発展にもつながりました。

イスラーム教徒
「ラマダン（断食する月）は新月の観測で始まります。」
「開始ルールは今も同じ！」

理由❸ 宗教的儀式を行うため
さまざまな宗教が成立してからは、宗教的儀式の実施時期を決めるために、その根拠となる天体観測や正確な暦が必要でした。また、星や天文現象は多くの文化や宗教で神聖な象徴とされていました。

キリスト教徒
「春分の日の後、最初の満月の次の日曜日に、イエス・キリストの復活祭が行われるよ。」
「ハッピーイースター」

カエサル（ローマの執政官です）
「天文学者に「ユリウス暦」をつくらせ、自分の政治的権威を高めたよ。」

理由❹ 無事に航海をするため
航海者たちは、星の位置や動きを利用して海上での位置を特定し、航路を決定していました。北極星のような恒星の位置や、太陽や月の高度の観測により、緯度や経度を推定していたのです。

タレス（為政者じゃないけど）
「予言した日に日食が起きたので、みんなが驚いてくれました p.26。」

マリク・シャー（イスラーム帝国の三代目支配者）
「オマル・ハイヤーム p.99 にジャラーリー暦をつくるよう命じました。」

コロンブス
「レギオモンタヌス p.116 が月食の日付と開始時刻をまとめていたおかげ。」
「月食の始まる時間によって、航海中の経度を計算したよ。」

Pick Up!
ローマ数字とアバクス

●計算には不向きなローマ数字。アバクスとの併用が数学を支えた

現在でも時計の文字盤や序数の表現に使われているローマ数字は、計算には不向きな数字でした。そのため、中世までのヨーロッパでは計算をアバクスという道具で行い、ローマ数字は記録用として使われていました。

ローマ数字

紀元前6世紀頃に誕生した**ローマ数字**。初期のローマ数字は、矢印や丸などの記号を用いていましたが、時代とともにアルファベットが使われるようになり、現在のローマ数字へと変化しました。現在でも時計の文字盤や序数（1番目、2番目、…）で使われるローマ数字の種類を見てみましょう。

1	5	10	50	100	500	1000
I	V	X	L	C	D	M

> 昔は種類がたくさんあったけど、統一されたよ。
> ー古代ローマ人

これら7種類の数字を、古代エジプトのヒエログリフ p.14 と同じように、必要な分だけ並べて数を表します。ただし、5や50, 500も用意されていたため、4や9は5や10から1を引くという考え方が適用でき、同じ数字を連続して4個以上並べることはありませんでした。

76 = L X X V I	394 = C C C X C I V
70 + 6	300 + (-10+100) + (-1+5)
必要な数字を必要な個数並べる。	90 は 100 より 10 小さい数。4 は 5 より 1 小さい数。

3999 = M M M	C M	X C	I X
3000 +	(-100+1000) +	(-10+100) +	(-1+10)

> 長いし読み取りにくいなぁ。

この記法で表せる最大の数は3999。しかし、右のような大きな数字（記号）も使われていました。

1000	5000	10000	100000	1000000
ⅭⅠↃ または CIↃ	ⅠↃↃ または IↃↃ	ⅭⅭⅠↃↃ または CCIↃↃ	ⅭⅭⅭⅠↃↃↃ または CCCIↃↃↃ	×

> やっぱアラビア数字でしょ
> ーフワーリズミー

計算盤・アバクス

ローマ数字をはじめ、アラビア数字 p.94 以外は計算がしづらいという短所があります。ローマ人はその問題を**「計算盤」**によって解決しました。右から1, 10, 100,…と桁が書かれた列に、平たい小石などを置き、それらを動かすことで計算をします。

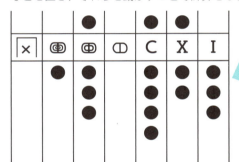

> 小石(calculus)が計算(calculation)の語源！

> 数字の上に載せた石は5を表します。よって、この計算盤は180973を表しています。
> ー古代ローマ人

この計算盤は持ち運びに適していなかったため、持ち歩ける計算盤**「アバクス」**が開発されました。時代によって形は違うものの、今の日本のそろばんと同じような形をしています。

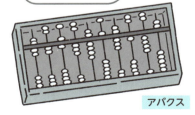
アバクス

強大な帝国として君臨したローマの影響力もあり、西ヨーロッパを中心に長い間使われ続けたローマ数字とアバクスでしたが、1202年にフィボナッチ p.101 がアラビア数字と筆算の方法をイタリアで紹介したことで、だんだんと廃れていき、ルネサンス期にはアラビア数字が主流となりました。

2-5 ローマ時代 ヘロン

ポイント
① 三角形の三辺から面積を求める公式を発見した。
② 数式を幾何学目線ではなく、代数学目線でとらえた。
③ 論理的思考よりも結果を出すことを重視した。

❶ ヘロンってどんな人？

ヘロンは1世紀頃にアレクサンドリアで活躍した数学者であること以外、その生涯についてわかっていません。一時的にビザンティオン（現：トルコ）で研究をしたという説もありますが、生まれてから死に至るまでのほとんどをアレクサンドリアで過ごしたようです。生きていた年代についても、説によっては紀元前150年から250年までと幅があります。

❷ ヘロンの功績

ヘロンはギリシャ文化やバビロニア文化、古代エジプト文化を身につけた博識な人物で、14冊の著書が今も残っています。ローマ時代は実用数学が重視された時代であり、物理学に関する本を多く書きました。数学史における彼の主著は『**幾何学**』であり、測量のために必要な平面や立体の求積法が記されています。

物理学を利用して、蒸気機関、聖水の自動販売機、自動扉の発明をしたよ！
発明品は神殿で使用されました
ヘロン

◆ヘロンの公式◆

『幾何学』で最も有名なのは、三角形の三辺の長さがわかればその面積が求められるという「ヘロンの公式」です。

ヘロンの公式

△ABCで、
$$s = \frac{a+b+c}{2}$$
とすると、△ABCの面積は次のように表すことができる。
$$\triangle ABC = \sqrt{s(s-a)(s-b)(s-c)}$$

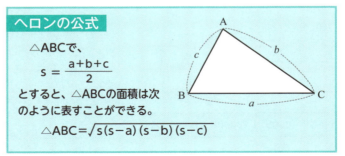

三角形の土地は、三辺の長さが測れれば、ヘロンの公式から面積を簡単に求められるため、測量では大いに役立ちました。

column sが意味するものは…

ヘロンの公式で登場する $s = \frac{a+b+c}{2}$ は、ヘロンが三角形の面積を求めるときに使った考え方に由来しています。彼は三角形の内接円の半径 r を使って、次のように面積を表しました。

$$\triangle ABC = \frac{ar}{2} + \frac{br}{2} + \frac{cr}{2}$$
$$= r\left(\frac{a+b+c}{2}\right)$$
$$= rs$$

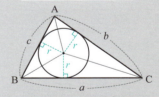

a, b, c の平均 $\frac{a+b+c}{3}$ と形は似ていますが、分母が2である理由は面積にあったんですね。

1世紀前半	1世紀中頃	1世紀中頃	1世紀後半
ヘロンがアレクサンドリアで生まれる	アレクサンドリアで学ぶ	アレクサンドリアやビザンティオンで研究し、『幾何学』などの著作を書く	アレクサンドリアにて死亡する

◆幾何学的な考え方を脱した◆

数学史上、ヘロンの公式には求積の便利さ以上の意味がありました。これまでのギリシャ由来の数学では、幾何学に基づいた範囲の中で計算をしていましたが、ヘロンはその枠にとらわれない計算を行ったのです。

当時は常識外れとされた、ヘロンの式に対する考え方を『幾何学』の中の問題を例に見てみましょう。

『幾何学』のある問題

面積と周の長さの和が280となる直角三角形の各辺の長さを求めなさい。

こういった問題が出てきたとき、ギリシャ数学を重んじる数学者は問題を考えようともしませんでした。

> 面積と長さは単位が違うから、足すことはできない。
> 考える価値なし！
> エウドクソス

しかし、ヘロンは面積も周の長さも数値としてとらえ、当たり前のように計算を行いました。この事実はギリシャ時代、さらにはヘレニズム（ギリシャ風）時代の数学の伝統が廃れてきたことを表しています。

> 2回かけると面積
> 3回かけると体積
> 4回かけると非常識
> ヘロン

> ヘロンの公式では、長さを4回かけているからね。幾何学だったらありえない計算。

◆過程よりも結果を重視した◆

『幾何学』では、論証文化であるギリシャ数学から、古代エジプトやバビロニアの実用的な数学へと逆行するような考え方も読み取ることができます。ヘロンは、左の問題を以下のように解いていたのです。

『幾何学』のある問題の解法

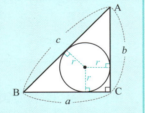

△ABCの内接円の半径をrとし、周の長さの半分を$s = \dfrac{a+b+c}{2}$とする。

△ABCの面積はrsと表すことができるため、面積と周の長さの和が280となることから、$rs + 2s = 280$ と表せる。

この式を変形すると $s(r+2) = 280$ であり、$280 = 35 \times 8$ なので、$s = 35$, $r = 6$。

このとき、$a = 20$, $b = 21$, $c = 29$ とわかる。

実際には、ヘロンはここまで丁寧に書いておらず、「280は35×8だから、周の長さの半分が35、内接円の半径が8」のように答えだけを示していました。また、28×10、40×7なども考えられる280の分解を35×8と決めつけている点も議論の甘さを露呈しています。

column 正確さよりも計算しやすさ

ヘロンの公式を使ううえで避けられないのが、$\sqrt{}$ の近似値。バビロニア数学に精通していたヘロンは、2000年以上前から存在するアルゴリズムで$\sqrt{}$の近似値を求めました p.85 。しかし、実際の計算では、その値を使わずに、もっと単純な値を使っていたのです。

> **例** 1辺が15mの正三角形型の土地の面積
> 実際の面積は、
> $$\dfrac{\sqrt{3}}{4} \times 15^2 = 97.42786 \text{ m}^2$$
> である。ヘロンが使った面積の公式によれば、
> $$\dfrac{13}{30} \times 15^2 = 97.5 \text{ m}^2$$
> と求められる。

$\dfrac{\sqrt{3}}{4}$ を $\dfrac{13}{30}$ で計算してもほとんど結果は変わりません。ヘロンは正3角形から正12角形までの面積の近似式をつくり、表にまとめていました。

> 計算を少しでも効率よく！
> ヘロン

> $\sqrt{3} ≒ 1.732$ は計算できるけど、毎回この値を使うのは面倒…。

Pick Up!

マイナーな角度の三角比

高校数学で登場する三角比 sin, cos, tan。通常、三角定規で登場する角度である 30°, 45°, 60°のときの値だけを扱いますが、値が正確に出せる角度は他にもあるんです！

● 30°, 45°, 60°だけではない！ きれいに求められる角度の三角比を紹介！

45°までの三角比の値　三角比 p.202

三角比には sin（90°−θ）=cosθ のような変換公式がいろいろとあるため、実質45°までの角度の三角比がわかれば360°まで拡張することができます。そこで、45°までの角度の中で三角比の値が比較的きれいな形のものをまとめてみます。

きれいな値の三角比

θ	sin θ	cos θ	tan θ
0°	0	1	0
15°	$\dfrac{\sqrt{6}-\sqrt{2}}{4}$	$\dfrac{\sqrt{6}+\sqrt{2}}{4}$	$2-\sqrt{3}$
18°	$\dfrac{\sqrt{5}-1}{4}$	$\dfrac{\sqrt{10-2\sqrt{5}}}{4}$	$\dfrac{\sqrt{25-10\sqrt{5}}}{4}$
30°	$\dfrac{1}{2}$	$\dfrac{\sqrt{3}}{2}$	$\dfrac{1}{\sqrt{3}}$
36°	$\dfrac{\sqrt{10-2\sqrt{5}}}{4}$	$\dfrac{\sqrt{5}+1}{4}$	$\sqrt{5-2\sqrt{5}}$
45°	$\dfrac{1}{\sqrt{2}}$	$\dfrac{1}{\sqrt{2}}$	1

15°や18°, 36°の三角比は分母や分子が多項式になったり、√ の中に √ が出てきたりと、教科書に出てこない理由がわかる複雑さを持っています。しかし、これらの値は図形が持つ美しい性質によって導かれるのです。

15°の三角比　sin p.202　二重根号 p.194

15°, 75°, 90°の直角三角形に補助線を引くと、30°, 60°, 90°の直角三角形と二等辺三角形ができるため、以下のように各辺の長さがわかります。

三平方の定理を使った後、二重根号を1つ外すと、求められる。

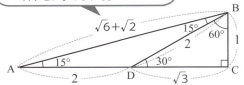

この図から、半角の公式 p.79 を使わなくても確かに15°の三角比の値が求められます。

column 3°の三角比も求められる

プトレマイオスが発明した加法定理 p.79 を15°と18°で使えば、3°単位で三角比を求めることが可能です。実際にsin3°を求めてみると、
sin(18°−15°)=sin18°cos15°−cos18°sin15°
$$=\dfrac{(\sqrt{5}-1)(\sqrt{6}+\sqrt{2})-\sqrt{10+2\sqrt{5}}(\sqrt{6}-\sqrt{2})}{16}$$
となり、複雑さこそ回避できないものの、近似値ではない正確な値が求められました。

18°と36°の三角比

ピタゴラスが研究した正五角形 p.29 に、18°と36°の三角比のヒントが隠れていました。正五角形の対角線を結んでできる36°, 72°, 72°の二等辺三角形は、辺の比が黄金比 p.103 となっており、補助線を引くことで三角比を求めることができます。

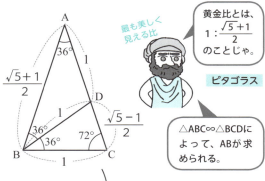

黄金比とは、
$1:\dfrac{\sqrt{5}+1}{2}$
のことじゃ。

最も美しく見える比

ピタゴラス

△ABC∽△BCDによって、ABが求められる。

補助線

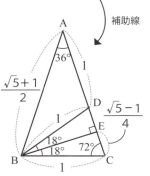

左の図のように垂線BEを引くことで、△BCEから18°の三角比の値が求められます。また、△ABEからは36°の三角比の値も求められます。

Pick Up!

バビロニアの開平法

●ヘロンも愛用！ 3500年以上前からある$\sqrt{}$の近似値の求め方とは？

紀元前17世紀頃に書かれたバビロニアの粘土板では、$\sqrt{2}$の近似値が小数第3位まで正確に計算されていました。1世紀頃の数学者ヘロンも利用したバビロニアの開平法を詳しく見てみましょう。

バビロニアの開平法

紀元前18世紀頃から紀元前16世紀までに書かれたバビロニアの粘土板YBC7289 p.21 では、$\sqrt{2}$の値が 1.41421296… と求まっており、実際の値である 1.41421356… と比べてもかなりの精度であることがわかっています。バビロニアで使われた**開平法**（$\sqrt{}$の近似値を求める方法）はどのようなものだったのでしょうか。

バビロニアの$\sqrt{n}$の開平法

❶ $\sqrt{n}$ より大きく、$\sqrt{n}$ に近い数 a を1つ選ぶ。

❷ $\frac{1}{2}\left(a+\frac{n}{a}\right)$ を計算し、その値をa_1とする。

❸ $\frac{1}{2}\left(a_1+\frac{n}{a_1}\right)$ を計算し、その値をa_2とする。

❹ これを繰り返せば繰り返すほど精度のよい $\sqrt{n}$ の近似値が得られる。

手柄を横取りしているようですみません

ヘロン

「ヘロンの近似法」という名前がついた方法だよ。実際はバビロニア数学から学んだものだけど…。

ちなみにですが、ヘロンはその計算を古代エジプト由来の単位分数の和 p.17 を使って行い、バビロニアの書記たちは60進小数や数表 p.23 を使って行っていました。バビロニアの書記たちのほうがまだ計算しやすかったことでしょう。

$\sqrt{2}$ の近似値

実際に$\sqrt{2}$を計算して、バビロニアの書記たちが計算で出した値を求めてみましょう。

例 バビロニアの$\sqrt{2}$の開平法

❶ $\sqrt{2}$より大きく、$\sqrt{2}$に近い数として$a = \frac{3}{2}$を選ぶ。

❷ $a_1 = \frac{1}{2}\left(\frac{3}{2}+\frac{2}{\frac{3}{2}}\right) = \frac{1}{2}\left(\frac{3}{2}+\frac{4}{3}\right) = \frac{17}{12}$ が求まる。

→ 1.41666666…

❸ $a_2 = \frac{1}{2}\left(\frac{17}{12}+\frac{2}{\frac{17}{12}}\right) = \frac{1}{2}\left(\frac{17}{12}+\frac{24}{17}\right) = \frac{577}{408}$

→ 1.41421568…

今回出てきた a_2 を60進小数にすると 1.24 51 10 …となり、YBC7289 に書かれていた60進小数と同じです。$\sqrt{2}$を十分近似できたと満足したのか、積表や逆数表に限界があったのかはわかりませんが、バビロニアの書記たちは2回の計算で開平法を終えています。

もう1回計算したかったなぁ

バビロニアの書記

もう1回計算すると、$\frac{665857}{470832} \fallingdotseq 1.41421356$ で小数第11位まで一致するよ。

column 筆算による開平法

手作業で$\sqrt{}$の近似値を求める方法として、筆算を使う方法が現在では有名です。筆算を使って、$\sqrt{2}$の近似値を求めてみましょう。

筆算による$\sqrt{2}$の開平法

❶ 2乗して2以下となる最大の数1を右の筆算の上に書く。

❷ 左の筆算で1＋1を行い、2を出す。

❸ 右の筆算で、2から1×1を引いて、1を出す。

❹ 右の筆算で、00を下に下ろす。

❺ 2■×■が100以下となる最大の数 ■＝4 を右の筆算の上に書く。

❻ 左の筆算で24＋4を行い、28を出す。

❼ 右の筆算で、100から24×4をひき、4を出す。

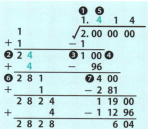

❹〜❼を繰り返していくことで、$\sqrt{2}$の近似値が正確に求められる。

2-6 ローマ時代 ディオファントス

ポイント
1. 未知数を記号で表し、「代数学の父」と呼ばれた。
2. 式を巧みに扱い、変数1つでさまざまな方程式を解いた。
3. 84歳で死んだことを求める問題が墓に刻まれている。

❶ ディオファントスってどんな人？

ディオファントスはヘロンと同様、生涯について詳しくわかっていない数学者です。3世紀頃にシリアで生まれ、アレクサンドリアで学び、研究をしたと言われています。正確な生まれ年はわからないものの、彼が何歳で死んだのかは彼の墓石に刻まれた「ディオファントスの墓」と呼ばれる問題からわかり、方程式を解くと84歳という解が出てきます。

ディオファントスゆかりの地

column ディオファントスの墓

ディオファントスのお墓には、以下のような問題が刻まれています。
「自分は一生のうち、$\frac{1}{6}$ を少年として過ごし、$\frac{1}{12}$ を青年として過ごした。その後、一生の $\frac{1}{7}$ 経った後に結婚し、その5年後に息子が生まれた。息子は父の一生の半分だけ生きて、自分も息子の死の4年後に死んだ。自分は何歳で死んだか？」
ディオファントスが x 歳で死んだとすると、
$$\frac{1}{6}x + \frac{1}{12}x + \frac{1}{7}x + 5 + \frac{1}{2}x + 4 = x$$
が成り立つため、これを解いて $x = 84$ 歳と求めることができます。

❷ ディオファントスの功績

ディオファントスはアレクサンドリア図書館にてギリシャ数学を身につけたものの、幾何学よりも代数学を研究し、今では「**代数学の父**」と呼ばれています。現存する唯一の著書『**算術**』から彼の功績を見てみましょう。

◆計算に記号を導入した◆

ディオファントスは、代数でよく登場する言葉を記号化した人物として知られています。例として、以下のような記号を『算術』の中で導入しました。

現在の記号	『算術』の記号	由来や意味
x	ς	「αριθμος（数）」の最後の文字。
x^2	Δ^Υ	「δυναμη（力）」の最初の2文字の大文字。
x^3	Κ^Υ	「κυβος（立方体）」の最初の2文字の大文字。
x^4	Δ^ΥΔ	平方と平方。
x^5	ΔΚ^Υ	平方と立方。
x^6	Κ^ΥΚ	立方と立方。
－（引く）	⋀	「λειψις（ない）」のλとιをくっつけた。
＝	ι^σ	「ισος（相等しい）」の最初の2文字。

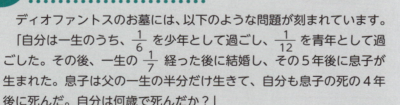

どの記号も、ギリシャ語の単語から何文字か抜き取ってつくられています。また、引き算の記号がない式は、すべてたし算と捉えるため、＋（たす）を意味する記号はありません。

3世紀前半	3世紀中頃	3世紀中頃	3世紀後半
ディオファントスがシリアで生まれる	アレクサンドリアで学ぶ	アレクサンドリアで研究し、『算術』などの著作を書く	アレクサンドリアにて84歳で死亡する

実際に、アレクサンドリアで依然使われていたギリシャ数字 p.25 で、数式を表してみましょう（わかりやすくするために、各項の間に空白を入れていますが、実際はすべてつなげて書きます）。

例❶　$x^3 + 5x^2 + 23x + 5$
　　$K^Y \alpha\ \Delta^Y \varepsilon\ \varsigma \kappa \gamma\ \overset{\circ}{M} \varepsilon$

数字よりも記号を先に書き、定数項には$\overset{\circ}{M}$（「$\mu o \nu a s$（1単位）」の頭文字の大文字）をつけました。

例❷　$7x^6 - 54x^5 + 302x^4 - 548 = 9$
　　$K^YK\zeta\ \Delta^Y\Delta\tau\beta\ \wedge\Delta K^Y\nu\delta\ \overset{\circ}{M}\phi\mu\eta\ \iota^\sigma\ \overset{\circ}{M}\theta$

最初に正の項を並べ、$\wedge$の後に負の項を並べます。
$(7x^6 + 302x^4) - (54x^5 + 548) = 9$ という式の並びです。

例❸　$\dfrac{x}{5x+6} = \dfrac{1}{x}$
　　$\varsigma\alpha\ \mu o \rho \iota o \nu\ \varsigma\varepsilon\ \overset{\circ}{M}_F\ \iota^\sigma\ \varsigma^\chi$

分数に関しては、分母にあたる式の前で「$\mu o \rho \iota o \nu$（分割する）」と記すことで表せます。ただ、単位分数については、未知数の記号の右上にχをつけて表しました。

よく使うものだけを記号化したから暗記は楽なはず！
分数のようなあまり使わない言葉はそのまま書く！
ディオファントス

◆未知数は1文字だけ◆

ディオファントスは『算術』の中で一次方程式をはじめ、二次方程式や連立方程式、不定方程式についても扱いました。

『算術』2巻問題8

与えられた平方数を2つの平方数に分けなさい。

ディオファントスはこの問題に対し、16を2つの数の平方の和で表すことで説明しています。

『算術』2巻問題8の解法

16をx^2と$16-x^2$に分ける。
$16-x^2$が平方数となればよいため、その平方根を$2x-4$と仮定すると、
　　$16 - x^2 = 4x^2 - 16x + 16$
これを解いて、$x = \dfrac{16}{5}$
よって、16は$\left(\dfrac{16}{5}\right)^2$と$\left(\dfrac{12}{5}\right)^2$に分けられる。

ディオファントスの記号では、未知数はςのみだったため、未知数が2種類以上にならないよう上手に式をつくりました。また、古代エジプトの仮ება法 p.17 のように、得たい式を仮定する方法も使っています。

2文字目の記号は絶対つくらん！
不定方程式も2文字の比を仮定して、1文字にしたよ。
ディオファントス

column こだわりがない？　ある？

通常ならx, y, zを要するような問題でも、ς1文字だけで巧みに式をつくってきたディオファントスですが、解の吟味が雑だったり、ピタゴラス以上の数に対する頑固さを持っていたりしました。

左の『算術』2巻問題8の場合、実際は、
$$\left(\dfrac{32}{17}\right)^2 と \left(\dfrac{60}{17}\right)^2 や \left(\dfrac{28}{25}\right)^2 と \left(\dfrac{96}{25}\right)^2$$
などでも分けることができます。しかし、ディオファントスは解の多様性にはこだわらず、解が何かしら求まればよいという視点で解法を記しました。

また、ディオファントスは正の有理数しか認めず、負の数や無理数が解となる方程式は不要としました。そのような解が出ないように未知数ςの置き方を見直したり、式の仮定の仕方を変えたりして、正の有理数のみが登場するような解法にこだわっています。

無理数を嫌う気持ち、よくわかる。
仲良くなれそうだ
ピタゴラス

『算術』は名著！
『算術』2巻問題8をヒントに「フェルマーの最終定理」p.136 を考えたよ。
フェルマー

2-7 ローマ時代 パッポス

ポイント
❶ギリシャ幾何学をまとめた『数学集成』をかいた。
❷三大作図問題が解けないことを主張した。
❸幾何学の性質を利用して、ハチの巣の長所を述べた。

❶パッポスってどんな人？

　パッポスは260年頃に生まれ、4世紀前半にアレクサンドリアで活躍した数学者です。彼の生涯についての詳細は明らかでないものの、彼が320年頃に書いた『**数学集成**』は、それまでのギリシャ幾何学を網羅しつつ、パッポス独自の解法や発見を追加した大作となっています。ギリシャにおいて、『数学集成』を超えるレベルの数学書はその後1000年以上の間生まれなかったと言われており、パッポスはギリシャ最後の大幾何学者として名が通っています。

❷パッポスの功績

　『数学集成』は、ユークリッドやアルキメデス、アポロニウスといったヘレニズム時代の名高い幾何学者たちの知識をまとめたものです。ローマの支配開始以来の実学重視の考えや、ディオファントスに代表される代数学への興味から、数学界の関心をギリシャ由来の幾何学そのものへと引き戻しました。

◆三大作図問題は解けない！◆

『数学集成』3巻では、作図に必要な線の種類によって、作図問題のカテゴリー分けを行いました。

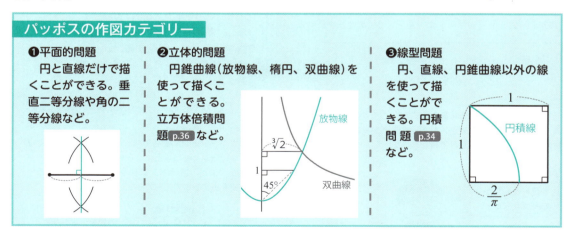

定木(目盛りのない定規)とコンパスのみで描けるのは平面的問題のみ。そのため、三大作図問題である円積問題 p.34 、立方体倍積問題 p.36 、角の三等分問題 p.38 は作図不可能とパッポスは主張しました。ただ、厳密な証明は19世紀まで待つことになります。

88

260年頃	320年10月18日	320年頃	4世紀中頃
パッポスが生まれる。どこで生まれ、どこで育ったかは不明	日食を観測した	アレクサンドリアで活躍。ギリシャ幾何学を網羅した著書『数学集成』を書く	死亡。どこで最期を迎えたかは不明。息子がいたという情報は残っている

◆パッポスの定理◆

『数学集成』に載っていて、後の研究者たちがパッポスの名をつけた定理はいくつか存在します。その中でも、最もシンプルなものを紹介します。

パッポスの定理（中線定理）

△ABCで、辺BCの中点をMとしたとき、
$$AB^2 + AC^2 = 2(AM^2 + BM^2)$$
が成り立つ。

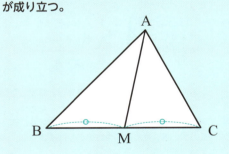

AからBCに垂線を引き、三平方の定理を多用することで証明は可能です。この定理以外にも三平方の定理を一般化した平行四辺形に関する定理や、メネラウスの定理を使って証明する6つの点に関する定理などが「パッポスの定理」と呼ばれています。

「パッポス・ギュルダンの定理」という回転体の体積についての定理もあるよ。パッポス大先輩とコラボ！

1600年頃の数学者です

ギュルダン

◆ハチの巣を数学的に分析◆

『数学集成』5巻のタイトルは、「等周について：ミツバチと巣の話」。ミツバチの巣が正六角形の集まりでできていることの合理性を論じた巻となっています。次の命題を用いて証明しました。

等周問題

同じ周の長さを持つ正多角形は辺の数が多いものほど面積が大きい。

周の長さが12である正3角形、正方形、正6角形の面積を考えると、正6角形の面積が一番大きくなっていることがわかります。

同じ量の材料で、たくさんの蜜を保存するための巣をつくるのであれば、辺の数が多い正多角形が良いということになります。正6角形は隙間や重なりがない状態で敷き詰められる最大の正多角形であり、ハチはこれらのことを本能的に理解している賢い生物であるとパッポスは述べています。

column テセレーション

パッポスが賞賛した、ハチの巣の構造。正多角形を隙間や重なりがない状態で敷き詰めるためには、1つの内角が360°の約数、すなわち正三角形から正六角形までしか選べません。しかし、1種類の図形にこだわらなければ、敷き詰め模様はいろいろと考えられます。

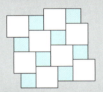

左はサイズの違う正方形を組み合わせた「ピタゴラスタイル」。

ピタゴラス　　アルキメデス

右は正4, 6, 12角形を組み合わせた「アルキメデス充填」だよ。

この平面図形を隙間も重なりもなく敷き詰めた幾何学模様をテセレーションと言い、現在も壁紙やフロアタイルなどでよく使われています。また、歴史をたどると紀元前4000年頃から装飾に使われていたという記録もあり、幾何学が我々の生活に長く浸透してきたことが感じられるでしょう。

2-8 ローマ時代 ギリシャ数学の終焉

ポイント
① キリスト教が台頭し、アレクサンドリア図書館が破壊された。
② アレクサンドリアが数学の中心でなくなっていった。
③ 529年以降、ヨーロッパは科学の暗黒時代に突入した。

❶ ギリシャ数学の衰退

紀元前7世紀のタレスの誕生から、ギリシャのアテネやエジプトのアレクサンドリアを中心に継承されてきたギリシャ数学。紀元前30年にローマの支配下に入ってからも、天文学や地理学といった実学を隠れ蓑に数学は発展を遂げてきました。しかし、4世紀に入り、その栄光にかげりが出てきます。

◆キリスト教の台頭◆

313年にローマの皇帝コンスタンティヌスが出したミラノ勅令により、キリスト教がローマで公認されます。それに伴い、昔からの思想や学問は不要とされ、数学も衰退の道をたどることになりました。

コンスタンティヌス帝

キリスト教徒たち

当時の数学者

◆アレクサンドリア図書館の破壊◆

このような風潮の中、数学者たちは過去の偉人にすがるべく、アレクサンドリア図書館で研究を続けます。その中でも図書館長のテオン（Theon, 365年頃活躍）は、ユークリッド p.53 やアポロニウス p.72 などの著作に注釈を加えました。

テオン

しかし、東ローマ帝国の皇帝テオドシウスが、非キリスト教徒の施設を破壊してよいという許可を出したため、昔の思想家や学者の本が詰まったアレクサンドリア図書館は391年にキリスト教徒によって破壊されてしまいました。

キリスト教徒たち

◆悲劇の女性数学者◆

テオンにはヒュパティアという娘がいました。彼女は370年頃にアレクサンドリアで生まれ、世界で初めての女性数学者として知られています。ヒュパティアは父・テオンと一緒にユークリッドの『原論』の批評を出版したり、アテネに旅行した経験から新プラトン学派の知識をアレクサンドリアの学校で教えたりして暮らしていました。

ヒュパティア

ある日、ヒュパティアは宗教を迷信と非難したことで、キリスト教徒たちに目をつけられることに。そして415年、通勤中のヒュパティアに暴徒たちが襲いかかります。暴徒たちの彼女への怒りはすさまじく、髪の毛は全部抜かれ、死体は炎に投げ入れられました。これを機にアレクサンドリアから優秀な学者たちが去ることになりました。

キリスト教徒たち

313年	370年頃	391年	400年頃	415年	529年
ミラノ勅令により、キリスト教がローマで公認される	ヒュパティアが生まれる。父はアレクサンドリア図書館館長のテオン	アレクサンドリア図書館がキリスト教徒たちによって破壊される	ヒュパティアが新プラトン主義の学校長となり、自身の思想を広めていく	ヒュパティアが暴徒に襲われ死亡。エジプトから学者が消えていく	アカデメイアが閉鎖。ヨーロッパが「科学の暗黒時代」に突入する

column ヒュパティア 〜真理と結婚した数学者〜

　ヒュパティアは、父・テオンから教わった「考えるという権利を守りなさい。その考えが間違っていたとしても、何も考えないよりもよいことだから」という信念に基づき、哲学や数学だけでなく文学や芸術まで幅広くアレクサンドリアやアテネで学びます。

　その中でも、イデア論を徹底する新プラトン学派の考えに感銘を受け、アレクサンドリアに戻ってきた後も、科学的に得られる真理の重要性を説き、講義を受けた人々を魅了します。

　そのカリスマ性に惹かれ、多くの男性が彼女に求婚したものの、ヒュパティアは生涯独身を貫き、暴徒に襲われようとも最後まで自分の思想を大切にしました。

「私は真理と結婚しました。」 男とは結婚しません　ヒュパティア

370年頃	アレクサンドリアで誕生。母は幼い頃に死亡
若い頃	アレクサンドリアで学んだ後、約10年間アテネなどに留学する
その後	アレクサンドリアで数学書の注解の作成と、哲学と科学の講義をして生活をする
400年頃	新プラトン主義の学校の校長に就任する
415年	暴徒に襲われて死亡する

◆アカデメイアの閉鎖◆

　アレクサンドリア中心の世界ではなくなり、エジプトで研究をしていた学者たちは各地に散っていきましたが、その行先として挙がったのがかつての知の都・アテネです。ここには、プラトン p.48 が創立したアカデメイアが健在で、全盛期に匹敵するほど数学の研究が盛んでした。

　しかし、こちらも529年に東ローマ帝国の皇帝ユスティニアヌスが、アカデメイアで教えられている学問はキリスト教に反しているとして、学校を閉鎖。この頃には、図書館の本が公衆浴場の焚きつけに使われるほど、知への関心が薄くなっていました。

❷科学の暗黒時代へ

　アレクサンドリア図書館の破壊、ヒュパティアの死、アカデメイアの閉鎖を経て、ヨーロッパは科学が発展する土壌ではなくなりました。これ以降に扱われた数学は、僧院や修道院で教えられた簡単な算術と幾何学に留まっています。次にヨーロッパで数学が芽吹くのは、約600年後。それまでは、インドやイスラームに数学の覇権を譲ることになります。

修道院などで使われたのは、僕が書いた『算術入門』と『幾何学』。15、16世紀まで読まれるほど人気だったよ。

ユークリッドの『原論』などを抜粋しただけの本

ボエティウス

column この時代に認められた数学者たち

　1453年まで続いた東ローマ帝国。その首都であるコンスタンティノープルで、6世紀に認められた数学者がいました。その名をアンテミオス（Anthemius，5世紀末〜534年頃）といい、ユスティニアヌス帝により、ハギア・ソフィア聖堂の建築を依頼された人物でした。

　アンテミオスは放物線の焦点に関する本を書いたり、紐を使った楕円の作図方法を発案したりして、工学に絡めた数学が少しだけ展開されました。

建築のために数学を使ってくれたまえ。

ユスティニアヌス帝

2-9 中世インド ギリシャからインドへ

ポイント
1. ローマとの交易により、ギリシャ天文学がインドに流入した。
2. インドの数学書は詩の形式で書かれ、証明は省略された。
3. インドで発展した数学はイスラームに継承された。

❶天文学から始まった

紀元前は宗教書『シュルバスートラ』の幾何学の記録に代表されるインド数学 p.62。320年頃からインドを支配したグプタ朝で求められたのは天文学の知識でした。

◆ヒッパルコスが土台◆ sin（正弦）p.202

アレクサンドロス大王の東方遠征以降、インドは少なからずギリシャの影響を受けることになります。特に1～3世紀にインド北西部を支配したクシャーナ朝では、ローマとの交易が行われていました。このときに、紀元前2世紀のギリシャの数学者ヒッパルコス p.75 の知識がインドに渡ったと考えられます。

ヒッパルコスを参考にしてインドでつくられた天文学書『パイターマハシッダーンタ』では、ギリシャで使われていたchord（コード）ではなく、今のsin（正弦）と同様の比を使っています。

カニシカ王
（クシャーナ朝最盛期の王です）

ローマとの交易を盛んに行ったよ。プトレマイオスと同時期だったから、彼の知識は手に入らなかったんだ。

◆数学の発展へと続いた◆

天文学を追究する上で、計算や図形の知識は不可欠です。アールヤバタが499年頃に著した『アールヤバティーヤ』は、天文学の計算方法を主にしつつも、著書の内容の3分の1は数学が占めていました。インドではその後も、ブラフマグプタやバースカラなどが0 p.94 や方程式についての研究を行い、数学に大きな功績を残しています。

column sinの語源

ヒッパルコスはchordを使いましたが、インドでは弦の半分の長さを考え、現在のsinと同じ比を誕生させました。そのため、sinの由来は、「半弦」のサンスクリット語「jya-ardha」の略称「jiva」までさかのぼります。

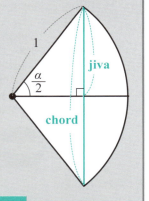

jiva（サンスクリット語で「半弦」）	↓翻訳
jiba（アラビア語で「半弦」）	↓誤字が定着
jaib（アラビア語で「胸」）	↓翻訳
sinus（ラテン語で「胸」）	↓影響
sine（英語）を略してsin	

◆インドの数学書の特徴◆

古くからのインドの伝統として、文章は詩の形式で残されており、そのリズムと韻を利用して効率的に口述で知識を伝えていました。数学書も例外ではなく、『アールヤバティーヤ』では最初のわずか10行の中に天文学上の定数や数学に使う文字、正弦の値の一覧が提示されています。この形式のため証明までは言及できず、インドの数学は直観的という印象へとつながっています。

アールヤバタ

今の日本でたとえると、九九の唱え方みたいなものかな。

いんいちがいち
いんにがに
いんさんがさん
いんしがし♪

◆インドのイスラーム化◆

アラビア半島を中心に7世紀頃から勢力を伸ばしたイスラームの波が、13世紀初めにインドを飲み込み、インド特有の数学は目立たなくなります。しかし、インドで育まれた数学はイスラームを通じて、中世ヨーロッパへと受け継がれていくことになるのです。

1世紀	320年頃	400年頃	499年頃	628年	12世紀	13世紀
インドにクシャーナ朝ができ、ローマとの交易が盛んになる	インドにグプタ朝ができ、天文学が重要視される	『パイターマハシッダーンタ』が書かれ、正弦(sin)が扱われる	アールヤバタが『アールヤバティーヤ』を記し、正弦表を作成する	ブラフマグプタが『ブラフマースプタシッダーンタ』を書く	バースカラが『リーラーヴァティ』を記し、さまざまな数学分野を扱う	イスラーム政権がインドの地を支配。インド数学はイスラームに継承される

❷ 3人の数学者の功績

紀元後からイスラームに支配されるまでのインドで、特に有名な3人の数学者について紹介します。

◆アールヤバタ◆ a_n p.201

アールヤバタは、23歳のときにインドで筆者の名前が残る最古の数学書『アールヤバティーヤ』を書きました。

アールヤバタは、以下のような特殊な式を用いて、正弦の表を作成しました。

正弦表をつくる式

90°までの角を24等分し、1個目(3.75°)の正弦の値を $a_1 = \dfrac{225}{3438}$ としたとき、n個目の正弦の値 a_n は以下の式でつくられる。

$$a_n = a_{n-1} + \dfrac{225}{3438} - \dfrac{3438 \times (a_1 + a_2 + \cdots + a_{n-1})}{225}$$

2個目、3個目、…と計算していくことで、3.75°間隔の正弦表が完成します。この式によって求められるsinの値は精度が良く、現在のものとほぼ一致しているのが驚きです。

◆ブラフマグプタ◆

ブラフマグプタは、598年にインド北西部のムルタンで生まれました。彼は、30歳の時に伝統的なインドの詩の形に即した『ブラフマースプタシッダーンタ』を記します。それまでのインド天文学の知識を修正しながらまとめ、新たなアイデアも提示した書でした。数学の功績としては、1世紀頃の数学者ヘロン p.82 が与えた三角形の面積を求める公式の四角形版をつくりました。

◆バースカラ◆

ブラフマグプタから約500年後、バースカラが登場します。彼の主著『リーラーヴァティ』では、二次不定方程式や組み合わせの問題が扱われ、当時の数学百科として機能しました。また、0の演算についても述べており、彼を超えるレベルのインド人数学者は20世紀のラマヌジャン p.189 まで現れませんでした。

ご先祖様かはわからん

7世紀にもバースカラという数学者がいたから、「バースカラⅡ世」と呼ばれることもあるよ。

バースカラ

ブラフマグプタの公式

円に内接する四角形ABCDの面積Sは、

$s = \dfrac{a+b+c+d}{2}$ としたとき、

$S = \sqrt{(s-a)(s-b)(s-c)(s-d)}$

で表される。

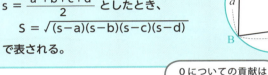

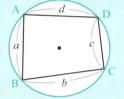

むしろそっちが有名

0についての貢献は次のページを見てね。

ブラフマグプタ

column 婚期を逃した娘に捧げた書

バースカラは天文学にも精通しており、自分の娘が結婚するとき、幸福な結婚ができる日時を厳密に計算しました。しかし、その当日に娘が水時計の上で、身につけていた真珠を落とし、水時計の動きを止めてしまいます。気づいたときにはバースカラが計算した結婚に適した時間が過ぎ、娘は結婚をあきらめました。そんな娘を慰めるために、彼女の名である「リーラーヴァティ」を本のタイトルにしたと言われています。

お父様の予言の時間を過ぎてしまったわ。もう結婚できない!

リーラーヴァティ

Pick Up!
アラビア数字ができるまで

● 現在使われているアラビア数字は、インドで完成した数字だった！

紀元前から各文明で独自に開発されたさまざまな数字。しかし、現在はほとんどの国でアラビア数字が使われています。アラビア数字はどのように成立し、なぜこれほどの広がりを見せたのでしょうか。

アラビア数字とは？ 10進法・位取り記数法 p.200

アラビア数字は、現在我々が使っている10個の数字 0, 1, 2, 3, 4, 5, 6, 7, 8, 9 のことです。たった10個の数字に、1の位、10の位、100の位、…という位取り記数法の考え方を適用することで、どんなに大きな数でも表すことができます。

アラビア数字の特徴
❶ 10種類の数字からなる「**10進法**」。
❷ 位の順に並べて書く「**位取り記数法**」。
❸ 0も計算で使用することができる。

❶❷の特徴は、それぞれ別の地域に由来します。それらがインド由来の❸と統合され、現在の数字ができました。

数字としての0

位取り記数法で、空位を表す記号は紀元前3世紀のバビロニアからあり、で表されていました。しかし、あくまで記号だったため、 ＋3＝3のような計算はできません。インドでも300年頃の『バクシャーリー写本』で0を表す点が使われていましたが、0を計算に適用したのはブラフマグプタ p.93 でした。

ブラフマグプタの0の扱い
0＋(正の数)＝(正の数)、0＋(負の数)＝(負の数)
0×(正の数)＝0、0×(負の数)＝0
0÷(量)＝0、　0÷0＝0*

＊0÷0は間違っていた。

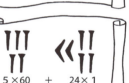
3×100＋2×10＋4×1

5×60 ＋ 24×1

ヒエログリフは 1, 10, 100, …と数字が用意されたよ。
❶はエジプト由来の考え方
アーメス

楔形文字では、1の位、60の位、3600の位…という位取りをしたよ。
❷はバビロニア由来の考え方
バビロニアの書記

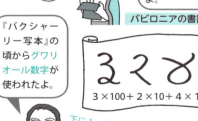
3×100＋2×10＋4×1

『バクシャーリー写本』の頃からグワリオール数字が使われたよ。

下に1〜9, 0を書いておいたよ。
アールヤバタ

前3200年頃	エジプトで10進法に基づくヒエログリフが使われる。10進法の誕生…❶
前3000年頃	バビロニアの楔形文字が60進法で表記される。位取り記数法の誕生…❷
前400年頃	インドでブラーフミー数字が使われる。
前3世紀	楔形文字で、空位を表す記号 が使われる。
300年頃	『バクシャーリー写本』で、「・」が0として使われる。
499年頃	アールヤバタが10のべき乗の呼び方や桁の考え方を紹介する。インドに❶、❷が伝わった
628年	ブラフマグプタが著書で0を使った計算例を示す。0の計算利用…❸
825年頃	フワーリズミーが0を含めたインドの数字を紹介する。インド発祥の数字がアラビアへ
1202年	フィボナッチがアラビア数字を世界に広める。インド発祥の数字がヨーロッパへ

column　6÷0は？　0÷0は？

ブラフマグプタも間違えた「÷0」の計算。計算式を次のように確かめ算の考え方で置き換えると、答えが推理できます。

$$6÷0=□ \Leftrightarrow □×0=6$$
$$0÷0=△ \Leftrightarrow △×0=0$$

0に何をかけても0にしかならないので、□にあてはまる数は「なし」。0に何をかけても0になるので、△にあてはまる数は「すべての数」が答えとなるのです。

筆算の利便性

アラビア数字を使うと、道具を使わなくても計算ができます。アラビア数字が生まれる以前、特にかけ算については、数表やアバカス、算木などの道具が不可欠で、それらの道具がない場合にはエジプト起源の「2倍法」を使うしか術がありませんでした。

しかし、フワーリズミー p.98 の著書『インド数字についてアルゴリトミは言った』では、次のような**筆算**が紹介されています。

これにより、いつでもどこでもかけ算ができるようになり、計算の過程も残すこともできました。

フィボナッチが世界に広めた

これまでに登場したアラビア数字を広めたのがイタリアのフィボナッチ p.101 です。彼はイスラームの教師からアラビア数字による計算方法を学び、その利便性を『算盤の書』に著しました。この本がヨーロッパに広まり、13世紀以降のヨーロッパでアラビア数字が使われるようになったのです。また、アラビア数字が今の「0, 1, 2, 3, 4, 5, 6, 7, 8, 9」の形になった15, 16世紀頃には小数も確立し p.124、現在の数の表し方が完成しました。

現在では、数学で使われる数字はほぼアラビア数字です。しかし、伝統やデザイン性の観点からローマ数字を用いたり、縦書き用に漢数字が使われたりと、他の数字の一部は今も使われています。

column なぜ「アラビア」数字？

これまで見てきたとおり、0〜9による数体系はインドで確立しました。それにもかかわらず、私たちが「アラビア数字」と呼んでいるのには、以下の2つの理由があります。
- フワーリズミーの著書に影響力があったから。
- フィボナッチがアラビア由来と紹介したから。

不遇に思えるインドですが、インド発祥であることを強調し、「インド・アラビア数字」と呼ばれることもあります。

column アラビア数字の覚え方

実際に書くときに使われたというわけではないものの、アラビア数字が今の形になり始めたとき、角の個数によって数字の形を覚える方法が存在していました。

90°以下の角の個数が、それぞれの数字に対応しています。多少無理やりな数字もありますが、0も含めてうまく対応していますね。

2-10 中世イスラーム世界 イスラームの数学

610年頃〜1258年

ポイント
1. インドなどの周辺地域の知識を吸収し、発展を遂げた。
2. 首都バグダードには知恵の館が建設され、学問が栄えた。
3. ヨーロッパに知識が伝わり、中世以降の基盤をつくった。

❶イスラームの誕生と繁栄

610年にムハンマドが開き、短い期間に急激に成長した**イスラーム（イスラム教）**。その影響力はどれほどのものだったのでしょうか。

◆アラビアが中心地◆

わずか100年の間に西はスペイン、東はインド近くまで支配地域を広げたイスラーム国家は、8世紀中頃から徐々に分裂していきます。それらの地域の中央に位置し、ムハンマドの生まれた地・メッカが位置するアラビア半島は、バグダードを中心に発展していきました。

◆「知恵の館」◆

イスラーム国家は当初、学術への興味が薄く、独自の知識体系を持っていませんでした。そのため、アレクサンドリアなどの征服地や、インドなどの隣国から知識を仕入れ、それらを融合させて発展したという特徴を持っています。特に830年にバグダードに建てられた「**知恵の館**」は、アレクサンドリア図書館以来の大きな研究施設になり、バグダードは数学をはじめとする学問の中心地になりました。

> イスラーム数学者の1人
> （アル）フワーリズミー
> 「知恵の館」の館長も務めたよ。

◆中世ヨーロッパへの影響◆

知恵の館を中心に、短期間で他の地域にはない発展の仕方を見せたイスラーム地域。しかし、1219年にモンゴル軍が侵入し始め、1258年にバグダードが包囲されてイスラームの世界は崩壊しました。

しかし、かつての支配地域であった西ヨーロッパ地域から、イスラームの学問知識がヨーロッパへと浸透し始めており、エジプト、バビロニア、ギリシャ、インドなどで何千年もの間育てられた数学が中世以降のヨーロッパで花開くことになるのです。

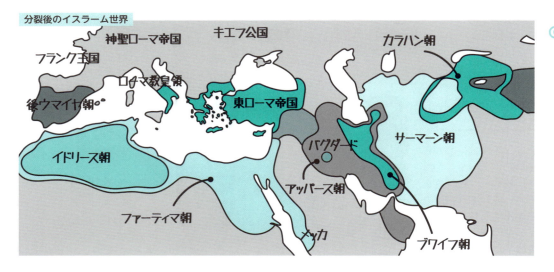

分裂後のイスラーム世界

column 黒くなったチグリス川

かつてのアレクサンドリア図書館が、キリスト教の信仰から拒絶されたように、1258年のモンゴル軍の攻撃により知恵の館も破壊されようとしていました。その直前、知恵の館の学者たちは書物をチグリス川に投げ入れ、書物が焼却されるのを防いだという伝説があります。

しかし、本は読める状態ではなくなり、本のインクの影響でチグリス川の水が黒くなったと言われています。

610年頃	751年	8世紀後半	773年	793年	830年	1258年
ムハンマドがアッラー（神）の啓示を受け、イスラム教を始める	タラス河畔の戦い（イスラーム国家vs.唐）により、製紙法が西伝する	周辺地域からバグダードに学者が招かれ始める	インド数字の考え方がイスラーム地域に入ってくる	バグダードに製紙工場ができ、知の保存・継承が容易になる	知恵の館が建設され、バグダードが学問の中心地となる	モンゴルによるバグダード包囲。イスラームの世界が崩壊する

❷ イスラームの数学

イスラーム地域では、これまでに登場した各地の数学が「知恵の館」に集合していたため、便利で有益な数学を採用し、発展させていける環境にありました。

◆インド数字の採用◆　n進法 p.200

これまでに各地域でいろいろな形態の数字が生まれましたが、イスラームの数学者たちが選んだのはインドの数字（当時はデーヴァナーガリー数字）でした。「知恵の館」設立初期の館長であるアル・フワーリズミーが著書の中で推奨したことで、インドの数字がアラビア数字として現在に伝わっています。

◆証明と結果の両方を重要視◆

ローマが地中海沿岸地域を支配してから、証明や計算の過程は軽視され、天文学や地理学に直結する結果重視の数学が発展してきました。しかし、イスラームの数学者たちは1つの結果から次の結果に移るまでの証明も重要視しており、証明を大切にする数学が復活したのです。

◆イスラームの数学者たち◆　tan（正接）p.202

830年に知恵の館が建てられてから、イスラーム地域では多くの数学者たちが名を残しています。彼らの功績を簡単に見てみましょう。

証明こそ数学！
ギリシャ数学は論理を重視！
ユークリッド

結果が大切！
ローマの方針には逆らえない…
プトレマイオス

イスラーム地域では

なぜ成り立つか？結果をどう使うか？ どっちも考えよう

証明も結果もどっちも大切！

フワーリズミー

代数学の基礎を築きました。
詳しくは p.98
788年～850年
フワーリズミー

円錐曲線を使って光の研究をしました。
西洋では「アルハーゼン」と呼ばれたよ
965年～1039年
（アル・）ハイサム

ブラフマグプタの公式 p.93 を証明したよ。
実は円に内接する四角形限定の公式でした
973年～1048年
（アル・）ビールーニー

完全数 p.58 や過剰数、不足数の研究をしました。
945は最小の過剰奇数って知ってた？
980年頃～1037年
（アル・）バグダディ

我がインド数字であれば、0が使えます。10進法で計算も便利！
上にある10種類の数字で、どんな数でも表せます！
ブラフマグプタ

エジプトやバビロニア、ギリシャの数字よりもはるかに使いやすい！
イスラームではインド数字を採用！
（アル・）フワーリズミー

友愛数 p31 の研究者です。
17296と18416は友愛数だよ
826年～901年
（サービト・イブン・）クッラ

tan（正接）の表をつくったよ。
三角関数の相互関係も明示！
940年～998年
（アブール・）ワファ

三次方程式を分類し、解法を与えました。
詳しくは p.99
1048年～1131年頃
（オマル・）ハイヤーム

『原論』で、平行線公準の証明を試みました。
サッケーリ p.174 に影響を与えました
1201年～1274年頃
（アル・）トゥースィー

9 2 3 8 ૪ ६ 9 ૮ ૯ ۰

2-11 中世イスラーム世界 2人のイスラーム数学者

ポイント
1. アル・フワーリズミーの影響力がインド数字を広めた。
2. 「代数」の語源はフワーリズミーの著書名。
3. オマル・ハイヤームは三次方程式まで考察を行った。

❶アル・フワーリズミー

　アル・フワーリズミーは、ウズベキスタン西部のフワーリズミー地方で生まれ、イスラーム国家であるアッバース朝の全盛期にバグダードで研究をした数学者です。バグダードの知恵の館には周辺地域の数学の知識が集まったこともあり、フワーリズミーはギリシャとインドの数学を受け継いでいます。

◆インドの記数法を広めた◆

　当時のアッバース朝の為政者であったアル・マアムーンが、知恵の館に招いたのがフワーリズミーでした。科学を奨励するマアムーンの庇護の下、フワーリズミーはブラフマグプタの訳本に基づいて『インド数字についてアルゴリトミは言った』を書き、インド数字の便利さを後世に伝えています。我々が現在使っている数字はインド由来 p.94 ですが、「アラビア数字」と呼ばれる背景には、フワーリズミーの影響力があったのです。

「アルゴリトミ」は、「アルゴリズム」の語源になったよ。

アル・フワーリズミーをラテン語化すると、アルゴリトミ

フワーリズミー

◆「代数」の語源◆

　825年頃に書かれたフワーリズミーの代表作が『ジャブルとムカーバラ (Hisāb al-jabr wa'l muqābala)』です。二次までの方程式を6つの型に分類し、それぞれに応じた解法を提示しました。ディオファントスの『算術』よりもレベルは低かったものの、例が豊富でわかりやすかったため、中世ヨーロッパで多く読まれました。

「al-jabr」は「algebra(代数)」の語源。

「al-jabr」の元の意味は「移項」。負の項も正の項に変換したよ

フワーリズミー

◆ギリシャ的証明による裏づけ◆

　フワーリズミーは方程式の解法の証明に幾何学を用い、誰が見ても解法の正しさがわかるようにしました。その一例が右の問題です。
　負の解には言及していないものの、平方完成による解法を幾何学的に裏づけていることがわかります。

column 「アル」って何？

　p.97 で登場したイスラームの数学者の名前によく登場しているのが「アル」という単語。この「アル(al)」は、英語でいうtheと同じ意味を持っており、名詞の前につけるのが通例となっています。人名で使われる場合には、主に出身地を「アル」の後につけることで、「○○地方の人」のように命名されます。「アル・フワーリズミー」は、「フワーリズミー地方の人」を指すだけの略称なのです。

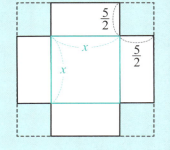

個人名は「ムハンマド」さん

私の本名は「アブー・アブドゥッラー・ムハンマド・イブン・ムーサー・アル・フワーリズミー(ホラズム地方の人で、ムーサの息子で、父でもある、アッラー神のしもべのムハンマド)」です。

フワーリズミー

『ジャブルとムカーバラ』4章の問題の解説

　$x^2 + 10x = 39$ を解くにあたって、一辺 x の正方形を考え、その各辺に幅 $\frac{5}{2}$ の長方形を加える。

　大きな正方形(点線)を完成させるために、面積が $\frac{25}{4}$ の正方形を4つつけ加える必要がある。

　これにより、完成した大きな正方形の面積は $39 + \frac{25}{4} \times 4 = 64$ なので、一辺は8。

　ここから $\frac{5}{2}$ を2つ分引いて、$x = 3$ と求められる。

780年頃	825年頃	830年〜833年	850年	1048年	1074年	1079年	1131年頃
フワーリズミーがフワーリズミー地方で生まれる	フワーリズミーが『ジャブルとムカーバラ』を書く	フワーリズミーが知恵の館の館長となる	フワーリズミーがバグダードにて死亡する	ハイヤームがニーシャープールで生まれる	ハイヤームが『代数学の問題の論証について』を書く	ハイヤームが為政者の命によりジャラーリー暦を作成する	ハイヤームが故郷にて死亡する

❷オマル・ハイヤーム

オマル・ハイヤームは、現イラン北東部のニーシャープールで生まれました。彼の名は「テント商人」を意味し、父親の職業を表しています。ハイヤーム自身は多才な人物であり、数学者としてだけでなく、文学者や天文学者としても名を馳せています。

◆グレゴリウス暦を超えた◆

当時の為政者マリク・シャーの命により、ハイヤームが1079年に作成したジャラーリー暦は、現在使われているグレゴリウス暦よりも正確なものでした。

	ジャラーリー暦	グレゴリウス暦
成立年	1079年	1582年
うるう年	33年に8回	400年に97回
1年の平均日数	365.2424日（誤差は約5000年で1日）	365.2425日（誤差は約3300年で1日）
暦の種類	太陽暦のみ	月暦と太陽暦の併用

正確さこそはグレゴリウス暦を超えたジャラーリー暦でしたが、うるう年のタイミングがわかりづらかったことと、月単位での暦がなかったことなどを理由に、長期的には採用されませんでした。

◆フワーリズミーの代数を発展させた◆

フワーリズミーの方程式の研究を引き継ぐかのように、ハイヤームは三次方程式の研究を行い、著書『代数学の問題の論証について』の中で、三次までの方程式を25種に分類し、幾何学的な解釈を与えながら解法を示しました。ただ、数値解を求めるためには16世紀のヨーロッパまで待つ必要があります。

◆『原論』への挑戦◆

ハイヤームはユークリッドの『原論』 p.54 の注釈にも着手しました。その中で彼が疑問に思ったのは、公準5が他の公理や公準から証明できないかということです。

『原論』公準5（言い換え1）

平面上に直線と直線上にない点が与えられたとき、点を通り、直線に平行な直線は1本だけ引ける。

平行線は1本だけ

点　　　　直線

この研究は約100年後のアル・トゥースィー p.97 に引き継がれ、さらには18世紀のサッケーリ p.174 へとつながっています。

600年以上前に同じことを考えていたとはビックリ！

イスラムの数学者たち、恐るべし

サッケーリ

column 方程式の分類 　円錐曲線 p.208

フワーリズミーが分類した二次までの方程式は以下の6種類です。

❶ $ax^2=bx$　❷ $ax^2=b$　❸ $ax=b$
❹ $ax^2+bx=c$　❺ $ax^2+c=bx$
❻ $ax^2=bx+c$

a, b, c はすべて正の数とされていたため、今では1つの式で表される④〜⑥に別の解法がそれぞれ与えられています（バビロニアと同様の分類 p.20 ）。

約300年後のハイヤームも同じで、三次方程式を19種類に分類。数値解の代わりに、円錐曲線を利用して幾何学的に解を求めています。

$x^3=15x+4$ の幾何学的な解

右のような放物線と双曲線を描き、2つの交点の間の横幅が、方程式の解 x を満たしている。

放物線 $y=\dfrac{x^2}{\sqrt{15}}$

双曲線 $x^2-y^2=-\dfrac{4}{15}x$

方程式の解の長さ

ハイヤームはこのような幾何学的な解法を、分類した三次以下の方程式すべてに与えたのです。

2-12 中世ヨーロッパ 翻訳とフィボナッチ

ポイント
1. カール大帝により、科学の暗黒時代に光が差した。
2. イスラームやギリシャの数学書の翻訳が行われた。
3. フィボナッチがアラビア数字をヨーロッパに紹介した。

❶ カロリング・ルネサンス

近世ヨーロッパのイタリアで始まったルネサンス。中世でもその先駆けとなる運動が起こりました。

◆暗黒時代からの幕開け◆

ヒュパティアの死や、アレクサンドリアとアテネという両学問都市の衰退により、学問軽視の風潮が続いていたヨーロッパ世界。ここに小さな風穴を開けたのはカロリング朝のカール大帝でした。ローマ教会とのつながりが深かったカール大帝は、キリストの復活祭の時期を決定するためには数学的な知識が必要と考え、学校を創設。カール大帝が学問を重要視し、かつての文化を復興させようとしたことから、「カロリング・ルネサンス」と呼ばれています。

◆翻訳された名著たち◆

カロリング・ルネサンスから徐々に学問への関心が高まり、暗黒時代の数学教育を支えていたボエティウス (Boethius, 475年頃～524年頃) の数学書では物足りなくなってきました。そこで、イスラームやギリシャの数学書をラテン語に翻訳することで、高度な数学を手に入れようという動きが高まります。イスラームはイベリア半島まで勢力を伸ばしていたため、アラビアだけでなくそれまでのインドやギリシャなどの数学書をスペインから手に入れることができました p.96 。

カール大帝

「正確な暦を知りたいけど計算できない！」
「キリストの復活祭もできぬ」

ボエティウス

「中世まで教会での教育に使われたよ」
「500年頃に、基本的な数学だけをまとめました。」

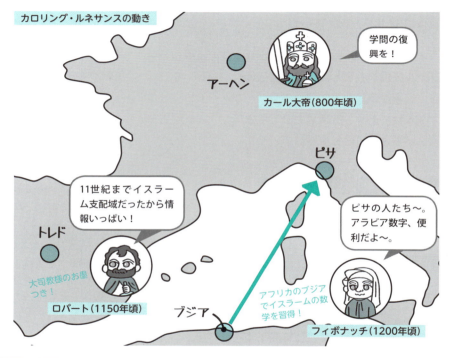

カロリング・ルネサンスの動き

- アーヘン：カール大帝（800年頃）「学問の復興を！」
- トレド
- ロバート（1150年頃）「11世紀までイスラーム支配域だったから情報いっぱい！」「大司教様のお墨つき！」
- ブジア「アフリカのブジアでイスラームの数学を習得！」
- ピサ：フィボナッチ（1200年頃）「ピサの人たち〜。アラビア数字、便利だよ〜。」

主な翻訳書

ユークリッドの『原論』	フワーリズミーの『代数学』	プトレマイオスの『アルマゲスト』

まずはアデラードの翻訳書から	他の人も書いていたけど、一番人気があったのはロバートの翻訳書	ゲラルドは翻訳のためにアラビア語を勉強し、翻訳に人生を捧げました
アデラード（1090年頃～1142年）訳	ロバート（1110年頃～1160年）訳	ゲラルド（1114年～1184年）訳

529年	暗黒時代	800年頃	11〜12世紀	1170年頃	1192〜1200年	1202年	1250年頃
アカデメイア閉鎖により、「科学の暗黒時代」に突入する	ボエティウスの本をもとに基礎的な数学のみが継承される	カール大帝が学校をつくり始める	イスラームやギリシャの数学書がラテン語に翻訳される	フィボナッチがピサで生まれる	フィボナッチが地中海地域でイスラーム数学を学ぶ	フィボナッチがピサで『算盤の書』を書く	フィボナッチがピサ周辺で死亡する

❷フィボナッチ

「ボナッチの息子」という意味から「フィボナッチ（Fibonacci）」と呼ばれるピサのレオナルドは、中世以降のヨーロッパ数学に革新をもたらしました。

◆商業計算の英才教育を受けた◆

幼少期（1192年）に、商人である父の仕事の都合でアフリカ北部のブジア（現アルジェリアのベジャイア）へ一家転住したフィボナッチ。ブジアではイスラーム教徒の教師から学び、アラビア数字の便利さを知りました。その後、父の仕事の手伝いや旅行でエジプトやギリシャ、シリアも訪れ、ギリシャ数学も学びました。

◆アラビア数字の導入◆

1200年にピサに戻り、アラビア数字がローマ数字よりも優れていることを認識したフィボナッチは、1202年に『算盤の書』を書き、アラビア数字の利便性をイタリアに伝えました。

13世紀にヨーロッパでは航海術が改善され、貨幣の流通が盛んに行われたため、計算のしやすさに優れていたアラビア数字はヨーロッパ中に広まっていきました。

> 『算盤の書』の冒頭で紹介したよ。zephirumはzeroの語源
> — フィボナッチ

> インド人の用いた9個の記号とは、9, 8, 7, 6, 5, 4, 3, 2, 1である。これらの九個の記号、そしてアラビア人たちが zephirum と呼んだ、0 という記号を用いればいかなる数字も書き表すことができる。

◆『算盤の書』◆

主著『算盤の書』では、アラビア数字の紹介以外にも、簿記をはじめとする商業計算や、フィボナッチ数列 p.102 をはじめとする数学の問題を扱っています。ここでは、ライオンの問題について見てみましょう。

穴の中のライオンの問題

深さ50フィートの穴がある。ライオンは毎日 $\frac{1}{7}$ フィートずつ穴を登るが、毎晩 $\frac{1}{9}$ フィートずつ落ちてしまう。ライオンが穴から出るには何日かかりますか？

この問題を、フィボナッチはエジプトの「アハ問題」 p.17 と同様の方法で解きました。63日間で2フィート登ることから、63÷2×50＝1575日という答えを求めています。この本の中で、アラビア数字を使った乗法や除法の方法も解説しているため、よい計算問題となったことでしょう。

> ちなみに、正しい答えは1575日ではなく1572日。書いたときには気づけませんでした。
> — フィボナッチ

> 1572日目に登った時点で、穴から出られるからね

column 圧倒的勝利の数学試合

1220年頃、神聖ローマ帝国の皇帝フリードリヒ2世はフィボナッチに、他の有名な数学者たちとの数学試合に参加するよう求めました。近世ヨーロッパの数学試合 p.120 と異なり、ルールはとてもシンプル。フリードリヒ2世の側近が3題の問題を出し、一番多く解けた数学者が勝利です。実際の問題のうちの2題を、現在の数式で見てみましょう。

問1：$x^2 = y^2 - 5$ と $z^2 = y^2 + 5$ を満たす分数 x, y, z を求めなさい。

問2：$x^3 - 2x^2 + 10x = 20$ を解きなさい。

どちらも計算がとても複雑であり、フィボナッチ以外の数学者は1問も正解することはできませんでしたが、フィボナッチはこの2題を含めすべての問題に正解することができました。当時、圧倒的な実力を持っていたことがわかります。

Pick Up!
フィボナッチ数列と黄金比

『算盤の書』に登場するウサギの問題。その解法として出てくる「フィボナッチ数列」やそれを求める式に登場する黄金比は、実は我々の身近にたくさん存在しています。

● 1, 1, 2, 3, 5 …と続くフィボナッチ数列。実は身近に存在している！

フィボナッチ数列とウサギ　数列 p.201

1202年にピサの数学者フィボナッチによって書かれた『算盤の書』。アラビア数字をヨーロッパに伝えた書として有名ですが、彼の名を冠する数列についての問題も同書で紹介されています。

ウサギの問題
1組のウサギが1月から毎月1組のウサギを産み、生まれた1組のウサギも翌月から1組のウサギを産み始めるとき、1組のウサギから始まって、1年後には何組のウサギがいるか。

3月のウサギの組数を求めるには、2月の組数に加え、3月に新たに産まれる組数（＝1月から生きている組数）を考えればOKです。そのため、1月の2組と2月の3組をたすことで3月は5組と求められます。これを繰り返すことで、12月には377組のウサギがいるとわかるのです。

このときに出てきた 1, 2, 3, 5, 8, 13,…という数列の先頭に1を追加したものを「**フィボナッチ数列**」と呼び、数式では以下のように表すことができます。

フィボナッチ数列
n番目のフィボナッチ数を F_n とすると、次の式が成り立つ。
$F_n = F_{n-1} + F_{n-2}$ （$n \geq 3$）, $F_1 = 1$, $F_2 = 1$

「フィボナッチ数列」と名づけたのはワシ。

リュカ　19世紀の数学者です

フィボナッチ数列と倍数

フィボナッチ数列にはさまざまなおもしろい性質が隠れています。まずは、数列中に登場する数についての性質。F_n が 2, 3, 4, 5 で割りきれるかどうかを表したのが下の表です。

F_n	1	1	2	3	5	8	13	21	34	55	89	144	233	377	610
2			○			○			○			○			○
3				○				○				○			
4									○			○			
5					○					○					○

こうして見ると、2の倍数は3つおき、3の倍数は4つおき、4の倍数は6つおき、5の倍数は5つおきに現れることがわかります。不思議なように思えますが、わり算の余りに注目すると、なぜこの現象が起こるのかがわかります。

自然界に潜むフィボナッチ数列

数学の世界だけでなく、自然界にもフィボナッチ数列は存在しています。松ぼっくりを下から見ると、鱗片が時計回りと反時計回りの2種類の渦状に並んでいます。その渦の本数は連続するフィボナッチ数となります。他にも、植物の花びらの枚数はフィボナッチ数に従うことが多く、成長や子孫の繁栄に適しているという説が濃厚なものの、理由は未だ明確ではありません。

左：渦の本数が8と13の松ぼっくり
右：りんごの花

フィボナッチ数列と黄金比

フィボナッチ数列の連続する数の比に着目してみましょう。実際に計算してみると、以下のような結果となります。

F_n	F_{n-1}	$F_n \div F_{n-1}$
1	1	$1 \div 1 = 1$
2	1	$2 \div 1 = 2$
3	2	$3 \div 2 = 1.5$
5	3	$5 \div 3 = 1.66\cdots$
8	5	$8 \div 5 = 1.6$
13	8	$13 \div 8 = 1.625$
⋮	⋮	⋮
89	55	$89 \div 55 = 1.618\cdots$

だんだん1.618に近づいているのがわかるはず。

1.618が出るのは10番目

フィボナッチ

ここで出てきた1.618という数は、**黄金比**の近似値です。黄金比とは、以下のような定義の比を指します。

黄金比の定義

次のような比を黄金比という。
$$1 : \frac{1+\sqrt{5}}{2} \quad (\fallingdotseq 1 : 1.618)$$

黄金比は、人間が最も美しいと感じる比として知られていて、古代から建築物や美術品などで使われています。フィボナッチ数列と黄金比の関係は深く、n番目のフィボナッチ数は、以下のような黄金比を含んだ式で求められることがわかっています。

n番目のフィボナッチ数

$$F_n = \frac{1}{\sqrt{5}} \left\{ \left(\frac{1+\sqrt{5}}{2}\right)^n - \left(\frac{1-\sqrt{5}}{2}\right)^n \right\}$$

身近に潜む黄金比

フィボナッチ数列は自然界に多く登場しますが、黄金比は人工物に多く存在しています。黄金比が美しいという感性はどの時代でも不変のものであり、紀元前から今に至るまであらゆるところに黄金比が隠れています。

クフ王のピラミッド
（紀元前2500年頃）
高さと底面の正方形の一辺が黄金比

パルテノン神殿
（紀元前438年）
正面から見た縦と横が黄金比

モナ・リザ（1503年頃〜1506年頃）
顔の縦と横が黄金比

クレジットカードや交通系ICカード（現在）
縦と横が黄金比に近い

column 17行目の秘密

フィボナッチ数列を利用した数遊びもあります。次のようなルールに従って表を埋めていくとおもしろいことが起こります。

ルール
- 1行目に0〜9のうち好きな数字を埋める。
- 2行目に5を埋める。
- 3行目には1行目と2行目の数の和を書く。
- 2桁になる場合には、一の位だけを記入する。
- 以降、同様に4行目は2行目と3行目の和、5行目は3行目と4行目の和、…と埋めていく。

1行目	2	5	9
2行目	5	5	5
3行目	7	0	4
4行目	2	5	9
5行目	9	5	3
6行目	1	0	2
7行目	0	5	5
8行目	1	5	7
9行目	1	0	2
10行目	2	5	9
11行目	3	5	1
12行目	5	0	0
13行目	8	5	1
14行目	3	5	1
15行目	1	0	2
16行目	4	5	3
17行目	5	5	5

最初の1行は何でもOK。

9＋5＝14なので、一の位の4を記入。

1行目がどんな数字でも、17行目は必ず5。

17行目には、1行目がいくつであれ、5が入ります。フィボナッチ数列からその理由を考えてみてください！　2行目を5以外にしてみるのもおもしろいですよ。

2-13 中世ヨーロッパ オレームと中世の終焉

ポイント
❶オレームが運動の様子をグラフ化した。
❷オレームやスコラ哲学者たちが無限級数を研究した。
❸黒死病と戦争により、ヨーロッパの学問が再び衰退した。

❶ニコル・オレーム

中世ヨーロッパでフィボナッチの次に名高いのが**ニコル・オレーム**です。死と隣り合わせの14世紀のフランスにおいて、約300年後のデカルト p.132 にもつながるグラフの考え方を示しました。

◆神学者かつ科学者◆

オレームはフランス北西部のノルマンディー地方にて生まれます。パリ大学を卒業後、同大学でそのまま数学の講師になりました。その後、1356年には神学の教師を務め、1377年にリシューの司教になってこの町で最期を迎えました。中世ヨーロッパでは、スコラ哲学者たちが運動や無限の概念に言及しており、オレームも神学者でありながら運動や無限の研究に邁進し、現在に伝わる成果を残しています。

◆グラフを作成した◆

オレームは著書の中で、約300年後のデカルトが創始した解析幾何学と同様の考え方で、運動の様子をグラフで表しています。経度と呼ばれた横軸に時間を、緯度と呼ばれた縦軸に速さを置き、初速0の物体の等加速度運動を以下のようなグラフで表しました。オレームはこのグラフが描く直角三角形の面積が、物体の進んだ距離を表していると説き、幾何学的に運動法則を解明したのです。

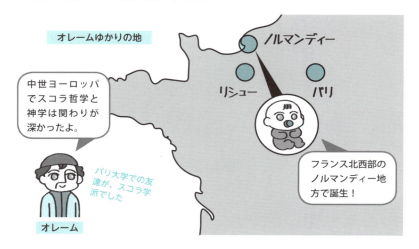

オレームゆかりの地

中世ヨーロッパでスコラ哲学と神学は関わりが深かったよ。

パリ大学での友達が、スコラ学派でした

フランス北西部のノルマンディー地方で誕生！

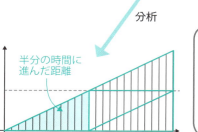

半分の時間に進んだ距離に対して、全体の時間に進んだ距離は4倍。進んだ距離は時間の2乗に比例するのでは？

時間を1:1:1に分けると、各時間に進む距離の比は1:3:5だ。

運動の様子を幾何学で解明!!

1325年	1339年	14世紀中頃	1352年	1377年	1382年	1453年
オレームがフランスのノルマンディー地方で生まれる	イギリスとフランスの間で百年戦争が始まる	ヨーロッパで黒死病（ペスト）が流行し始める	オレームがパリ大学で学んだ後、同大学の数学講師になる	オレームがリシューに移り、司教として暮らす	オレーム死亡。黒死病に罹患したことが死因とされている	百年戦争終結。衰退したヨーロッパ数学の再興はルネサンス期を待つことに

column 面積算のプロ

オレームは運動を図形にすることが得意であり、数学の問題を解くうえでも面積算の考え方を多用しました。

旅人算の問題

弟が家を出て14分たったとき、兄が自転車で弟の後を追いかけた。弟は分速60mで歩き、兄は分速200mで進むとき、兄は何分後に弟に追いつくか？

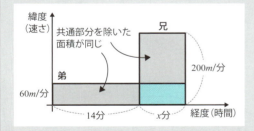

進んだ距離（面積）は等しいことから、重なった部分を除いた部分の面積も等しくなるため、

$$(200-60)x = 60 \times 14$$

という方程式から、x を求められます。

◆調和級数の発散◆ 級数・発散 p.212

無限についても研究をしたオレームは、調和級数について考察しました。調和級数とは、次に示すように、分母が自然数である単位分数を無限にたしていった式のことです。

調和級数とは？

次の式を調和級数という。

$$1+\frac{1}{2}+\frac{1}{3}+\frac{1}{4}+\frac{1}{5}+\frac{1}{6}+\frac{1}{7}+\cdots+\frac{1}{n}+\cdots$$

オレームはこの調和級数が正の無限大に発散する（無限に大きくなる）ことを、以下のようなグループ分けにより証明しました。

調和級数の和

$$1+\frac{1}{2}+\frac{1}{3}+\frac{1}{4}+\frac{1}{5}+\frac{1}{6}+\frac{1}{7}+\frac{1}{8}+\cdots+\frac{1}{n}+\cdots$$
$$=1+\frac{1}{2}+\left(\frac{1}{3}+\frac{1}{4}\right)+\left(\frac{1}{5}+\frac{1}{6}+\frac{1}{7}+\frac{1}{8}\right)+\cdots+\frac{1}{n}+\cdots$$
$$>1+\frac{1}{2}+\left(\frac{1}{4}+\frac{1}{4}\right)+\left(\frac{1}{8}+\frac{1}{8}+\frac{1}{8}+\frac{1}{8}\right)+\cdots+\frac{1}{n}+\cdots$$
$$=1+\frac{1}{2}+\frac{1}{2}+\frac{1}{2}+\cdots+\frac{1}{2}+\cdots$$

よって、調和級数の和は無限大に大きくなる。

❷中世ヨーロッパの衰退

後の時代につながる概念を示したオレームやスコラ哲学者たちでしたが、当時のヨーロッパに大きな影響力を与えることはできませんでした。なぜなら、1339年〜1453年のイギリスとフランスの百年戦争や、14世紀中頃に流行し始めた黒死病（ペスト）により、人口が $\frac{1}{3}$ 以上減ってしまうほど、当時のヨーロッパは深刻な情勢だったからです。この学問的な停滞期間に、オレームたちの業績は忘れ去られ、ヨーロッパ数学が再興されるルネサンス期まで、表に出ることはありませんでした。

Pick Up!
紀元後の中国数学

● 16世紀まで独自の数学を貫き、さまざまな本が書かれた

紀元前後に数学が著しく発展した地中海地域。そこから遠く離れていた中国では、西洋と多少の文化の交流はあったものの、独自の数学を育んでいました。

紀元後の中国の様子

焚書政策で歴史をリセットした秦の始皇帝の死後、漢が400年ほど続き、三国時代という混乱を経て581年に隋が成立します。その後も唐、宋と続き、1271年にはモンゴルの皇帝フビライ・ハンが中国を支配して元を建国。約100年後に漢民族の手で中国が取り返され、明ができました。明の時代にイタリアの宣教師**マテオ・リッチ**が来訪し、以後ヨーロッパの発展した数学文化が入ってくるようになったため、中国独自の数学文化が消えていきました。

漢	130年頃	円周率の研究が盛んに行われ始める。
三国時代	3世紀初頭	孫子が活躍する。
	263年頃	劉徽が成果を上げる。
	5世紀後半	祖沖之が現れる。
隋	598年	科挙制度が始まる。
唐		
宋	1247年頃	秦九韶が成果を上げる。
	1248年頃	李冶が活躍する。
	1261年頃	楊輝が現れる。
元	1299年頃	朱世傑が活躍する。
明	16世紀末	マテオ・リッチが来訪し、中国独自の数学文化が消えていく。

科挙が数学力を保った

隋の時代から約1300年間にわたって運用されていたのが、官僚の登用制度である「科挙」です。今の日本の国家公務員試験のようなもので、試験科目の中には数学も含まれていました。解法を暗記することで解ける数学の試験ではあったものの、受験者が多いときには3000人に1人しか合格できないという超難関試験だったため、国としての数学的素養はある程度一定に保たれていたと考えられます。

column 科挙の試験対策本

598年に始まった科挙。都市部だけでなく、地方からも選ばれた受験生が集まり、暗記能力や文章能力、時事問題の知識を試験で問われました。10世紀まで、王朝近くの学校では、科挙に合格するための算学が教えられており、十種の数学書「算経十書」が教科書となっていました。その中には『周髀算経』や『九章算術』 p.60、祖沖之が円について述べた『綴術』も含まれています。身分の低い者でも、試験に受かれば政権の中枢部分で働けるため、なんとしても合格したいという気持ちから、カンニングをするものまで現れるほどでした。

覚えること多すぎ。倍率高すぎ。

受験生

パンツをカンペ代わりにした受験生もいたよ

紀元後の有名数学者たち

ギリシャと違い、紀元前には個人の数学者名が残っていない中国。しかし、ユークリッドの『原論』と同様、『九章算術』があらゆる人により注釈を加えられながら版を重ね、それとともにさまざまな数学書が生まれて著作者の名が現在にまで伝わっています。紀元後から明の時代の数学者たちとその著作を見てみましょう。

算木の使い方や鶴亀算も解説したよ。

『孫子算経』
「中国の剰余問題」が初めて扱われた。

兵法書の人ではない

孫子
3世紀初め頃

『海島算経』
海に浮かぶ島の高さと距離を測る問題が載っていた。

『九章算術注』
後の時代で定本となる、九章算術の解説書。日本でも使われた。

『九章算術』の解説書と言えば自分です。

円周率も3.14まで求めたよ

劉徽
220年頃〜280年頃

『綴術』
円周率が3.141592まで計算された。今は失われている難解な本。

劉徽先輩の方法をマネしたっす

「大明暦」をつくるために円周率を計算したよ。

祖沖之　429年〜500年

『測円海鏡』
算木を使って方程式を解く方法「天元術」を初めて扱った。

『数書九章』
「中国の剰余定理」も扱った、解答つきのていねいな問題集。

インドより1000年くらい遅いけど

モンゴルのフビライさんからスカウトが来ました。

丁重に断ったけどね

秦九韶（しんきゅうしょう）　1202年頃〜1261年頃

李冶（りや）　1192年〜1279年

中国で初めてゼロを丸として表現したよ。

『算学啓蒙』
中国数学の集大成。「天元術」をはじめ、幅広い分野を扱った。

『詳解九章算法』
九章算術の論理を説明し、類題を解くための方法を解説した。

『楊輝算法』
$1^2+2^2+\cdots+n^2$ の計算や、高次方程式の解法を解説した。

李冶の研究を発展させました。

方程式を算木で解きまくったよ

パスカルの三角形もつくりました

魔方陣の第一人者でもあります p.108。

朱世傑（しゅせいけつ）　1270年頃〜1320年

楊輝（ようき）　1238年頃〜1298年

そろばんを考案したよ！

『算法統宗』
そろばんの使用法や日常的に必要な計算技法を説明した。

程大位（ていだいい）　1533年〜1606年

中国の剰余定理

余りの問題を始めました。

『九章算術』のファンです

孫子

3世紀はじめの『孫子算経』では、整数の割り算の余りについての問題が考えられました。

『孫子算経』のとある問題

今、何個あるかわからない物がある。これを3個ずつの束にして数えると2余り、5個ずつの束にして数えると3余り、7個ずつの束にして数えると2余る。このとき、物は何個あるか？

このような余りについての問題に対し、**中国の剰余定理**は特定の範囲内に答えがあることを保証する定理です。

中国の剰余定理によれば、求めたい物の個数 x は、0から105（＝3×5×7）の間に存在することが保証されます。そのうえで、孫子は次のように問題を解きました。

『孫子算経』のとある問題の解法

3で割ると2余る数は140。5で割ると3余る数は63。7で割ると2余る数は30。これらの数をすべて足すと233であり、ここから105を引いていくと、233－105＝128、128－105＝23、よって23個。

これは江戸時代の「**百五減算**」と同様の方法です。また、13世紀の秦九韶も『数書九章』の中で「中国の剰余定理」を扱い、19世紀最大の数学者ガウス p.170 と同様の解法を使っていました。剰余問題は数学の中の一分野ではありますが、当時の中国数学のレベルの高さを測り知ることができます。

いろんな解法を『数書九章』で紹介したよ。

剰余の問題はガウスレベル

秦九韶

107

Pick Up!

魔方陣の研究

● 中国で愛された魔方陣。歴史の中でいろいろな種類が誕生した

紀元前2000年頃の中国でその原型が誕生し、紀元後の中国で発展した魔方陣。縦・横・斜めの和が同じになるというルールに基づいた数の配置は、その美しさから今も研究が続いています。

魔方陣とは？

数学で登場する「**魔方陣**」は、次のようなシンプルなルールに基づいて数を並べた正方形の表を指します。

「魔方陣」の定義

n×n の正方形のマスの中に、1からn^2までの自然数を1つずつ入れ、縦・横・斜めの和がすべて同じになるものを魔方陣という。

最も簡単な魔方陣の例として、1～9の数を入れた3×3の魔方陣があります。右の魔方陣では、縦3ライン、横3ライン、斜め2ラインのそれぞれの和がすべて15になっているのがわかるでしょう。この神秘的な数の配置から、魔方陣を御守りや魔除けとして使う地域もありました。

4	9	2
3	5	7
8	1	6

左の魔方陣と玉の数が対応しているよ

前2000年頃	「洛書」が亀の甲羅に刻まれ、これが最古の魔方陣とされている。
6～10世紀	中国だけでなくイスラームやインドでも魔方陣研究が進む。
1275年	楊輝が『楊輝算法』で魔方陣の簡単なつくり方や、4×4以上の魔方陣などを発表する。
16世紀	西洋で魔方陣が御守りや魔除けとして使われる。
18～19世紀	オイラーやガウスなどの大数学者たちも魔方陣に興味を持つ。
2021年	10000×10000の魔方陣が、表計算ソフトによってつくられる。

4000年前の魔方陣

魔方陣の起源は、紀元前2000年頃の中国の夏王朝。この王朝の皇帝は、国の支配に役立つ2枚の図を海の生物から預かったという伝説があり、その中の1枚が亀の甲羅に刻まれた「**洛書**」と呼ばれる魔方陣でした。

甲羅の図をヒントに治世をがんばってね。

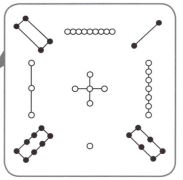

楊輝の魔方陣レシピ

①ダイヤ型に数を並べる

②4つの角を反対側と入れ替える

③2つの角を内側に入れる

中国では表が好まれた

中国では紀元前から数を表で整理する文化があり、中国の体系的な数学書である『九章算術』 p.61 でも、表を使って方程式を解くという方法が紹介されています。

連立方程式 $\begin{cases} x+2y+3z=26 \\ 2x+3y+z=34 \\ 3x+2y+z=39 \end{cases}$ の表し方

1	2	3
2	3	2
3	1	1
26	34	39

劉徽（りゅうき）
現代数学における「行列」という表し方と一緒。

魔方陣に関して大きな成果を上げたのは、13世紀の中国人数学者楊輝（ようき） p.107 です。彼は、3×3の魔方陣をつくる神秘的な方法を1261年頃の『楊輝算法』で発表しました。彼は3×3に限らず、4×4以上の魔方陣や円形の魔方陣なども考案しています。

10×10までつくったよ。
楊輝（ようき） 魔方陣研究の第一人者

その後、オイラーやガウス、ラグランジュといった数学者たちも魔方陣に興味を持ったものの、直接的な成果はなく、現在はコンピュータによる研究が進んでいます。

3×3魔方陣のつくり方

3×3の魔方陣をつくるとき、計算と論理の力を使って数学的に作成する方法があります。

数学を使った魔方陣のつくり方

3×3魔方陣の各マスに、aからiまでの文字をおく(1)。

このとき、aからiまでのすべての和は、
$1+2+3+4+5+6+7+8+9=45$
である。

横の3ラインに注目して、aからiまでのすべての和を表すと、
$(a+b+c)+(d+e+f)+(g+h+i)=45$
が成り立つので、1ラインあたりの和は15とわかる。

次に、eを通る4ラインの和を考えると、
$(a+e+i)+(b+e+h)+(c+e+g)$
$+(d+e+f)=60$
であり、これを変形すると、
$(a+b+c+d+e+f+g+h+i)+3e=60$
$45+3e=60$
$e=5$

と中央の数$e=5$が求められた(2)。

(1)
a	b	c
d	e	f
g	h	i

次に1が入るマスを考える。

1を使って、和が15になるラインを完成させるには、1、5、9か1、6、8の2通りしかない。

よって、3ライン通ることになるa, c, g, iに1をあてはめることはできないので、1はb, d, f, hのどこかに入る。

対称性を考えると、どこに入れてもよいため、ここでは$h=1$とする(3)。

1を含む2ラインは、1、5、9と1、6、8だったので、$b=9, g=8, i=6$が求められる(gとiは逆でもよい(4))。

残りの4マスは、1ラインの和が15であることから自動的に決まる。

これで3×3の魔方陣が完成した(5)。

(2)
a	b	c
d	5	f
g	h	i

(3)
a	b	c
d	5	f
g	1	i

(4)
a	9	c
d	5	f
8	1	6

(5)
4	9	2
3	5	7
8	1	6

この代数的な解法は誰もが納得できる説明となっており、また魔方陣の対称性を考えると、3×3の魔方陣はたった1種類しかできないことの証明にもなっています。

column 対称性とは?

魔方陣の「対称性」とは、左右対称や上下対称、回転を考えると、結局は同じ魔方陣となることを指します。対称性を考えない場合は右のような8通りが挙げられます。

4	9	2
3	5	7
8	1	6

2	9	4
7	5	3
6	1	8

8	1	6
3	5	7
4	9	2

8	3	4
1	5	9
6	7	2

6	1	8
7	5	3
2	9	4

2	7	6
9	5	1
4	3	8

4	3	8
9	5	1
2	7	6

6	7	2
1	5	9
8	3	4

さまざまな種類の魔方陣

楊輝をはじめとする数学者や魔方陣愛好家の手によって、3×3魔方陣以外にも、さまざまな魔方陣が生み出されています。その一部を紹介します。

円形魔方陣

9を含む直線4本の和はそれぞれ147。
中心9と円周の和は147(4つの円それぞれについて成り立ちます)。
『楊輝算法』で紹介された魔方陣です。

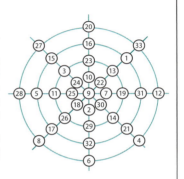

3×3×3の立方陣

各段の縦・横計18ライン、各段を貫く高さ9ライン、2段目の斜め2ライン、1段目と14と3段目を通る8ラインの合計37ラインそれぞれの和が42で等しくなります。

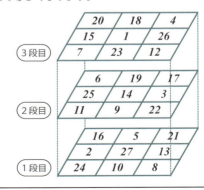

Pick Up!
アメリカ大陸の数学
● アメリカ大陸で生まれた文明にも、独自の数学文化があった

日本 p.158 と同様に、無文字社会で発展してきたアメリカ大陸のマヤ文明とインカ文明。少ない資料から判明した、紀元前までさかのぼる貴重な数学の世界をのぞいてみましょう。

マヤ文明の数字

現メキシコ周辺で、紀元前1000年頃に興った**マヤ文明**。この文明では紀元前1世紀頃から、**20進法**による位取り記数法を用いていました。数字はたったの3種類です。

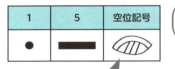

空位を表す記号としては世界最古！

元は数字が存在していたが、今は空になっているものとして、かたつむりの殻がモチーフになっている。

マヤの先住民

これらの数字と、20進法の位取り記数法により、どんなに大きな数でも表すことができました。

4年に1回は断食が5日間ではなく、6日間だったよ

マヤの先住民

暦を表す際には、2つ目の位は18までで、18か月×20日＝360日。そこに断食・禁欲の5日間を加えて1年としました。

インカ文明の記録方法

南アメリカ大陸北部に位置するペルーでは、紀元前2200年頃から紀元後300年頃に数学的な営みがあったとされています。その具体物の1つとしては最大約300mにも及ぶナスカの地上絵。長距離にわたってきれいな平行線や垂線が引けており、測量技術の高さがわかります。

この地に1200年頃に成立した**インカ文明**では、数を記録するために「**キープ**」と呼ばれる紐を使っていました。結び目の個数で数字を表し、結ぶ位置が十進法の位取りにもなっています。

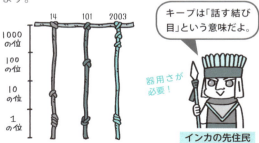

キープは「話す結び目」という意味だよ。

器用さが必要！

インカの先住民

以上のように独自の発展を遂げてきたアメリカ大陸独自の文明は、大航海時代以降のヨーロッパ諸国の征服により、衰退してしまいました。

マヤ文明
紀元前1000年頃興った。

インカ文明
1200年頃興り、最盛期は15世紀。

column マヤの顔数字

点と横棒が基本のマヤ数字ですが、頭字体と呼ばれる神の顔で表される数字もありました。

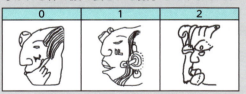

同じような顔の数字が0〜19までの20種類存在します。果たして当時見分けがついたのでしょうか…。

Pick Up!

n進法の特徴

●10進法だけでなく、2進法や60進法も日常生活に存在している！

計算がしやすく、表すのも簡単な10進法。しかし、2進法や60進法といった他の進法には別の利点があり、我々の身近なところでもそれらが隠れています。

n進法	2進法	10進法	20進法	60進法
最古の記録	前3世紀頃	前4000年頃	前1世紀頃	前3000年頃
採用していた主な地域	なし（紀元前3世紀頃にインドの数学者**ピンガラ**が初めて使用した）　今の2進数をつくったのは私 p.142。　ライプニッツ	●古代エジプト（ヒエログリフ）p.14 ●中国（甲骨文字、漢数字）p.60 ●ギリシャ（ギリシャ数字）p.25 ●ローマ（ローマ数字）p.81 ●インド（ブラーフミー数字）p.62 ●イスラーム（インド数字）p.97	●マヤ p.110　手足の指が20本であることにに由来。暦にも適していたよ。　マヤの先住民	●バビロニア（楔形文字）p.19　天体の周期や時間を測定するために、60進法を採用！　バビロニアの書記
長所	●スイッチなどのオン・オフの表現に適している。	●計算がしやすい。●数の大きさが比較しやすい。	●10進法よりも少ない桁数で数を表現できる。	●約数を多く持つため、分割が容易。●少ない桁数で数を表現できる。
短所	●大きな数を表現するときに桁数が多くなってしまう。	●約数が少ないため、割り算では割り切れないことが多い。	●非直感的。	●非直感的。●各位の数が大きくなる。
現在の生活にて	●コンピュータシステム	●日常生活のあらゆる場面	●世界の一部地域の数の呼び方（フランス語、デンマーク語など）	●時間の概念（1時間＝60分）●角度の概念（1周360°＝60°×6）

まだまだあるぞ！ 使われているn進法

- 2進法からの変換が簡単
- 2進法の短所を解決
- コンピュータで使われている

1100 1001→C9　**16進法**

特にカラーコードとして、RGBが有名。各色0〜FF(255)の256段階で色が決まります

アルファベットA〜Fを含む16種類の英数字

- ローマ数字やマヤ数字の補助基数として利用
- 5になったら負けるゲームも5進法の考え方

V L D
(5)(50)(500)　**5進法**

片手の指の本数に由来

column 整数なのに小数？

デンマーク語では、20を基数として数の名前がついています。デンマーク語で20は「tyve」。それに対し、50は「halvtreds」であり、次の言葉を短縮したものです。

halv tred sinds tyve
(2.5)　　(20の倍数)　　$2.5 \times 20 = 50$

70や90も同様の表し方であり、小数を使ってでも20を使っているところにこだわりを感じますね。

111

Pick Up!
中世までの数学書

●紀元前から中世までの主要な数学書を10冊紹介！

当時の数学を後世に伝えてくれる数学書。印刷技術どころか紙も十分にはない中世まででですら、たくさんの数学書が生まれています。その中から覚えておきたい数学書をまとめました。

p.54 『原論』
紀元前300年頃 ユークリッド著
古代ギリシャ数学をまとめた。今の数学書の原型になっている。

p.68 『円の測定について』
紀元前3世紀 アルキメデス著
円周率を3.14まで計算する方法（取りつくし法）を紹介した。

p.17 『リンド・パピルス』
紀元前1650年頃 アーメス著
エジプト数学の問題集。単位分数の利点がわかる。

p.21 『プリンプトン322』
紀元前1800年頃 著者不明
バビロニアで三平方の定理が知られていた証拠。

p.61 『九章算術』
紀元前二世紀頃 著者不明
紀元前の中国数学を体系的に表した。

パピルス　粘土板　竹簡

p.78 『アルマゲスト』
160年頃 プトレマイオス著
0.5°刻みの正弦(sin)の表を作成し、1世紀までの天文学をまとめた。

p.86 『算術』
3世紀頃 ディオファントス著
代数計算において、よく使用する言葉を記号化した。

羊皮紙

p.94 『バクシャーリー写本』
300年頃　著者不明
0を表す点がインドで初めて使われた。

樹皮

p.98 『ジャブルとムカーバラ』
825年頃　アル・フワーリズミー著
読みやすさに定評があり、ヨーロッパ数学の基礎となった。

p.101 『算盤の書』
1202年 フィボナッチ著
アラビア数字の利便性をヨーロッパに伝えた。

紙

column 数学書は何に書かれた？

現在、我々が当たり前のように手にしている紙は、2世紀頃に中国で誕生しました。751年のタラス河畔の戦いを機に、製紙法が世界各地に広がるまでパピルスや羊皮紙を中心に文字を記録していました。

ヨーロッパ
紀元前：パピルス
前2世紀頃〜：羊皮紙
12世紀〜：紙

紀元前2世紀頃に羊皮紙誕生

751年のタラス河畔の戦いにて製紙法西伝

中国
紀元前〜：竹簡や木簡
2世紀頃〜：紙

日本
飛鳥時代〜：和紙
明治時代〜：洋紙

2世紀頃に製紙法発明

エジプト
紀元前：パピルス
前2世紀頃〜：羊皮紙
9世紀〜：紙

アラビア（メソポタミア）
紀元前：粘土板
前2世紀頃〜：羊皮紙
8世紀〜：紙

インド
紀元前：樹皮や葉
8世紀〜：紙

第3章

近世の数学

$$x = \sqrt[3]{\frac{q}{2} + \sqrt{\left(\frac{q}{2}\right)^2 - \left(\frac{p}{3}\right)^3}} + \sqrt[3]{\frac{q}{2} - \sqrt{\left(\frac{q}{2}\right)^2 - \left(\frac{p}{3}\right)^3}}$$

タルタリア

カルダノ

パスカル

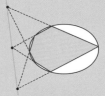

ネイピア

log

近世の数学はヨーロッパ中心の数学。ルネサンス期には、数学記号の発明により代数学が大きく発展しました。大航海時代に入ると、膨大な天文計算の必要性から対数が誕生します。そして座標により代数学と幾何学が融合し、曲線を研究する中で、無限小を原理とする微分積分が生まれました。

$\dot{x}, \dot{y}$
ニュートン

dx, dy
ライプニッツ

$x^n + y^n = z^n$

フェルマー

$e^{\pi i} + 1 = 0$

オイラー

カヴァリエリ

デカルト

ベルヌーイ一族
ヤコブ、ヨハン
ニコラウス2世、ダニエル

誕生順で整理！ 有名数学者一覧 近世ヨーロッパ

ルネサンスによる古典数学の復興を出発点に、数学が大きく成長した近世のヨーロッパ。特に代数学の発展は目覚ましく、新たな概念が次々に登場します。17世紀からは代数学と幾何学が座標上で融合し、そこから無限小や微分積分を中心に扱う解析学が誕生しました。

シュケ: 「たす」などのよく使う言葉を記号にすれば、研究のスピードも上がるはず！ / 自分は p̄ を使いました

タルタリア: 三次方程式の解は、名声につながる / 数学試合で勝つコツは、他人が知らない知識を会得すること！

ボンベリ: 何か計算方法があるはず！ / 三次方程式の解の公式では、√ の中が負の数になってしまう…。

ヴィエト: 定数も文字で表せば、方程式の持つ性質も調べられるよ。 / 抽象度UP

生年	国	誕生した数学者と主なできごと
14世紀	イタリア	ルネサンスがイタリアで始まり、16世紀までにヨーロッパ各地に広まる。
1436年	ドイツ	レギオモンタヌス（Regiomontanus, 1436年〜1476年）。印刷技術により数学の普及に貢献する。
1445年	イタリア	ルカ・パチョーリ（Luca Pacioli, 1445年〜1517年）。代数学の記号化の流れをつくる。
1445年頃	フランス	ニコラ・シュケ（Nicolas Chuquet, 1445年頃〜1500年頃）。代数学の記号化を進める。
1486年	ドイツ	ミハエル・シュティーフェル（Michael Stifel, 1487年〜1567年）。二次方程式の3つの型を1つに統合する。
1500年	ドイツ	クリストフ・ルドルフ（Christoff Rudolff, 1500年頃〜1545年頃）。現在と同じ根号を使い始める。
1501年	イタリア	ジェロラモ・カルダノ（Girolamo Cardano, 1501年〜1576年）。三次方程式の解の公式を発表する。
1522年	イタリア	ルドヴィコ・フェラーリ（Lodovico Ferrari, 1522年〜1565年）。四次方程式の解の公式を発見する。
1526年	イタリア	ラファエル・ボンベリ（Rafael Bombelli, 1526年〜1572年）。虚数に具体的な計算法則を与える。
1540年	フランス	フランソワ・ヴィエト（François Viète, 1540年〜1603年）。既知数にも文字を使い始める。
1548年	ベルギー	シモン・ステヴィン（Simon Stevin, 1548年〜1620年）。10進小数の利便性を世に広める。
1550年	イギリス	ジョン・ネイピア（John Napier, 1550年〜1617年）。対数を定義し、大きな数の計算を簡単にする。

解説　三次方程式・四次方程式 p.195　既知数 p.194　虚数 p.204　n進小数 p.200　対数 p.206

キーワードでつかむ近世の 代数学

記号化　ディオファントス p.86 の『代数学』の復興もあり、15世紀から数学記号の開発が進んだ。

高次方程式　数学試合の流行から、三次や四次の方程式を解く方法がイタリアを中心に研究された。

虚数　三次方程式の解の公式により、2乗すると−1になる数の導入が不可欠となった。

対数　天文学などで複雑化する代数計算において、乗法を加法に変換する対数の考え方が生まれた。

→ 解析学での利用へ

→ 近代で細分化 p.178

生年	国	誕生した数学者と主なできごと
1596年	フランス	ルネ・デカルト（René Descartes, 1596年～1650年）。図形を座標で考える解析幾何学の分野を確立する。
1598年	イタリア	ボナヴェントゥラ・カヴァリエリ（Bonaventura Cavalieri, 1598年～1647年）。無限小で面積や体積を考察する。
1607年	フランス	ピエール・ド・フェルマー（Pierre De Fermat, 1607年～1665年）。数論に力を入れ、無限降下法を操る。
1608年	イタリア	エヴァンジェリスタ・トリチェリ（Evangelista Torricelli, 1608年～1647年）。サイクロイドの面積を求める。
1616年	イギリス	ジョン・ウォリス（John Wallis, 1616年～1703年）。無限について考え、ニュートンの理論に影響を与える。
1620年	ドイツ	ニコラウス・メルカトル（Nicolaus Mercator, 1620年～1687年）。自然対数を無限級数で表す。
1623年	フランス	ブレーズ・パスカル（Blaise Pascal, 1623年～1662年）。確率論を始める。
1638年	スコットランド	ジェイムズ・グレゴリー（James Gregory, 1638年～1675年）。特定の三角関数を無限級数で表す。
1642年	イギリス	アイザック・ニュートン（Isaac Newton, 1642年～1727年）。独自の微分積分法を確立する。
1646年	ドイツ	ゴットフリート・ライプニッツ（Gottfried Leibniz, 1646年～1716年）。現在につながる微分積分法を確立する。
1654年	スイス	ヤコブ・ベルヌーイ（Jacob Bernoulli, 1654年～1705年）。対数螺旋を研究する。
1667年	スイス	ヨハン・ベルヌーイ（Johann Bernoulli, 1667年～1748年）。カテナリーを研究する。
1685年	イギリス	ブルック・テイラー（Brook Taylor, 1685年～1731年）。テイラー級数を研究する。
1695年	スイス	ニコラウス2世・ベルヌーイ（Nicolaus Ⅱ Bernoulli, 1695年～1726年）。期待値のパラドックスを提示する。
1698年	スコットランド	コリン・マクローリン（Colin Maclaurin, 1698年～1746年）。マクローリン級数を発表する。
1700年	スイス	ダニエル・ベルヌーイ（Daniel Bernoulli, 1700年～1782年）。限界効用逓減の考え方を解説する。
1707年	スイス	レオンハルト・オイラー（Leonhard Euler, 1707年～1783年）。バーゼル問題を解決する。

解説　無限小 p.213　自然対数 p.207　無限級数 p.212　三角関数 p.202　微分 p.213　積分 p.214　期待値 p.210

キーワードでつかむ近世の**解析学**

座標
点の位置や図形を、数値や式で表せるようになったことで、図形を代数的に考えられるようになった。

無限小
曲線で囲まれた面積を計算するにあたって、図形を無限に細かく分割して、それらの面積の和で求めた。

微分積分
曲線の接線の傾きや、曲線で囲まれた面積を無限小を利用することで求められるようになった。

級数
微分積分の誕生で、多くの関数を無限級数で表せるようになった。

近代でより厳密に p.169

3-1 近世イタリアなど イタリアのルネサンス

ポイント
1. 古代ギリシャやローマの数学が復興した。
2. 芸術や地理学など、あらゆる分野で数学が応用された。
3. 代数学の流行に伴い、＋や√などの記号が誕生した。

❶ イタリアのルネサンス

中世文化を引き継ぎながらも人間性の自由・解放を求め、各人の個性を尊重しようとする文化運動である**ルネサンス**（古典様式の復興）。学問軽視の暗黒時代や疫病の流行などでかすんでしまったヨーロッパの数学に転機が訪れました。

◆古典数学の復興◆

中世において、イスラーム圏を通じてヨーロッパに伝わったギリシャやローマの古典数学が復興します。後にイタリアを中心に発展し、ローマ教皇やメディチ家の支援のもと、科学や芸術が進展しました。1575年までには古代の主要数学書がほぼ翻訳され、ヨーロッパ数学の発展の基盤が整ったのです。

学問全体の発展が教皇庁の文化的地位を上げる！
正確な暦を知る以上の価値がある
ローマ教皇

イタリアの銀行家です
ルネサンス文化に資金援助をし、名声を高めました。
メディチ家

◆レギオモンタヌス◆

ルネサンス期には、印刷技術の普及と共に数学が社会に広く浸透しました。そこに大きな貢献を果たしたのがドイツの数学者**レギオモンタヌス**です。彼は1471年に印刷所をつくり、当時までに翻訳されていたアルキメデスやアポロニウス、ヘロン、ディオファントスなどの書を広めました。レギオモンタヌス自身もプトレマイオスの『アルマゲスト』の訳本を作成するなど、古典数学の復興に貢献しています。

tan90°は無限としました
著書『三角法のすべて』でプトレマイオスを超える精度の三角比表をつくったよ。
レギオモンタヌス

column レギオモンタヌスは地名？

レギオモンタヌスの本名はヨハネス・ミュラー。彼はドイツのケーニヒスベルク出身であり、その地のラテン語名が「レギオモンタヌス（意味：王の山）」でした。当時の学者は、自分の名前を出身地や家族の職業でラテン語化する習慣があり、それによって古典学問への貢献を示したとされています。

◆芸術や地理学でも応用◆

ルネサンス期には、簿記や力学、測量、芸術、地図製作、光学などの分野で数学が応用されました。

レオナルド・ダ・ヴィンチ
(Leonardo da Vinci, 1452年～1519年)
幾何学の知識で遠近法を実現したり、黄金比を構成に用いたりした。

「最後の晩餐」は、イエスを中心とした、奥行きのある構成にしました。
ピラゴラスの定理の証明も考えました p.32
ダ・ヴィンチ

ゲラルドゥス・メルカトル
(Gerardus Mercator, 1512年～1594年)
地球の曲面を平面に投影するために幾何学を利用し、緯度と経度が正確な地図を作成した。

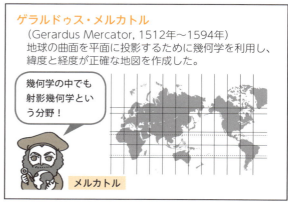
幾何学の中でも射影幾何学という分野！
メルカトル

14世紀	1471年	1484年	1494年	1490年代	1525年	1544年	1569年
イタリアを中心にルネサンスが始まる	ドイツのレギオモンタヌスが印刷所をつくる	フランスのシュケが代数学でよく使われる言葉を記号化する	イタリアのパチョーリが平方根や未知数を記号化する	イタリアのダ・ヴィンチが「最後の晩餐」を描く	ドイツのルドルフが根号を使い始める	ドイツのシュティーフェルが＋や－の記号を普及させる	ベルギーのメルカトルが航海者用の地図を完成させる

❷ルネサンス初期の数学者

イタリアを中心に始まったルネサンスでしたが、あっという間にヨーロッパに広がったため、各地で新たな数学が生まれました。ルネサンス初期にあたる14〜16世紀に活躍した数学者たちを何人か見てみましょう。

◆ルカ・パチョーリ◆

ルカ・パチョーリは「会計学の父」と呼ばれ、現在でも使われている複式簿記を考案しました。またパチョーリは、1494年に『算術・幾何・比および比例大全』を書き、平方根を記号化したり、未知数を「cosa」という言葉で表したりと、記号代数が発展していく流れをつくりました。

貸借対照表と損益計算書の2種を記録することで、ミスがわかる！

損益計算書

費用（仕入・給与・通信費など）	収益（売上など）
利益（もうけ）	

貸借対照表

資産（現金・売掛金・土地など）	負債（借入金・預り金など）
	純資産（資本金など）

パチョーリ

ダ・ヴィンチにも数学を教えました

商人の子どもたちに数学を教える「算法法師」も務めたよ。数学を仕事にできたんだ。

◆ニコラ・シュケ◆

ニコラ・シュケが1484年に書いた『数の科学における三部作』は、当時最良の代数学書となりました。有理数、無理数、方程式の三部構成であり、各部において代数の記号化が進みました。

| 1部：有理数…四則演算の記号化。例 $\overset{プラス}{+}$ を $\bar{p}$ |
| 2部：無理数…根号の記号化。例 $\sqrt{10}$ を $R^{2}.10$ |
| 3部：方程式…指数の記号化。例 $6x^2$ を $.6.^2$ |

シュケ

負の数を表すのにmを使ったよ

ヨーロッパで負の数を当たり前に使うようになったのも僕の影響です。

◆ミハエル・シュティーフェル◆

ミハエル・シュティーフェルは『算法全書』を1544年に書き、紀元前のバビロニアから分かれていた、二次方程式の3つの型を1つに統合しました。

$(1)\ x^2 - px - q = 0$
$(2)\ x^2 + px - q = 0$
$(3)\ x^2 - px + q = 0$
（p と q は正の数）

↓統合

$x^2 + px + q = 0$
（p と q は正負どちらでもよい）

ついでに＋や－といった記号も普及させました p.118

シュティーフェル

負の数って便利だね。

◆クリストフ・ルドルフ◆ 3乗根・4乗根 p.195

クリストフ・ルドルフは1525年に書いた『未知数』の中で、現在と同じ根号を使い始めました p.119。

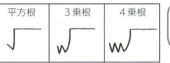

記号のギザギザの数で判断してね。

また、x のことを"coss"と名づけ、方程式の解法をドイツに普及させました。

ルドルフ

column 未知数の呼び方

イタリアのパチョーリは未知数のことを"cosa"とし、ドイツのルドルフは"coss"としました。15〜16世紀には、他にもラテン語で"res"、フランス語で"chose"など、言語によって異なる名称が使われています。

日本でも昔は未知数として「甲乙丙丁」が使われたり、古代エジプトでは未知数を「アハ」と呼んだりと、未知数の呼び方には各地域の特色が表れています。

Pick Up!
計算記号の誕生①

● 代数の記号化が進んだ15～16世紀。計算記号はどのように生まれた？

日頃使っている数学記号にも、それらが定着するまでにいろいろな歴史がありました。15～16世紀にかけて誕生した、数学でよく使う4つの記号について見てみましょう。

＋の誕生

3＋5＝8や＋2℃のように使われる「＋」。この記号が登場したのは、ルネサンス初期の15世紀末でした。

14世紀
フランスのオレーム p.104 が、たし算の表記に「et」を使った。

オレーム

「et は and のラテン語版！」

1484年
フランスのシュケ p.117 が「プラス(plus)」を p̄ と略した。

「p は右のような形で書かれることもあり、この文字の下半分が記号化された説。」

2つの説がある

et が徐々に崩れていった説。

1489年（＋の誕生）
ドイツのヨハン・ヴィッドマン (Johannes Widman, 1460年頃～16世紀初め)が＋を使い始める。

シュティーフェル

「√ も含めてみんなドイツ製！」

「当時のヨーロッパでは、p や m が主流だったけど、自分が＋や－を普及させたよ。」

16世紀
たし算を表す記号として、＋が使われ始める。

－の誕生

＋の逆の計算として使われる「－」。3－1＝2や－2℃のように使われるこの記号も、＋と同じタイミングで使われ始めました。

3世紀
ディオファントス p.86 がひき算の記号として を使用する。

「指数では 3^{-2} を $3^{2.m}$ と表したよ。」

シュケ

「＋は利益や超過、－は借金や不足を表すために使ったよ。」

代数学の父です

ディオファントス

「たし算の記号は省略していました。」

「会計学でも、負の数の概念は必須！」

翻訳後も浸透せず

15世紀
シュケやイタリアのパチョーリ p.117 が「マイナス(minus)」を m̄ と略した。

パチョーリ

由来となる記号は同じだが、2つの説がある

「m̄ の横棒が由来という説。」

「m の文字が徐々に崩れていった説。」

1489年（－の誕生）
ヴィッドマンが－を使い始める。

ヴィッドマン

16世紀
ひき算を表す記号として、－が使われ始める。

√ の誕生

平方根を表す際に使われる根号√（ルート）。無理数の発見そのものは紀元前5世紀のギリシャ p.42 までさかのぼりますが、記号としての登場は7世紀のインドが始まりでした。

7世紀
インドのブラフマグプタ p.93 が、$\sqrt{2}$ を「c2」と表した。

ブラフマグプタ

無理数専用でした

cは「無理」を意味するサンスクリット語「carani」の頭文字です。

1202年
イタリアのフィボナッチ p.101 が、$\sqrt{13}$ を「radix de 13」と書いた。

フィボナッチ

『算盤の書』にて

radix は「根」を意味するラテン語。「radix de 4」のように、無理数でなくても使えたよ。

16世紀後半
イタリアのカルダノ p.120 が $\sqrt{108}$ を「$\mathcal{R}$108」と書いた。

radixのRとxをつなげた。

rの文字をくずした。

1525年（√の誕生）
ドイツのルドルフ p.117 が $\sqrt{8}$ を「√8」と表した。

ルドルフ

『未知数』で、平方根だけでなく、3乗根や4乗根も使ったよ。

円周率のルドルフ・ファン・ケーレン p.71 とは別人です

カルダノ

三次方程式の解の公式で必要でした。

ちなみに³√は、立方を意味するcubeを使って、cu.𝒦

17世紀
フランスのデカルト p.132 が横棒を伸ばして、今の√になった。

どこまでが根号の中かを明確化！

デカルト

$\sqrt{3x}$だと、$\sqrt{3}x$ と $\sqrt{3x}$ の区別がつかん

＝ の誕生

「等しい」を表す記号は、＋や－などと比べると、1つの式の中での登場回数が限られるため、記号の発達が少々遅れました。

3世紀
ディオファントスが「ι^o」を使った。

ディオファントス

詳しくは p.86 で

「相等しい」を意味するギリシャ語「ισοs」を略しました。

「等しい」を意味する各時代・各地域の言葉で等式をつないだ。

ヴィエト

発想はディオファントスと一緒！

ラテン語で「等しい」は、aequatur。略して「aeq.」で表したよ。

1557年（＝の誕生）
イギリスのロバート・レコード（Robert Recorde, 1510年～1558年）が『知恵の砥石』で「＝」を初めて使用した。
（＊レコードは長い平行線を使っていた）

3 + 2 ＝＝＝ 5

レコード

若いときは、錯角つきの平行線 ⟋⟋ を等号として使ったよ

2本の平行線以上に等しいものはないので、平行線を記号にしよう。

column 不等号（＜，＞）と等号否定（≠）

「等しくない」を意味する数学記号は「不等号」と「等号否定」の2種類。大小関係がはっきりしている場合には不等号を、単に等しくないことを表す場合には等号否定を使います。

不等号はイギリスのトーマス・ハリオット（Thomas Harriot, 1560年～1621年）が死後に出版された1631年の著書の中で、等号否定はスイスのオイラー p.152 が1757年の著書の中で初めて使用しています。

プログラミングでは、等号否定を「＜＞」と表す言語もあるよ。

3-2 近世イタリア 虚数の誕生

1495年〜1572年

ポイント
1. 16世紀に入り、イタリアで数学試合が行われ始めた。
2. カルダノが三次方程式の解の公式を発表した。
3. ボンベリが虚数について研究し始めた。

❶高次方程式の解の公式

代数記号が整備され始めたことで、イタリアで著しく発展したのは高次方程式の研究でした。当時流行していた**数学試合**も高次方程式の解法の発見に大きく貢献しています。

◆数学試合の流行◆

現在の学問の世界では、新たな発見や発明による名声や賞金は最初に発表した人にのみに与えられます。しかし近世のイタリアでは、先取権は一時的な富にしかならず、それよりも数学試合という決闘に勝つことが数学者としての評判を上げ、観客である富裕層からの賞金で生活水準を向上させることにつながりました。数学試合とは、数学者がお互いに問題を何問か出し合い、一定期間内に解けた問題数を競い合うというものです。

◆高次方程式の解の公式◆

数学試合では、相手の知らない公式を知っていることが勝負を有利にします。そのため、三次以上の方程式の解の公式を発明することは、数学試合での勝利やその先にある富と名声を手に入れることにつながりました。その三次方程式や四次方程式の解の公式 p.122 を見つけたのは、ジェロラモ・カルダノと、その弟子のルドヴィコ・フェラーリです。バビロニアで二次方程式の解法 p.20 が生まれて以来、約3000年ぶりに解ける方程式の次数が上がったのです。

いろいろあったけど… p.123

『アルス・マグナ』で三次方程式の解の公式を発表しました。

カルダノ

三次方程式の研究をしている中で偶然ひらめいちゃいました！

カルダノ様リスペクト

フェラーリ

column 三次方程式の解の公式は存在しないはずだった？

イタリアのルカ・パチョーリ p.117 は、1494年の著書の中で、どんな形の四次方程式なら解けるのかについて述べています。

パチョーリは、$ax^4 + bx^2 = cx$ の形の四次方程式、すなわち三次方程式 $ax^3 + bx = c$ は解けないと主張しました。当時のイタリアで影響力のあったパチョーリの主張から、三次方程式の解の公式は存在しないだろうと諦めてしまう数学者も多くいたようです。

解けない形の三次方程式があるため、解の公式は存在しない！

本当は解けたんだね。ゴメン

パチョーリ

1494年	16世紀前半～	1545年	1545年	1572年
イタリアのパチョーリが三次方程式の解の公式はないと述べる	イタリアで数学試合が流行し、三次方程式の研究が進む p.122	イタリアのカルダノが三次方程式の解の公式を発表する	イタリアのフェラーリが四次方程式の解の公式を発表する	イタリアのボンベリが虚数の計算方法について述べる

❷ 虚数の誕生

虚数 p.204

2乗すると負の数になる「虚数」。バビロニア p.20 で二次方程式が登場して以来、どの時代においても虚数解は存在しない解と見なされ、数学者たちは避け続けてきました。

◆三次方程式の解の公式での疑問◆ $\sqrt[3]{\ }$ p.195

虚数が表舞台に出てきたきっかけは、三次方程式の解の公式によりその存在を否定できなくなったことです。次の問題を見てみましょう。

> 三次方程式 $x^3 = 15x + 4$ を解きなさい。

この方程式を因数分解によって解こうとすると、
$$x^3 - 15x - 4 = 0$$
$$(x-4)(x^2 + 4x + 1) = 0$$
となり、$x = 4$ が1つの解として出てきます。しかし、三次方程式の解の公式 p.122 を使うと、
$$x = \sqrt[3]{2 + 11\sqrt{-1}} + \sqrt[3]{2 - 11\sqrt{-1}}$$
となり、$x = 4$ が出てこないのです。そこで、式の中で登場する $\sqrt{-1}$ の正体をしっかり理解する必要が出てきました。

カルダノ
「役に立たないのと同様に理解しがたい。」
「$\sqrt{-1}$ は僕の公式で出てくるけど…」

ボンベリ
「$\sqrt{-1}$ の正体見破ったり!」
「答えの4を出すために、$\sqrt[3]{\ }$ の中でどんな計算が成り立てばいいかを考えたよ。」

◆虚数が扱われるようになった◆

カルダノの弟子の1人であるラファエル・ボンベリは、1572年の著書の中で虚数を次のように扱いました。

ボンベリの『代数学』より

$+\sqrt{-1}$ を「正の負」、$-\sqrt{-1}$ を「負の負」と呼ぶ。

また、$\sqrt{-1}$ に関して、次のような計算方法が成り立つ。
$$\sqrt{-1} \times \sqrt{-1} = -1$$
$$\sqrt{-1} \times (-\sqrt{-1}) = 1$$

このような計算規則を持つ $\sqrt{-1}$ の存在が認識されたことにより、左の x は次のように計算されます。

$$x = \sqrt[3]{2 + 11\sqrt{-1}} + \sqrt[3]{2 - 11\sqrt{-1}}$$
$$= \sqrt[3]{(2+\sqrt{-1})^3} + \sqrt[3]{(2-\sqrt{-1})^3}$$
$$= 2 + \sqrt{-1} + 2 - \sqrt{-1}$$
$$= 4$$

カルダノの公式によって生じたものの、避けられてきた疑問がボンベリによって解消されたのです。

column 想像上の数「虚数」

実数 p.204

$\sqrt{-1}$ を現在では i と表し、この数を虚数単位 p.204 と呼びます。虚数(imaginary number)という言葉はデカルト p.132 が使い始め、虚数の記号 i はオイラー p.154 がつくりました。

この i について、$i^2 = -1$ という、現実世界の数ではあり得ない計算規則が成り立ちます。

● コイン投げで実数の2乗をイメージしてみると、2回同じ作業をして表面(正)になるのは、次の2パターン。

表を表に (正×正) → 表(正)

裏を裏返す (負×負) → 表(正)

● それに対し、虚数の2乗のイメージである、2回同じ作業をして裏面(負)になるにはコインをどうすればよいでしょうか?

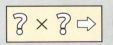

? × ? ⇒ 裏(負)

この答えはガウス p.171 が与えてくれました。

Pick Up!

三次方程式の解法は誰のもの？

1545年にカルダノによって発表された三次方程式の解の公式。しかし、この公式の発見を巡ってはニュートンとライプニッツ p.144 のような先取権争いが行われていました。

● ついに発見された三次方程式の解の公式。本当の発見者は誰？

デル・フェッロが特殊形を解く $\sqrt[3]{}$ p.195

三次方程式の解の公式を不完全ながらも形づくったのは、ボローニャ大学の数学者 **シピオーネ・デル・フェッロ**（Scipione del Ferro, 1465年〜1526年）です。彼は下のような特殊な形の三次方程式に解の公式を与えました。

> **三次方程式の解の公式（特殊形）**
> x の三次方程式 $x^3 = px + q$ の解は、
> $$x = \sqrt[3]{\frac{q}{2} + \sqrt{\left(\frac{q}{2}\right)^2 - \left(\frac{p}{3}\right)^3}} + \sqrt[3]{\frac{q}{2} - \sqrt{\left(\frac{q}{2}\right)^2 - \left(\frac{p}{3}\right)^3}}$$
> である。

デル・フェッロはこの成果を公表することなく、弟子のフィオーレと義理の息子のナーヴェに伝え、1526年にこの世を去りました。

タルタリアが名声を手に入れる

フィオーレが公式を授かってから約10年後、同じく三次方程式の解の公式を見つけたと言い張る **ニコロ・フォンタナ・タルタリア**（Niccoló Fontana Tartaglia, 1499年〜1557年）が現れます。そのことに懐疑的だったフィオーレは、1535年にタルタリアと数学試合を行いました。

（師匠の解法は2人だけのもの）俺にはデル・フェッロ師匠直伝の解の公式がある。負けるはずがない！ — フィオーレ

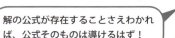

（俺の実力なら…）解の公式が存在することさえわかれば、公式そのものは導けるはず！ — タルタリア

数学の才能としては、解の公式頼みのフィオーレよりもタルタリアのほうが圧倒的に上。2日間にわたる試合中に、タルタリアは三次方程式の解の公式を本当に思いつき、彼の完全勝利で試合は終了しました。

30回分の晩ご飯のもてなしを約束していたけど、それは断りました。（名声だけで十分） — タルタリア

こうして、三次方程式の解の公式に関する名声は一時的にタルタリアのものとなったのです。

カルダノが公式を完成させる

タルタリアの噂を聞いたカルダノ p.120 は、解の公式を教えて欲しいとタルタリアに手紙で懇願します。1539年、カルダノはタルタリアを招いてもてなし、誓約書を書いたうえで解の公式を教わりました。

（異端者扱いされていたけど神に誓います）ようこそタルタリア様。秘密にすると約束するから解の公式を教えてください。 — カルダノ

（ウソついたら針千本飲ます）自分が三次方程式の解の公式に関する本を出すまで、公表は絶対にしないでね。 — タルタリア

カルダノ様に拾っていただきました。 — フェラーリ

その後、カルダノは弟子のフェラーリ p.120 と研究を重ね、解の公式を完全なものにしました。

> **三次方程式の解の公式（完全形）**
> x の三次方程式 $ax^3 + bx^2 + cx + d = 0$ は、$x^3 = px + q$ に変形することができるため、すべての三次方程式を解くことができる。

カルダノが公式を発表する

カルダノはタルタリアが解の公式に関する書籍を出版したら、それを引用する形で自分の成果を発表する予定でした。しかし、いつまで待ってもタルタリアが出版しません。

しびれを切らしたカルダノは、タルタリアよりも前にデル・フェッロという人物が解の公式を見つけていたと聞き、ナーヴェのもとを訪れ、解の公式はタルタリアよりも前にデル・フェッロが見つけていたことを確認します。タルタリアとの誓約書が意味のないものであったと判断したカルダノは、1545年に自身の著書『アルス・マグナ』で三次方程式の完全な解の公式を発表しました。

タルタリア vs. カルダノ一派

約束が破られたことに激怒したタルタリアは、翌年の著書でカルダノの背徳や家庭のことを暴露。これに激怒したのは、カルダノの弟子フェラーリです。1547年に挑戦状を送り、1548年に数学試合を行いました。

フェラーリは、四次方程式の解の公式を見つけ、『アルス・マグナ』で同時に発表するほどの実力者。そのため、数学試合はフェラーリの勝利で終わりました。これにより、三次方程式と四次方程式に関する功績はカルダノたちのものとして、後世に伝えられています。

1494年	ルカ・パチョーリが三次方程式の一般的な解法はないと述べる。
16世紀初め	デル・フェッロが解の公式(特殊形)を見つける。
1526年頃	デル・フェッロが晩年、フィオーレとナーヴェに解の公式(特殊形)を伝える。
1535年	タルタリアがフィオーレに数学試合で勝つ。
1539年	タルタリアがカルダノに解の公式(特殊形)を教授する。
1543年	カルダノがデル・フェッロの遺稿を見る。
1545年	カルダノが解の公式(完全形)を発表する。
1546年	タルタリアがカルダノを非難する。
1547年	フェラーリがタルタリアを非難する。
1548年	フェラーリがタルタリアに数学試合で勝つ。

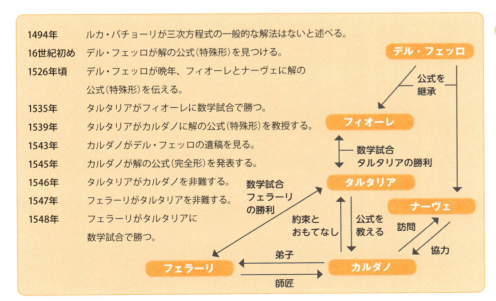

column ジェロラモ・カルダノ
～不幸で破天荒な数学者～

カルダノは母の不倫相手との子として生まれ、乳児の頃からペスト、天然痘、赤痢などにかかって何度も死にかけました。幼児期には両親の虐待にもあっています。

その後も皮膚病やヘルニアなど、いつも何らかの病気を抱えながら就いた職は医者でした。スコットランドの大司教の喘息の原因を突き止めたという実績も積んでいます。他にも、イングランド王の星占いをしたり、ギャンブルに関する本を書いたりとさまざまな活動をして生計を立てました。

多才で人生の逆転劇を見せたカルダノですが、自身の死亡日を予測し、その日に向けて断食をして死んだという晩年のエピソードもあります。

3-3 三角法と代数学の発展 — 近世フランスなど

1515年～1596年

ポイント
1. コペルニクス一派が細かな三角比の表を作成した。
2. ヴィエトが既知数にも文字を使用し始めた。
3. ヴィエトが三角関数のさまざまな相互関係式を導いた。

❶ 三角法の発展　三角比・三角関数 p.202

ルネサンス期においても天文学への興味は尽きず、三角法(三角比、三角関数)の完成度が上がっていきました。

◆コペルニクス一派の活躍◆

地動説を唱えたことで有名な**ニコラウス・コペルニクス**(Nicolaus Copernicus,1473年～1543年)とその弟子が3代にわたって、天文学で必要な三角法をより細かく整備していきました。

天動説は間違い。地動説が正しい！
コペルニクス

レギオモンタヌス p.116 の三角比表に影響を受けたよ。

コペルニクスの弟子です
(ゲオルク)レティクス
1514年～1574年

ヒッパルコス p.75 以来の、弧と辺の長さで表された三角比の定義を一新！

レティクスの弟子で、ケプラー p.130 の師匠

三角比の値を小数第7位まで求めました。

(ヴァレンティン)オトー
1529年～1594年

◆10進小数が使用された◆　n進小数 p.200

オトーが三角比の精度を高めることができた理由の1つとして、10進小数の使用があります。これまでの60進小数や分数から10進小数になったことで、計算のしやすさが飛躍的に向上しました。

60進小数		10進小数
0.04　30	=	0.075
$\frac{4}{60} + \frac{30}{3600}$		

大きさもわかりやすい！

60進小数			10進小数
0.52　25　30		=	0.87375
$\frac{52}{60} + \frac{25}{3600} + \frac{30}{216000}$			

ありがとうフィボナッチ。ありがとうブラフマグプタ

10進小数、わかりやすい！計算の正確さやスピードが全然違う！

オトー

また、ヴィエトも1579年の著書で、6種類の三角比の表を1分($\frac{1}{60}$度)刻みで作成しています。彼は三角関数の相互関係にも重点を置きました。

column シモン・ステヴィン～現在の小数を広めた軍人～

10進小数の利便性を万人に広めたのは、ベルギー出身でオランダ軍隊の経理部長を務めたシモン・ステヴィンです。彼が1585年に書いた『十進法』では、次のように小数を表しています。

3.14 → 3⓪1①4②	
0.075 → 0⓪7①2②5③	
12345.6789 → 12345⓪6①7②8③9④	

小数第○位の数字を隣に書くイメージ。⓪は小数点のようなものだね。

10進小数をバラせました
ステヴィン

column 6種類の三角比　sin・cos・tan p.202

ヴィエトが作成した表に載っている三角比は次の6つ。高校数学で学ぶsin、cos、tanに加え、csc(コセカント)、sec(セカント)、cot(コタンジェント)が定義されました。

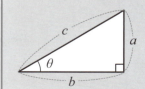

$\sin\theta = \frac{a}{c}, \cos\theta = \frac{b}{c}, \tan\theta = \frac{a}{b}$

$\csc\theta = \frac{c}{a}, \sec\theta = \frac{c}{b}, \cot\theta = \frac{b}{a}$

分母と分子が逆

1515年	1551年	1579年	1585年	1591年	1593年	1593年	1596年
ポーランドのコペルニクスが三角比表を研究し始める	オーストリアのレティクスが三角比の定義を現代風に変える	フランスのヴィエトが6種類の三角比の表を作成する	オランダでステヴィンが10進小数の利便性を紹介する	ヴィエトが『解析法入門』で既知数も文字で表し始める	ヴィエトがπを無限級数で表す	ヴィエトがルーメンの問題を解く	ドイツのオトーが三角比の表を小数第7位まで求める

❷ヴィエトの代数学

16世紀にイタリアで発展した代数学を、17世紀に向けてさらに発展させたのが**フランソワ・ヴィエト**です。

◆現代代数学の父◆ 未知数・既知数・一般化 p.194

これまでの代数学では、未知数に ζ p.86 やcoss p.117 などの記号が使われていたものの、既知数には具体的な数が使われていました。ヴィエトは既知数にも文字を使い、式の一般化に成功しました。

これまで
$2x^2+5x-4=0$ の解は、$x = \dfrac{-5 \pm \sqrt{5^2-4 \times 2 \times (-4)}}{2 \times 2}$

一般化（ヴィエトの記法）
$BA^2+CA+D=0(B \neq 0)$ の解は、$A = \dfrac{-C \pm \sqrt{C^2-4BD}}{2B}$

つまりXは既知数
ヴィエト

僕はAやEなどの母音を未知数、BやCなどの子音を既知数にしたよ。

1637年の『方法序説』にて p.132

x, y, z や a, b, c を使い始めたのは私です。
デカルト

◆三角比を級数で表した◆ 級数 p.212

天文学者たちと並んで、三角比の表を作成したヴィエトでしたが、彼のアプローチは天体観測ではなく数式によるものでした。ヴィエトは三角関数どうしをつなぐ等式をいろいろと導いていたのです。

三角関数の公式（一部） sin・cos p.202

- $\sin x + \sin y = 2\sin\dfrac{x+y}{2}\cos\dfrac{x-y}{2}$
- $\sin 2x = 2\sin x \cos x$

「和積の公式」や「2倍角の公式」と呼ばれる公式を初めて一般化したよ。

法則自体はプトレマイオス由来 p.79

ヴィエト

さらにヴィエトはこれらの式を発展させ、2倍角の公式の「2」まで一般化しました。

n倍角の公式 C p.210

$\sin nx = {}_nC_1 \cos^{n-1}x\sin x - {}_nC_3\cos^{n-3}x\sin^3 x$
$\qquad + {}_nC_5 \cos^{n-5}x\sin^5 x - \cdots$

来たる17世紀の幕開けにふさわしい無限級数表示です。また、ヴィエトは円周率πも無限級数で表しており、円周率の近似値研究 p.71 についても17世紀の先駆けとなっています。

column フランソワ・ヴィエト 〜フランスの切り札〜

暗号解読中

ヴィエト

ヴィエトが若い頃に起こった、イタリアの支配をめぐるスペインとフランスの戦争。彼はスペインの暗号を解読し、スペインからは「悪魔の仕業」と言われるほど恐れられました。

また、1593年にベルギー大使が自国の数学者ルーメンの出した問題を使って、フランスを見下してきたとき、ヴィエトは、倍角の公式を応用してルーメンの問題を簡単に解いたのです。

フランスにこの問題が解ける数学者いる？
ベルギー大使

まぁいないよね。難しいもんね〜w

余裕っす
ヴィエト

三角関数で考えればすぐだよ！

以上の2つのエピソードからもわかるとおり、ヴィエトは当時のフランスの国力を誇示する働きを見せたのでした。

3-4 近世イギリスなど 対数の誕生

1500 ～ 1600　1588年～1627年

ポイント
❶ イギリスで、大きな数を扱う計算が必要になった。
❷ ネイピアが対数を定義し、大きな数の計算を簡単にした。
❸ 対数は、瞬く間にヨーロッパ中に広がっていった。

❶対数が生まれるまで　対数 p.206

大きな数どうしのかけ算を簡単に行える対数。この概念は突如現れたわけではなく、しかるべき背景と歴史がありました。

◆膨大な天文計算◆　三角比・sin p.202

イギリスが遠方航海に力を入れ始めた16世紀末、安全な航海のために細かい天文計算が要求されました。オトー p.124 が三角比の表を非常に高い精度で作成したこともあり、当時の天文計算では10桁のかけ算や平方根などが当たり前のように使われていました。この大変な計算を少しでも楽にして、天文学者の負担を減らそうと立ち上がったのが、ジョン・ネイピアです。

◆2つのヒント◆　三角関数・cos p.202　指数法則・べき乗 p.206

ネイピア以前の時代に、かけ算をたし算にするヒントがありました。それが、シュティーフェル p.117 のべき乗表とヴィエト p.125 の積和公式です。

シュケ p.117 がつくった0乗から20乗の表を負の数まで拡張したよ。
シュティーフェル

三角関数の積和公式（一部）
$2\sin A\sin B = \cos(A-B) - \cos(A+B)$

小数点以下10桁どうしのかけ算がひき算になったよ
sinとsinの積が、cosの差で表せるよ！
ヴィエト

特にシュティーフェルのべき乗表からわかる指数法則は、ネイピアが対数を考えるうえで大きなヒントとなりました。また、ステヴィン p.124 が平方根は $\frac{1}{2}$ 乗と同義であると示したのも対数誕生の追い風となりました。

シュティーフェルのべき乗表

指数	-3	-2	-1	0	1	2	3	4	5	…	20
2のべき乗	$\frac{1}{8}$	$\frac{1}{4}$	$\frac{1}{2}$	1	2	4	8	16	32	…	1048576

上の行はたし算、下の行はかけ算

column　0の0乗はいくつ？　底 p.206

0^n の表を作成してみると、以下のようになります。

n	5	4	3	2	1	0
0^n	0	0	0	0	0	

この表からは、$0^0 = 0$ が予想されます。

しかし、シュティーフェルのべき乗表や指数法則を参考に、n^0 の表を作成してみると、異なる視点が生まれます。

n	5	4	3	2	1	0
n^0	1	1	1	1	1	

このように、指数を0に近づけるか、底を0に近づけるかで結果が異なります。そのため、0^0 は「定義できない」と主張される一方、計算の都合上は「1」と定義されることもある、不思議な数となっているのです。

1588年	1594年	1614年	1617年	1619年	1620年	1627年
イギリスがスペインの無敵艦隊を破り、長距離航海が盛んになる	イギリスのネイピアが対数の研究を始める	ネイピアが『対数の驚くべき規則の叙述』で対数の概念を発表する	イギリスのブリッグスが常用対数を提案する	イギリスのスパイデルが三角関数の自然対数を導く	スイスのビュルギが独自に対数を発見する	オランダのヴラックが10万までの常用対数表を作成する

❷対数の誕生

ネイピアが logos（比）+ arithmos（数）からつくった logarithm（対数）。「人工数」とも呼ばれたこの数はどのようにして生まれたのでしょうか？

◆ネイピアの対数◆ log p.206　常用対数・自然対数・e p.207

グラフの概念が未発達のこの時代、ネイピアは幾何学的に対数を定義しました。

ネイピアの対数の定義

線分ABと半直線CDをひく。
動点P、QはそれぞれA、Cを同時に出発し、PはBまでの残り距離に比例して減速、Qは等速で動く。
このとき、距離 $y=CQ$ を距離 $x=PB$ の対数と呼ぶ。

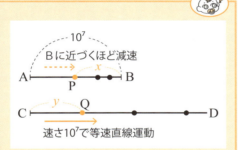

この定義に従うと、10^7 の対数が0となる対数体系ができ上がります。現在よく使われている常用対数や自然対数とは形が異なるものの、かけ算をたし算に直せることに変わりはなく、対数の発明は天文学者たちの労力を大幅に減らしました。

現在の記法だと
$$y = -10^7 \log_e\left(\frac{x}{10^7}\right)$$

ネイピア

ネイピアは、天文学者の寿命を2倍にした。

18〜19世紀の数学者です p.167

ラプラス

◆対数は急速に広まった◆

対数の有用性は瞬く間にヨーロッパに広がり、ネイピアが対数の概念を発表した1614年以降、さまざまな人たちが対数の発展に貢献しました。

スコットランドのネイピアの自宅まで会いに行きました

1561年〜1630年
（ヘンリー）ブリッグス

晩年のネイピアとともに底が10の常用対数を提案したよ。

本業は書籍出版者

1600年〜1667年
（アドリアン）ヴラック

1から100000までの常用対数表を作成し、3世紀ほど使われました。

著書の中で三角関数の対数表を作成しました。

本業は数学教師

1600年〜1634年
（ジョン）スパイデル

ネイピアの発表からヴラックの常用対数表までわずか13年。このことからも、対数の需要が高かったことがわかります。

column ヨースト・ビュルギ〜一足遅かった数学者〜

ネイピアが対数の研究を始めたのは1594年でしたが、スイスの数学者・天文学者のヨースト・ビュルギ（Jost Bürgi, 1552年〜1632年）はその6年前から対数の研究を始めていました。ビュルギは天文機器を製作するうえで必要な計算に対数を使用し、1620年に、対数についてまとめた『算術数列及び幾何数列表』を出版。ネイピアより6年遅かったため、対数の発見者はネイピアとなっていますが、ビュルギも同程度の功績を残していたのです。

もっと早く出版していれば…。

無念…

ビュルギ

Pick Up!
計算器具の発達
● ネイピアは天文学者だけでなく、数学者の寿命も延ばした

アラビア数字が伝わり、アバクス p.81 の代わりに筆算が使われるようになったヨーロッパ。しかし、技術の進歩と共に扱う数も大きくなり、ミスなく素早く計算できる器具の需要が高まりました。

ネイピアの骨

数学者や商人は、複雑な計算を筆算による手作業で行っていたため、ミスが目立っていました。そこで、ネイピア p.126 は死の直前の1617年に、**ネイピアの骨**と呼ばれる携帯計算機を発明しました。ネイピアの骨とは、次のような道具一式を指します。

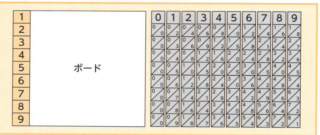

ネイピアの骨はボード（左）と棒10種類（右）のセットでできている。棒に関しては1種類あたり複数本用意されており、棒をボードに並べることで計算ができる。

かけ算とわり算の筆算の補助器具といった立ち位置で、自動的に結果が出るというものではありません。実際にかけ算を行ってみましょう。

ネイピアの骨で 135×43 を計算する

① 1, 3, 5の棒をボードの左端から並べる

② 3の行を見て、右端から斜めに和を出し、繰り上がりに注意しながら各位の数字を求める

③ 4の行を見て、②と同様に計算する

④ ③を10倍した数と②をたす

```
  0405
+ 0540
  5805
```

斜めの計算をするのがミソ

フワーリズミーの筆算 p.95 を応用したよ。

ネイピア

ネイピアの骨により、九九表を覚えていなくてもすばやく計算することが可能になりました。

計算器具の開発競争

ネイピアの骨をはじめ、17世紀前半にはいろいろな計算器具や計算機械が誕生しました。

年	器具	開発者	用途
1606	計算用セクター	ガリレオ・ガリレイ p.130	砲弾の発射角を求めるために開発され、やがて測量などでも使われた。
1620	ガンター尺	エドマンド・ガンター	数を対数に変換するために使われた。
1622	計算尺	ウィリアム・オートレッド p.129	ガンター尺を改良し、2本の尺をスライドして計算もできるようにした。
1645	加算器	ブレーズ・パスカル p.138	0 から 9 までの10個の歯車を回転させることで、たし算とひき算が自動でできる初の計算機械となった。

これらのアイデアが現在の電卓やコンピュータにつながっています。

column 自分のためにも頭を使ったネイピア

ネイピアは隣人の飼っている鳩が、自分の庭の豆を食い荒らすことに悩んでいました。隣人に「もしまた豆を食べるようなことがあれば、捕まえるぞ」とけん制したものの、その隣人はどうせできないだろうと思い、「どうぞ」と挑発。

次の日、ネイピアはワインを染み込ませた豆をまき、鳩を酔わせた上で簡単に捕まえてしまいました。

悩みの種を解決！
これで研究に集中できる
ネイピア

Pick Up!
計算記号の誕生 ②

● 「×」や「÷」は、「＋」や「－」よりも1世紀遅れて誕生！

17世紀に入ってから、かけ算記号「×」とわり算記号「÷」が生まれました。これら2つの記号は、それぞれどのように生まれ、定着したのでしょうか？

「×」の誕生

かけ算の考え方そのものは、古代エジプトの「2倍法」やバビロニアの「積表」 p.23 にまでさかのぼることができます。しかし、記号の誕生は17世紀まで待つことになりました。

中世
整数のかけ算で交差する斜め線が使われた。

12×53の場合なら、
百の位は 1×5＝5。
十の位は 1×3＋2×5＝13。
一の位は 2×3＝6。
よって、
100×5＋10×13＋1×6＝636

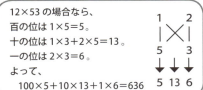

16世紀
分数のたし算で交差する斜め線が使われた。

$\frac{3}{4}+\frac{2}{5}$ の場合なら、
分子は 3×5＋2×4＝23。
分母は 4×5＝20。
よって、$\frac{23}{20}$

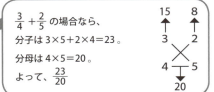

ネイピア p.126 の英訳書を書きました。
彼の論文はラテン語でした
ライト

1618年
イギリスのエドワード・ライト（Edward Wright, 1561年〜1615年）が、斜め線の代わりに「X」を使う。

12×53の場合なら

『数学の鍵』という本で使ったよ。
オートレッド

1631年（×の誕生）
イギリスのウィリアム・オートレッド（William Oughtred, 1574年〜1660年）が、「×」を使い始める。

「÷」の誕生

わり算は分数で表すことができるため、記号「÷」がそもそも必要とされませんでした。現在でも、分数を意味する「/（スラッシュ）」や、比でも使う「：（コロン）」を「÷」の代わりに用いている地域は珍しくありません。

1524年
ドイツのアダム・リース（Adam Ries, 1489年〜1559年）がひき算の記号として、「÷」を使用した。

ドイツの算法教師です
cossブームに乗っかって書いた本で「÷」を使ったよ。
リース

影響を与えたかは不明

1655年（÷の誕生）
スイスのヨハン・ハインリヒ・ラーン（Johan Heinrich Rahn, 1622年〜1676年）が、割り算の記号として、「÷」を使い始める。

6÷2＝3って、6から2を3回ひけるってことだよね
わり算は分数のことで、$\frac{○}{○}$ の形で表されるから、「÷」を使ったよ。
ラーン

column かけ算の記号「×」への批判

イギリスのオートレッドが「×」を使ったものの、すでに15世紀のイタリアでは「・」がかけ算の記号として使われていました。オートレッドが「×」を使い始めた直後も、イギリス内外問わず、その使いづらさに批判が出てきました。

オートレッドの記号があまりに小さいので、x と間違う。
ウォリス（イギリス）

私はかけ算の記号として、×を好まない。容易にXと間違うからだ。
ライプニッツ（ドイツ）
ニュートンは×を好んだらしいけど

前5000　　　前1000　　　0　　　400　　　800　　　1200　　1300　　1400　　1500　1600　　1700　　1800　　1900　　2000
　　　　　　　　　　　　　　　　　　　　　　　　　　　　　　　　　　1586年～1647年

3-5 近世イタリアなど 無限への再挑戦

ポイント
1. 古代ギリシャ由来の無限小の議論が再開した。
2. カヴァリエリが無限小の考え方から面積や体積を求めた。
3. カヴァリエリの考え方は積分の理論の土台となった。

❶ 無限小の再定義

古代ギリシャにおいて、デモクリトス p.44 が提案した無限小の理論。ゼノンたちに批判され、避けられてきた無限の研究が約2000年後の16世紀末に再燃しました。

◆発端はステヴィン◆　重心・中線 p.199　無限小 p.213

最初に無限小の必要性を世に知らせたのが、10進小数の記法で当時影響力のあったステヴィン p.124。彼は、三角形の重心が中線上にあることの証明を、無限小の概念を利用して行いました。

三角形の重心が中線上にあることの証明

△ABCで、中線AMと平行な辺を持つ多数の平行四辺形を内接させる。このとき、左右対称な図形はつり合っていることから、各平行四辺形の重心はAM上にある。

平行四辺形は△ABC内に無限個内接させられ、個数が多いほどその面積和は△ABCの面積に近づくため、△ABC の重心もAM 上にある。

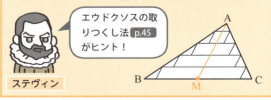

エウドクソスの取りつくし法 p.45 がヒント！

ステヴィン

◆天文学でも必要とされた◆

数学や物理学にとどまらず、天文学でも無限が必要とされました。1609年にヨハネス・ケプラー（Johannes Kepler, 1571年～1630年）が発表した楕円軌道の理論の中で使用されています。

ケプラーの第1法則・第2法則

- 惑星は楕円軌道上を動く。
- 惑星と太陽を結ぶ線分が、同じ時間に動いてできる領域の面積はどこでも等しい。

赤い部分の面積を、無限個の線分から求めたよ。

太陽に近いほど、惑星は速く動くよ

ケプラー

この時代、同じ天文学者であるガリレオ・ガリレイ（Galileo Galilei, 1564年～1642年）も無限の大きさについて思考を巡らせており、無限が数学者内外問わずブームになっていました。

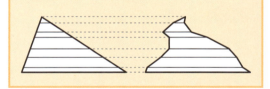

平方数の個数は、自然数の個数より少なくない！

カントールと同じ考え方をしました p.188

ガリレイ

◆カヴァリエリの原理◆

ガリレイの弟子であるボナヴェントゥラ・カヴァリエリは、ケプラーから刺激を受け、無限小に対する考え方を形にしました。デモクリトスに由来する、カヴァリエリの最も有名な功績が以下の考え方です。

カヴァリエリの原理（平面）

2つの平面図形において、底面と平行な直線で切った切り口の線分の長さがつねに等しいとき、2つの図形の面積は等しい。

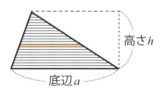

カヴァリエリは三角形の面積を求める際も、底辺と平行な線分を図形内に無限個引き、引いた線分の長さの和から、面積公式を導いています。

$\frac{a}{2}$ の長さが∞個。高さが無限分割されているから、$\frac{a}{2} \times \infty \times \frac{h}{\infty} = \frac{ah}{2}$

∞と∞を約分するイメージ

カヴァリエリ

130

1586年	1609年	1632年	1635年	1641年頃	1644年	1647年
オランダでステヴィンが三角形を平行四辺形で取りつくす	ドイツのケプラーが「ケプラーの法則」を発表する	イタリアのガリレオ・ガリレイが無限について述べる	イタリアのカヴァリエリが「カヴァリエリの原理」を発表する	イタリアのトリチェリが無限に続く立体の体積が有限値となることを示す	トリチェリがサイクロイド下部の面積を求める	カヴァリエリが現在の積分公式と同様の式を導く

❷微分積分への土台   積分・∫ p.214

カヴァリエリが示した無限小の考え方は、その後の積分につながるものでした。

◆積分公式と同様の考え方◆

カヴァリエリは、線分の長さを高さ h の関数として見ると、現在の積分公式が得られることに気づきました。

右のような1辺 a の直角二等辺三角形で、高さ h における線分の長さは h。0から a まで h が変化する際の線分の和が直角二等辺三角形の面積になるので、現在の積分記号を使うと、以下のように表せます。

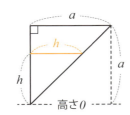

カヴァリエリが気づいていた積分公式

$$\int_0^a h\,dh = \frac{1}{2}a^2$$

ほとんど同じ頃に、フェルマー p.134 もこの結果を導いていました。

二次元から n 次元に発展させ、
$$\int_0^a h^n\,dh = \frac{1}{n+1}a^{n+1}$$
も求めたよ。

錐体の体積の $\frac{1}{3}$ も導けるよ

カヴァリエリ

◆曲線で囲まれた面積◆

ガリレイの弟子であるエヴァンジェリスタ・トリチェリは、サイクロイド p.150 という特殊な曲線に囲まれた部分の面積も求めました。サイクロイドというのは、円を直線上で回転させたとき、この円の円周上に固定された点が描く軌跡（右図）のことで、トリチェリは兄弟子のカヴァリエリの手法にならい、面積を無限個の線分に分けて考えています。

◆厳密な無限はまだ扱えず◆

カヴァリエリやトリチェリの無限に対する手法は、まだまだ厳密さを欠いていたものの、その後の微積分を発展させる格好の下地となりました。無限の概念が厳密に定義されるのは19世紀まで待つ必要があります。

スタート　　　ゴール（1周）

きれいな値

円の半径が1なら、赤い曲線の下部の面積は 3π なんです！

トリチェリ

約40年後！ p.142

積分の計算で、利用させていただきます！

ライプニッツ

約200年後！ p.169

$\varepsilon - \delta$ 論法で厳密性を補ったよ。

コーシー

column トリチェリのトランペット（別名：ガブリエルのラッパ）

反比例 $y = \frac{1}{x}$ のグラフで、$1 \leq x$ の部分を x 軸のまわりに1回転させてできる立体をトリチェリのトランペットと言います。トリチェリは、無限に伸びるこの立体の体積が有限であることを示しました。表面積は無限大ですが、体積はなんと π となります。この計算結果まで得られていたかは謎ですが、トリチェリが無限の扱いに慣れていたことがわかる功績として、彼の名が冠せられています。

大天使ガブリエルのラッパにもたとえられたよ。

トリチェリ

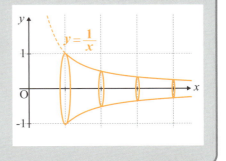

3-6 近世フランス ルネ・デカルト

ポイント
1. 図形を座標上で考える解析幾何学を確立した。
2. 円錐曲線をはじめ、複雑な図形を方程式で表した。
3. 方程式そのものも研究し、解の種類について考察した。

❶デカルトってどんな人？　未知数・既知数 p.194

「近代哲学の父」と呼ばれるフランスの数学者**ルネ・デカルト**は、フランス西部にあるラ・エーで生まれました。1616年にパリに向かい、そこで生涯交流することになる**マラン・メルセンヌ**（Marin Mersenne,1588年～1648年）と出会います。デカルトは、1637年に主著『**方法序説**』に『幾何学』を付録させ、そこで解析幾何学という数学の分野を創始しました。他にも、数式において現在と変わらない文字の使い方 p.125 をし、現代の代数学を形づくったことでも知られています。

❷デカルトの功績　円錐曲線 p.208

16世紀末にヴィエト p.125 が発展させた代数的思考を、デカルトはアポロニウスの円錐曲線論 p.72 などの幾何学に応用しました。

◆代数と幾何をつなげた◆

デカルトの主要な功績は解析幾何学を始めたことです。**解析幾何学**は座標を用いて代数的に図形を調べる学問で、デカルトは図形を方程式に落とし込むことに注力しました。この代数と幾何をつなげるというアプローチは、『幾何学』が出版される以前にフェルマー p.134 も気づいており、デカルトは執筆中にその知らせを聞いて一時愕然としたと言われています。

アポロニウス「まさか円錐曲線を方程式で表すことができるなんて考えもしなかった。」「ついに私の成果が超えられる…」

メルセンヌ「手紙がきた」「デカルト君、フェルマー君が解析幾何学を始めたってよ。」

デカルト「『解析幾何学の創始者』の名は譲らない！」「で、でも出版は自分が先！」

デカルトゆかりの地

ストックホルム／オランダ／パリ／ノイベルク／ラ・エー／ポワティエ

「フランス西部のラ・エーで誕生！」
「未知数に x, y, z、既知数に a, b, c を使ったのは自分です！」

column 座標のヒントはハエ？

デカルトは1617年から知見を広げるために軍隊に入隊。ドイツのノイベルクでテント泊をしていた1619年11月10日、彼は飛んでいるハエの夢を見たとされています。その夢の中で、飛んでいるハエの位置を数値で表す方法を思いつき、それが座標の考え方につながったと言われているのです。

デカルト「横・縦・高さの3つの方向を考えれば、ハエの位置を数値化できる！」

1596年	1614年	1616年	1619年	1637年	1649年	1650年
デカルトがラ・エーで生まれる	ポワティエ大学に入学。法律の学位を目指す	大学を卒業。パリでメルセンヌと出会い、文通を始める	軍の駐屯地でハエの夢を見る。この頃から数学への興味が高まる	主著『方法序説』とともに『幾何学』を出版。解析幾何学を確立する	スウェーデン女王クリスティーナに招かれ、彼女の家庭教師になる	肺炎にかかり死亡する

◆曲線を方程式で表した◆

座標上にグラフを描くことは、すでに14世紀のオレーム p.104 が行っていました。しかし、図形を座標上に描き、方程式で表したのはデカルトやフェルマーが初めて。特にデカルトは曲線を方程式で表すことに注力しました。

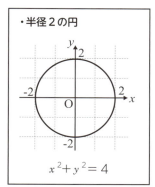

・半径2の円
$x^2+y^2=4$

幾何 ⇄ 代数
図形のみの思考から解放
計算に図形的な意味を付与

◆デカルトの符号法則◆ 虚数 p.204

デカルトは方程式の解を、真根（正の解）、偽根（負の解）、虚根（虚数解）に分け、与えられた方程式の項からそれぞれの解の個数を調べる方法を編み出しました。

デカルトはこの法則を証明しなかったものの、方程式に対しても鋭い考察を残したのです。

この法則はガウスによって、より深く研究されました。

ありがとう帝王 p.170

デカルト

デカルトの符号法則

方程式の項を次数の高い順に並べたとき、真根の個数は係数の符号の変化の数に等しいか、それより偶数個少ない。

$x^3+x^2-x-1=0$
+から+ +から− −から−
真根は1個（実際の正の解は $x=1$ のみ）。

$x^3-x^2+x-1=0$
+から− −から+ +から−
真根は3個か1個（実際の正の解は $x=1$ のみ）。

column マラン・メルセンヌ〜歩く科学雑誌〜

メルセンヌ素数 p.58 で有名な修道士マラン・メルセンヌ。彼はデカルトのみならず、ガリレイやフェルマーなど230人以上の数学者と交流し、集めた情報を広める役割を担っていました。彼がいなければ、フランス数学界は秘密主義を貫いたままで、他国に遅れをとっていたと考えられています。

三十年戦争中、隠居していても、メルセンヌとだけは文通をしていました。
デカルト

いつも研究状況を教えてくれてありがとうございます。
メルセンヌ

column 虚弱体質による影響

デカルトは生まれつき虚弱体質で、朝寝坊することが学校から認められているほどでした。そのため、ベッドで思索にふける時間が長く、当時の世界観に疑念を抱くきっかけとなりました。

『方法序説』で有名になったデカルトは晩年、スウェーデンの女王の家庭教師をすることになります。女王への講義のために早起きをし、寒さに耐えて生活をしていたことで肺炎になり、53歳という若さで亡くなりました。

我思うゆえに我あり
スヤ…
デカルト

デカルトは円錐曲線だけでなく、自分の名を冠する「デカルトの正葉線」という曲線も方程式で研究しています。

・デカルトの正葉線
$x^3+y^3-6xy=0$

元々は基準となる2本の軸が直交しない座標で考えていました。
今はx軸とy軸が直交するものだけど
デカルト

3-7 近世フランス ピエール・ド・フェルマー

ポイント
1. デカルトよりも先に解析幾何学を始めていた。
2. 微分積分と同じ方法で、接線や面積を考察した。
3. 数論に興味を持ち、「無限降下法」を自在に操った。

❶ フェルマーってどんな人？

フランス南部のボーモン＝ド＝ロマーニュの裕福な家庭で誕生したピエール・ド・フェルマー。学生時代にボルドーやトゥールズ、オルレアンで勉強して法律家となったフェルマーは余暇に数学の研究をしていました。メルセンヌ p.132 と文通をしながら、フランスの最先端の数学を仕入れつつ自身の知識も提供。ただ、フェルマーは本業が忙しく、議論を呼びそうな証明や本の出版をほとんど行いませんでした。

❷ フェルマーの功績

アマチュア数学者といえど、メルセンヌを通じて当時のフランス数学界に与えたフェルマーの影響は大きなものでした。彼の名が多く残る数論のみならず、解析幾何学、微分積分、確率論など功績は多岐にわたります。

◆ 方程式を曲線で表した ◆ a^{-1} p.206

座標上で図形を研究する分野である解析幾何学は、デカルト p.132 が始めたと言われていますが、メルセンヌとのやり取りから、デカルトが公表する8年前にフェルマーはその考え方に至っていたとわかっています。彼は特に方程式 $y = x^n$ に興味を持ち、そのグラフを座標平面上で表しました。

自分もフェルマーと手紙のやり取りをしました。
パスカル
おかげさまで確率論確立 p.139

- $y = x^n$ のグラフ

$$\begin{bmatrix} y = x^2 \ (n=2) と \\ y = \dfrac{1}{x} \ (n=-1) \end{bmatrix}$$

ちなみに、
nが正のときのグラフを
「フェルマーのパラボラ」、
nが負のときのグラフを
「フェルマーのハイパボラ」
という。

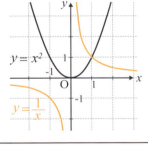

column マウントをとりまくった

多忙なフェルマーは他の数学者との手紙のやり取りでも「証明は手紙で書くには長すぎる」などと言い、証明を省きました。それにもかかわらず、フェルマーは数学者たちに自身の発見や問題を送りつけ、彼らの実力を試していたのです。そのため、デカルトをはじめとする数学者たちからは「ホラ吹き」などと呼ばれてしまいました。

チミたち、定理を送るから証明してごらん。法律家のボクでもわかるくらい簡単だよ。
フェルマー

本当は証明できないんじゃないの!? ホラ吹きめ！
数学者たち

デカルトと逆で、方程式から曲線を考えたよ。
だから図形がシンプル！
フェルマー

1607年	1620年代後半	1629年	1631年	1652年	1654年	1665年	1670年
フェルマーがボーモン＝ド＝ロマーニュで生まれる	ボルドーでヴィエトの弟子たちと数学を学ぶ	解析幾何学の考え方で、曲線の研究をする	オルレアンで法学の学位を修得し、トゥールズで職務につく	ペストにかかり、一時は死にかける	パスカルと文通をし、確率論が始まる	カストルで死亡する	息子のサミュエルが父の生前のメモをまとめた『算術』を出版する

◆曲線の接線と下部の面積◆ 微分 p.213　積分 p.214

フェルマーは現在の微分積分とほとんど同じ手法で、曲線の接線や曲線の下の部分の面積を求めました。

- $y = x^2$ の $x = 1$ における接線

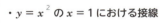

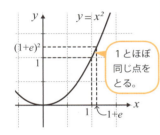

1とほぼ同じ点をとる。

接線

傾きは次のように計算できる。
$$\frac{(1+e)^2 - 1}{e} = 2 + e$$
$e = 0$ とすれば、傾きは2とわかる。

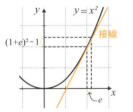

- $y = \dfrac{1}{x^2}$ の $1 \leqq x$ の下部の面積

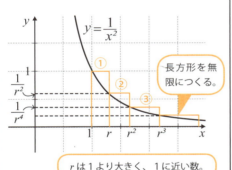

長方形を無限につくる。

r は1より大きく、1に近い数。

①、②、③の長方形の面積は
① $1 \times (r-1) = (r-1)$
② $\dfrac{1}{r^2} \times (r^2 - r) = \dfrac{1}{r}(r-1)$
③ $\dfrac{1}{r^4} \times (r^3 - r^2) = \dfrac{1}{r^2}(r-1)$

なので、これらを無限にたしていく p.212 と、
$(r-1)\left(1 + \dfrac{1}{r} + \dfrac{1}{r^2} + \cdots\right) = (r-1) \times \dfrac{r}{r-1} = r$
となり、$r = 1$ とすれば面積は1とわかる。

フェルマーはこの2つの考え方が逆の関係であることに気づいていなかったため、残念ながら微分積分の創始者として名を馳せることはできませんでした。

◆無限降下法◆ 背理法 p.196

フェルマーがディオファントスの『算術』に刺激を受け、最も力を入れたのが数論。**無限降下法**という証明方法を多用し、自身が見つけた定理のいくつかを証明しました。無限降下法がどのような方法かを見てみましょう。

> **すべての自然数は2で無限回割ることができないことの証明**
> ある自然数 a が2で無限回割れると仮定する。
> このとき、a を2で1回割ると、$b = \dfrac{a}{2}$ ができる。
> 次に、b を2で1回割ると、$c = \dfrac{b}{2}$ ができる。
> これを繰り返していくと自然数が $a > b > c > \cdots\cdots$ と無限に小さくなるが、自然数の最小値は決まっているので矛盾。
> よって、すべての自然数は2で無限回割ることができない。

背理法のような証明方法だよ。

数論で使える！

フェルマー

フェルマーはもっと高度な問題にこの方法を使い、珍しく手紙に証明を書き添えたこともあるほど、無限降下法を気に入っていました。

column 息子がフェルマーの功績を公表した

フェルマーは表立った著作を残さなかったため、メルセンヌ周辺の数学者たちしか彼の功績を知り得ませんでした。彼の名がヨーロッパに大きく知れ渡ったのは、死から5年後の1670年、フェルマーの息子が父の書いていたメモを公表したことがきっかけです。その中にはその後300年以上数学者たちを悩ませた「フェルマーの最終定理」p.136 もありました。息子がフェルマーのメモを捨てていたら、数論は今ほど発展していなかったでしょう。

父ちゃんのメモ、すごそうだから、まとめて本にしよう！

サミュエル（フェルマーの息子）

Pick Up!

フェルマーの最終定理

● フェルマーのおきみやげを解決した、数学者たちの知のリレーとは？

フランスの大数学者ピエール・ド・フェルマーのメモから発見された数行の定理。この定理が証明されるまでに325年の年月を要しました。さまざまな数学者が挑み、後世にバトンをつないできた軌跡をたどります。

フェルマーの最終定理とは？

1621年に刊行されたラテン語訳版『算術』p.86の余白に、フェルマーがメモとして残した大問題が**フェルマーの最終定理**です。その内容は、数学者でなくても理解できるくらい非常にシンプルなものでした。

> **フェルマーの最終定理**
> 3以上の自然数 n について、 $x^n + y^n = z^n$ を満たすような自然数の組 (x, y, z) は存在しない。

メモとして書いたということもあり、フェルマーは証明を行っていません。ただ、生前も証明なしで多くの正しい主張をしていたフェルマーの実績から、このメモの内容も正しいものと多くの人が予想し、証明を試み始めました。

フェルマー

「この証明を書くには余白が足りない。」
「そもそも証明が好きではない」

$n = 4$（フェルマー）

1670年にフェルマーの息子サミュエルが、フェルマーの最終定理を公表したものの、実は $n = 4$ の場合については、1659年にフェルマー自身の手によって証明されていました。彼はオランダのホイヘンス p.139 に送った手紙に、次の内容を証明つきで書いています。

> **フェルマーからホイヘンスへの手紙内の定理**
> $a^4 + b^4 = c^2$ を満たすような自然数の組 (a, b, c) は存在しない。

フェルマーは得意の無限降下法 p.135 でこの定理を証明。実質 $n = 4$ の場合が解けていたことと同義でした。

フェルマー

「手紙なら十分な余白がありました」
「$a = x, b = y, c = z^2$ を代入すれば、$n = 4$ が証明完了！」

$n = 3$（オイラー）

18世紀に入り、解決の兆しが見えないフェルマーの最終定理に風穴を開けたのがスイスの数学者オイラー p.152 です。彼は1753年にフェルマーと同じ無限降下法で $n = 3$ の場合が解けたと宣言し、1770年に著書の中で発表しました。

オイラー

「フェルマー数 ($2^{2^n} + 1$) が素数になるといった、彼の予想の誤りも示したよ。」
「フェルマーだって間違えることもある」

column 本来ならフェルマー予想

今となっては正しいことが証明されたフェルマーの最終定理ですが、数学者たちが挑み続けた325年間は「フェルマー予想」と呼ぶほうが適切でした。なぜなら、その内容が正しいかどうかはわからず、もしかしたらフェルマーの結論が間違っているかもしれなかったからです。そのため、フェルマーの最終定理を証明しなくても、成り立たない例（$x^n + y^n = z^n$ を満たしてしまう自然数の組 (x, y, z)）を見つければ、フェルマーの最終定理を解決したことになるのでした。

当時のヨーロッパ人

「x, y, z はどんな自然数でもいいんだから、何かしらあてはまる組み合わせがあるでしょ。」
「一般人にもチャンスあり！」

column なぜ3以上の自然数 n なのか？

n が2以下の自然数だと、明らかに自然数 (x, y, z) の組が存在するため、「3以上」という指定が必要です。

$n = 1$ であれば、$x + y = z$ となり、これは単なるたし算です。そのため、$4 + 7 = 11$ や $1 + 100 = 101$ のようにあらゆる場合で成り立ちます。

$n = 2$ であれば、$x^2 + y^2 = z^2$ なので、三平方の定理 p.29 です。$3^2 + 4^2 = 5^2$ や $5^2 + 12^2 = 13^2$ のように特定の自然数の組み合わせには限られるものの、それでも多くの場合で成り立ちます。

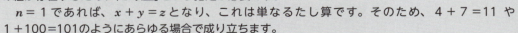

$n=5$（ソフィーとルジャンドル）

1820年代前半、フランスのソフィー p.165 は n が素数のときに、$x^n+y^n=z^n$ がどんな性質を持つかを調べました。

男のふりして数学を学びました

> x^n, y^n, z^n を素数 p で割ったときの x, y, z, n との関連性を調べたわ。

ソフィー

このヒントを受けて数年後の1825年、同じくフランスのルジャンドル p.165 が $n=5$ におけるフェルマーの最終定理を証明したのです。

$n=7$ と一般化へ（ラメ） 一般化 p.194

ソフィーのヒントにより、1839年にフランスの**ガブリエル・ラメ**（Gabriel Lamé, 1795年～1870年）が、今度は $n=7$ を証明しました。ただ、$n=3, 4, 5, 7$ の証明は、それぞれの場合に応じた証明方法を使用していたため、さらに研究を深めたラメは、1847年に n を一般化できそうだと公表します。

ドイツの**エルンスト・クンマー**（Ernst Kummer, 1810年～1893年）に致命的な欠陥を指摘されてしまいましたが、数学界がフェルマーの最終定理を個別の n ではなく、すべての n について一気に証明しようという流れになりました。

> $n=7$ ができた！でも、キリがないから因数分解を利用してみよう。

素数だって無限にある

ラメ

> ラメさん、因数分解の考え方に誤りがありますよ。

特殊な数を使えば何とかなりそうだけど

クンマー

問題の置き換え（20世紀後半）

1955年に「**志村・谷山予想**」が日本で発表されます。この予想は東京大学の助手仲間として知り合った**志村五郎**（1930年～2019年）と**谷山豊**（1927年～1958年）によるものでした。ここに、1984年のドイツのゲルンハルト・フライ（Gerhard Frey, 1944年～）の予想が加わり、フェルマーの最終定理は志村・谷山予想を証明することに置き換わったのです。

```
フェルマーの最終定理が正しくない
        ↓ フライの発表
ある方程式 X が解ける
        ↓
その方程式 X は志村・谷山予想を満たさない
```

> 志村・谷山予想を証明すれば、フェルマーも示せる！

これならいけるかも

ワイルズ

column 最終定理が自殺を止めた

ドイツのパウル・ヴォルフスケール（Paul Wolfskehl, 1856年～1906年）は、若い頃に失恋をし、失恋したその日の24時に自殺することを決意しました。自殺予定時刻まで時間があったので、クンマーの論文を読んでそのときを待つことにします。しかし、クンマーの論文に欠陥があることに気づき、それを解決しようと思考しているうちに朝になってしまったため、自殺をやめました。

このことをきっかけに、フェルマーの最終定理を最初に証明した者に10万マルクの懸賞金を渡すというヴォルフスケール賞をつくり、素人も含めた空前のフェルマーの最終定理ブームが巻き起こりました。

> フェルマーの最終定理、自殺を思いとどまらせてくれてありがとう。

僕にとっては女性よりも数学のほうが美しい！

ヴォルフスケール

ワイルズが証明

イギリスの数学者**アンドリュー・ワイルズ**（Andrew Wiles, 1953年～）は10歳のときにフェルマーの最終定理を知り、数学者を志します。彼は最新の研究により方程式 X を分類し、一つひとつのパターンについて証明をしていきました。そして、1995年に志村・谷山予想の証明、すなわちフェルマーの最終定理の証明が325年越しで完成したのです。

1659年	フェルマーが $n=4$ の証明を行う。
1665年	フェルマーが死亡する。
1670年	フェルマーの最終定理が公表される。
1753年	オイラーが $n=3$ の証明を行う。
1820年代	ソフィーが、n が素数のときに成り立つ性質を研究する。
1825年	ルジャンドルが $n=5$ の証明を行う。
1832年	ディリクレが $n=14$ の証明を行う。
1839年	ラメが $n=7$ の証明を行う。
1847年	ラメが n がどんなときでも証明できるような方法を発表する（クンマーがすぐに欠陥を指摘）。
1905年	ヴォルフスケール賞が設立される。
1955年	志村・谷山予想が発表される。
1984年	フライ予想が発表される。
1986年	フライ予想が証明され、志村・谷山予想が証明されればフェルマーの最終定理も証明されることになる。
1995年	ワイルズが志村・谷山予想を証明する。

フェルマーの最終定理証明完了！

3-8 近世フランス ブレーズ・パスカル

ポイント
1. 射影幾何学を利用し、パスカルの定理を証明した。
2. フェルマーとの手紙のやり取りから、確率論を始めた。
3. パスカルの三角形が持つさまざまな性質を証明した。

❶ パスカルってどんな人？

ブレーズ・パスカルは、フランス中央部のクレルモンで生まれました。

12歳で三角形の内角の和が180°であることを自力で証明したため、父は14歳のパスカルをメルセンヌ p.133 の集まりに出席させます。一流数学者との出会いに恵まれたパスカルは、幾何学や確率論、物理学で頭角を現し、晩年は神学者や思想家としての一面も見せました。

パスカルゆかりの地（フランス中部）
- パリ：8歳のときパリに移住したよ。
- ポール・ロワイヤル修道院
- クレルモン：フランス中央部のクレルモンで誕生！
- ピュイ・ド・ドーム

❷ パスカルの功績

「人間は考える葦である」と説き、人間の思考力の偉大さを説いた思想家パスカルは、科学の分野でも大きな功績を残しています。

◆パスカルの定理◆ 円錐曲線 p.208

パスカルが16歳のときに発表したのが、パスカルの定理です。大人顔負けの内容として知られています。

パスカルの定理

円錐曲線に内接する六角形の3組の対辺の交点は、同じ直線上に並ぶ。

円や放物線、双曲線でもOK。

メルセンヌ主宰の会合で知り合ったジラール・デザルグ（Girard Desargues, 1591年～1661年）の射影幾何学（空間の1点からの図形の見え方に関する分野）に刺激を受け、若き日のパスカルはこの定理を証明しました。

column 圧力の単位 Pa（パスカル）

1648年、クレルモンの近くにあるピュイ・ド・ドーム山頂における実験で、標高が高いほど気圧が低いことを確かめ、圧力の概念を明らかにしました。現在では、面積1㎡あたりにかかる力の大きさを「Pa」と表しています。

ポテチの袋は、山頂で膨らむ！

中：地上の気圧 ＝ 外：地上の気圧
中：地上の気圧 ＞ 外：山頂の気圧

column 多様なペンネーム

パスカルは著書の中で、次の3つの名を使いました。
- ルイ・ド・モンタルト（Louis de Montalte）
- サロモン・ド・テュルティ（Salomon de Tultie）
- アモス・デトンヴィル（Amos Dettonville）

これらの名前はほぼアナグラムで、彼のユーモアのセンスが光ってます。

1623年	1637年	1639年	1648年	1653年	1654年	1654年	1658年	1662年
パスカルがクレルモンで生まれる	メルセンヌの勉強会に参加し始める	パスカルの定理を発見する	大気圧の実験を行う	パスカルの三角形の研究を始める	フェルマーと文通をし、確率論を始める	神の存在を感じ、数学を捨てて神学の道へ	神の啓示を受け、再び数学の研究を行う	パリで胃潰瘍により死亡する

◆確率論を始めた◆

1654年、パスカルは友人からギャンブルに関する相談を受けました。

賞金の分配問題（現代風）

A君とB君がじゃんけんをする。2回勝ったら賞金100円が手に入る。今、A君が1回勝ったところで急用が入り、勝負が中止となってしまった。このとき、100円をどのように分配するのが適切か？

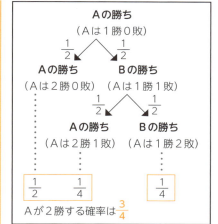

メルセンヌのつながりで交流があったフェルマーと文通をする中で、AとBは3：1に賞金を分配すべきという結論を、パスカルは出しています。1657年に、オランダの**クリスティアーン・ホイヘンス**（Christiaan Huygens, 1629年〜1695年）が彼らのやり取りをまとめたことで、パスカルやフェルマーが確率論の創始者として伝わっています。

◆パスカルの三角形◆ C p.210

賞金の分配問題を一般的に解決する際に必要になったのが、組合せCの知識。パスカルは「**パスカルの三角形**」をつくり、そこに登場するCを含むさまざまな性質を証明しました。

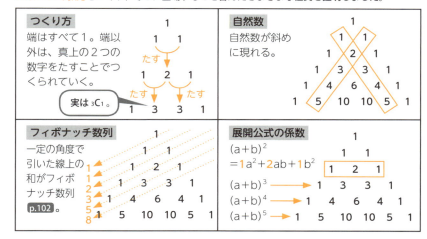

11〜12世紀のアラビアのハイヤーム p.99 や、13世紀の中国の楊輝 p.107 などもパスカルの三角形と同じ内容について記述しているものの、パスカルが非常に多くの性質を示した最初の数学者であったため、彼の名がついています。

ホイヘンス

期待値 p.210 は僕の発明!!
パスカルたちに刺激をもらいました

column 数学は神が認めた学問

1654年11月23日の22：30から、パスカルは霊感によって神の本体を察知するという不思議な経験をします。これをきっかけに、科学を捨てて神学の道に励むようになります。

神が近くにいる！祈らねば！

パスカル

数学はいったん中止
数学をやめるなという神の啓示か？
数学で頭痛が治った！

それから4年後のある夜、ひどい頭痛に襲われたパスカルは、痛みを和らげようとサイクロイド p.150 について考え始めます。すると、不思議にも痛みがすぐに収まったため、数学を捨ててはいけないという神の意向を察知し、幾何学を中心に再度研究活動に精を出すようになりました。

前5000　　　前1000　　0　　400　　800　　1200　1300　1400　1500　1600　　　　　1700　1800　1900　2000
　　　　　　　　　　　　　　　　　　　　　　　　　　　　　　　　1642年〜1727年

3-9 近世イギリス　アイザック・ニュートン

ポイント
❶三次曲線を分類し、それぞれのグラフの概形を示した。
❷流率法と呼ばれる独自の微分積分法を確立した。
❸微分を使って方程式の近似解を求めた。

❶ニュートンってどんな人？

微分 p.213　積分 p.214

　イギリス東部のリンカンシャーで生まれた**アイザック・ニュートン**。彼は地元の学校に通った後、ケンブリッジ大学に入学します。しかし、在学中にペストが流行し、2年間地元のウールスソープに引きこもることになりました。この期間中に、有名な「万有引力の法則」だけでなく、数学においては微分積分などのさまざまな発見をメモとして書き記しています。ペストが収まってからは、ケンブリッジ大学の教授職、王立協会 p.147 の会長、国会議員などの栄えある職に就き、女王から爵位まで授かるなど、この世を去るまで輝かしい日々を送りました。

❷ニュートンの功績

sin p.202

　ニュートンは大学時代、占星術の本に載っていた三角法が理解できず、ユークリッドの『原論』p.54 で勉強したことをきっかけに数学に目覚めたと言われています。

◆三次曲線の分類◆

　ニュートンはデカルト p.132 以来使われてこなかった、負の数の座標を使用しました。そのうえで、三次曲線を72種類に分類し、一つひとつの概形(三次元のグラフ)を論文で示しています。

sinがわからん。基礎幾何学を勉強しよう！

やっぱりここは『原論』から

ニュートン

ニュートンゆかりの地
ウールスソープ
リンカンシャー
イギリス東部のリンカンシャー生まれ！
ケンブリッジ
ロンドン
ケンジントン

column バローとハレー

　ニュートンの実績に直接影響を与えた2人の科学者がアイザック・バロー(Isaac Barrow, 1630年〜1677年)とエドモンド・ハレー(Edmond Halley, 1656年〜1742年)です。
　ニュートンの先生だったバローは、著書の中で微分の概念を幾何学的に示しました。彼がケンブリッジ大学の教授職を辞するとき、その職をニュートンに譲っています。
　後に「ハレー彗星」の命名者となるハレーは、重力に関する理論のことでニュートンを訪れたときに、その研究成果に驚愕。ハレーの強い勧めと出資により、ニュートンの主著『プリンキピア』が出版されました。

孤高だけど2人には感謝

バロー先生からアイデアと地位をもらい、ハレーのおかげで名が知れ渡りました。

ニュートン

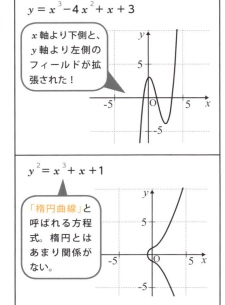

$y = x^3 - 4x^2 + x + 3$

x軸より下側と、y軸より左側のフィールドが拡張された！

$y^2 = x^3 + x + 1$

「楕円曲線」と呼ばれる方程式。楕円とはあまり関係がない。

1642年	1661年	1664年	1666年	1669年	1687年	1699年	1703年	1705年	1727年
ニュートンがリンカンシャーで誕生する	ケンブリッジのトリニティ・カレッジで学ぶ	ペストで大学が閉鎖。ウールソープに避難する	微積分、万有引力などを発見する	ケンブリッジ大学の教授となる	主著『プリンキピア』で流率法を発表する	ライプニッツとの微積分の先取権争いが始まる	イギリス王立協会の会長となる	イギリス女王から爵位をもらう	ケンジントンで死亡する

◆流率法（微分積分法）◆

ニュートンの数学上の最も重要な功績は、今の微分積分につながる**流率法**です。その定義の方法は、大陸のフェルマー p.134 などに由来するものではなく、バローをはじめとする物理学の視点から与えられたものでした。

・$y = 3x^2$ の x における接線の傾き

時間と距離を表す流量（道のり）x, y の流率（速さ）を $\dot{x}, \dot{y}$ とする。十分小さい時間を o とする。

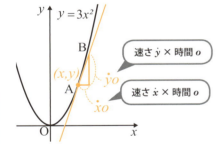

点Bの座標から、
$$y + \dot{y}o = 3(x + \dot{x}o)^2$$
であり、この式を変形すると、次の式になる。
$$\dot{y} = 6x\dot{x} + 3\dot{x}o$$
o は消滅する（0 に近づく）ので無視できる。
よって、$\dfrac{\dot{y}}{\dot{x}} = 6x$

・0からxまでの下部の面積が x^3 の曲線

面積を表す流量を $z = x^3$ とおく。十分小さい量 o に対し、斜線部が同じ面積になるような高さ v をとる。

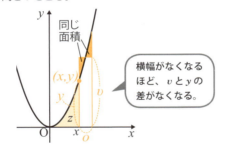

面積の関係から、
$$z + ov = (x + o)^3$$
で、この式を変形すると、次の式になる。
$$v = 3x^2 + 3xo + o^2$$
o は消滅する（0 に近づく）ので無視でき、そのとき、グラフから $v = y$。よって、$y = 3x^2$

フェルマーも接線の傾きや面積について考察をしていたものの、それらの関係性についての言及をしていませんでした。ニュートンはそこに気づいたため、微分積分の創始者と言われています。

接線の傾き $y = 6x$	←微分―	元の関数 $y = 3x^2$	←微分―	下部の面積 $y = x^3$
	―積分→		―積分→	

◆ニュートン法◆

ニュートンは流率法をさらに応用することで、複雑な方程式の解を近似的に求める方法を考えました。それが**ニュートン法**と呼ばれるものです。

・$x^2 - 3 = 0$ の正の解の近似値の求め方

① $x = 1$ と推定し、$(1, -2)$ を通る接線と x 軸の交点を求める。
② $x = 2$ から、$(2, 1)$ を通る接線と x 軸の交点を求める。

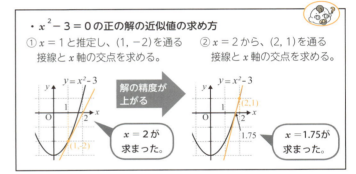

解の精度が上がる
$x = 2$ が求まった。
$x = 1.75$ が求まった。

このように便利な微分の考え方、微分積分法の創始者の座をめぐっては、ドイツのライプニッツ p.142 との論争にまで発展しました p.144。

column 未熟児ゆえに健康第一で長生きした

ニュートンは約1.14Lの桶に入るほど小さい身体で生まれました。幼少期から虚弱体質だったため、健康面には非常に気を遣っており、病気のときは自分で症状に合った薬を調合していたほどです。そんなニュートンが国会議員を2年間務めた際に一度だけ発した言葉は「窓を閉めてくれ」。こうした日々の健康管理により、85歳という長寿をまっとうしました。

ニュートン

3-10 近世ドイツ ゴットフリート・ライプニッツ

1646年〜1716年

ポイント
① ニュートンとは異なる、独自の微分積分法を確立した。
② 数学記号の使いやすさにこだわった。
③ ヨーロッパ大陸の解析学に多大な影響を与えた。

❶ ライプニッツってどんな人？
微分 p.213　積分 p.214

　ゴットフリート・ヴィルヘルム・ライプニッツは、ドイツ東部の町ライプツィヒで生まれました。ニュルンベルクにある大学で学位を取った後、外交官として生涯さまざまな家に仕えます。そのため、イギリスやフランスなどのヨーロッパ各国に出張する機会が多く、見聞や交友関係を広めることができました。外交も落ち着いた1684年、ニュートン p.140 とは独立して確立した微分積分を雑誌『学術論叢（がくじゅつろんそう）』の中で発表します。微分積分以外にもその後のヨーロッパ数学の発展に貢献したライプニッツですが、晩年はニュートンとの先取権争い p.144 により、失意のうちに亡くなりました。

ライプニッツゆかりの地

❷ ライプニッツの功績

　ライプニッツが外交官としてパリに赴いたとき、たまたま滞在していたオランダのホイヘンス p.139 によって、パスカル p.138 の論文を勧められました。それがライプニッツの数学の基礎を築いています。

◆ 微分積分 ◆ ∫ p.214

数学やるなら是非パスカルを読め！最先端の数学がそこにある！
フェルマーやパスカルは偉大！
ホイヘンス

　ライプニッツの微分に対する考え方は、フェルマー p.134 を起源とするもので、フェルマーが e とおいていた微小な量を dx や dy といった記号で表しました。
　そのうえで、どんな関数の下部の面積でも求められるような積分の考え方を記号 ∫ とともに導入したのです。

どっちもラテン語
d は differentia（差分）、∫ は summa（和）の頭文字にそれぞれ由来するよ。
ライプニッツ

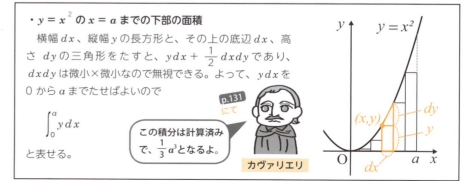

・$y = x^2$ の $x = a$ までの下部の面積
　横幅 dx、縦幅 y の長方形と、その上の底辺 dx、高さ dy の三角形をたすと、$ydx + \frac{1}{2}dxdy$ であり、$dxdy$ は微小×微小なので無視できる。よって、ydx を 0 から a までたせばよいので

$$\int_0^a y\,dx$$

と表せる。

p.131 にて　この積分は計算済みで、$\frac{1}{3}a^3$ となるよ。
カヴァリエリ

1646年	1661年	1667年	1672年	1673年	1676年	1684年	1699年	1716年
ライプニッツがライプツィヒで誕生する	ライプツィヒ大学に入学し、哲学や法学を学ぶ	アルトドルフ大学で法学学士を取得する	外交官としてパリ赴任時にホイヘンスに会う	ロンドンのイギリス王立協会を訪れる	微分積分法の構想を完成させる	雑誌『学術論叢』で微積分の概念を発表する	ニュートンとの微積分の先取権争いが始まる	ライプツィヒで死す

◆記号を整理した◆

ライプニッツは数学における記号の重要性を誰よりも理解していました。微分積分 d 、$\int$ の記号以外にも、彼が以下の記号を使い始めました。

記号	由来など
：	「÷」と同義。かけ算の記号が点1つ「・」だったため、わり算の記号を点2つにした。 p.129
f	関数を表すfunction(関数)の頭文字に由来する。$f(x)$を使ったのは、オイラー p.154。
～	相似を表す。ラテン語のsimilis(類似した)の頭文字を横にした。晩年には「∞」も使った。
≃	合同を表す。「～」との関連性から採用した。現在の「≡」や「≅」は、19世紀に誕生し、こちらは相似で面積が等しいことに由来する。

column 妬まれて学位が取れず

ライプニッツは地元のライプツィヒ大学に通い、通常よりも早い20歳の時点で学位取得の条件を満たしました。しかし、大学の教授陣はその才能を妬み、若すぎるという理由を提示して学位授与を拒否。結局、違う大学で学士を取得したのでした。

ライプツィヒ大学教授陣
「20歳で学位なんて生意気！」
「しょうがない、移籍するか」
ライプニッツ

◆ d や $\int$ の性質◆

微分積分の記号を確立したライプニッツは、それらの記号が持つ性質を研究しました。彼が求めた公式は、その後のヨーロッパの解析学において欠くことのできないものばかりです。

微分積分の公式（一部）

- $d(xy) = x\,dy + y\,dx$ （積の微分）
- $d\left(\dfrac{y}{x}\right) = \dfrac{x\,dy - y\,dx}{x^2}$ （商の微分）
- $\int xy'dt = xy - \int x'y\,dt$ （部分積分）

◆2進法を導入した◆ n進法 p.200

ライプニッツは加減乗除のみならず、開平法 p.85 もできる計算機の発明に成功し、1673年にイギリス王立協会で披露しました。彼は、計算をさらに速めるために2進法を導入したものの、当時の技術的に無理があったようです。しかし、現在のコンピュータはすべて2進法で動いており、ライプニッツの発想が時代を超えて役に立っていることがわかります。

「繰り上がりが多くて、技術的に無理でした。」
「いい発想だと思ったのに…」
ライプニッツ

◆ライプニッツ級数◆ 級数 p.212

ライプニッツは、積分の計算を応用し、円周率を求める級数を手に入れました。

グレゴリー・ライプニッツ級数

$$\frac{\pi}{4} = 1 - \frac{1}{3} + \frac{1}{5} - \frac{1}{7} + \frac{1}{9} - \frac{1}{11} + \cdots$$

ライプニッツ以前にスコットランドの数学者グレゴリー p.146 も同様の結果を独自に手に入れていたため、2人の名がついた級数となっています。

「ニュートン p.140 と同様の発見をしていたよ。」
「なぜかあまり評価されない」
グレゴリー

column ナポレオンを驚かせた

外交官として1672年にパリを訪れた目的は、フランスがドイツを攻めないようにすること。そこで、ルイ14世にエジプト遠征政策を提言し、目的を果たそうとしました。ルイ14世の説得には失敗したものの、約100年後のナポレオンが同様のエジプト遠征政策を打ち出します。ナポレオンは過去にライプニッツが、同じ政策を提言していたことに驚いたようです。

「エジプト遠征の利点に気づいていたのか!?」
「エジプト遠征で、東方との交易路の確保ができる」
ナポレオン

Pick Up!
ニュートン vs. ライプニッツ

●微分積分を最初に確立したのはどちらの数学者？

科学における名誉は最初に何かを発見した人にのみ与えられます。ほぼ同時期に発表されたニュートンとライプニッツの微分積分については、数学上とても重要な発見だったため、先取権争いが特に過熱しました。

発見の時期   微分 p.213　積分 p.214

WIN ウールソープでの成果！
ニュートン

「ライプニッツより10年も早いぜ！」

LOSE そのときはまだ学生……
ライプニッツ

ニュートンは1666年に流率法 p.141 という名で微分積分の概念を発見しています。それに対し、ライプニッツは1675年に発見。ライプニッツが今の形 p.143 を完成させたのは1676年の出来事でした。

発表の時期

LOSE 完璧を目指して理論を磨いていただけだし
ニュートン

「先に発表した者の勝ちでしょ。」

WIN 研究は皆に広めないと！
ライプニッツ

ライプニッツの微分積分は、1684年出版の雑誌『学術論叢(じゅつろんそう)』で万人に知れ渡るようになります。ニュートンはそもそも出版するつもりはなかったものの、ハレー p.140 の強い後押しもあり、1687年出版の著書『プリンキピア』で流率法（微分積分法）を公表しました。

以前は文通する仲だった

1676年にニュートンとライプニッツは手紙のやり取りを2往復しており、それぞれの研究成果を送り合っています。肝心の微分積分については、ニュートンが暗号化して送っているものの、ライプニッツはすでに微分積分の構想ができ上がっていたため、それ以上の深いやり取りはなかったようです。

「ぼくのすごさを知れ！」
「流率法というすごい方法を、暗号で送ってあげよう。」
ニュートン

「暗号は読めたけど…。なんだ、微分積分のことか！」
「自分も今年完成させたよ」
ライプニッツ

また、1687年の『プリンキピア』初版では、ニュートンがライプニッツの微分積分への考え方を認める旨の文章も書かれており、この時点における仲は悪くなかったことがうかがえます。

「まぁ、僕には及ばないけど」
「ドイツのライプニッツという数学者が、流率法と同様の考えを編み出しているようですよ。」
ニュートン

column 対照的な2人   2進法 p.200 p.214

微分積分の先取権をめぐって、論争を繰り広げたニュートンとライプニッツ。微分積分の考え方以外にも、さまざまな相違点がありました。

内容	ニュートン	ライプニッツ
微分積分	● 時間が基本 ● $\dot{x}, \dot{y}$ を使う	● 座標が基本 ● $dx, dy, \int$ を使う
参考にした人	● バロー ● ウォリス ● テイラー　など	● フェルマー ● パスカル　など
影響を与えた人	● マクローリン　など	● ベルヌーイ一族 ● オイラー　など
研究方法	● 実験と観察に基づく経験主義	● 論理的思考に基づく形式主義
他の研究	● 万有引力 ● 光の色の性質 ● 三次曲線　など	● 単子論（哲学） ● 数学記号の整理 ● 2進法　など
性格	● 内向的で、自分の研究に没頭する ● 負けず嫌い	● 外向的で、ヨーロッパ各国の600人と文通も
仕事	● 大学教授 ● 国会議員 ● 王立協会会長	● 外交官 ● 法律顧問 ● 家系図づくり
葬儀	● 国葬レベル	● 参列者1人

ニュートンに火がついた

その後、ヨーロッパ中に2人の微分積分の出版物が出回るようになります。特にライプニッツの記号が非常に使いやすかったため、ニュートンの耳にこんなニュースが入ってきます。

ニュートンさん、オランダでは微分積分がライプニッツの発見となっているようですよ。

あなたのほうが先でしたよね？

ウォリス

これにより、自己顕示欲が人一倍強いニュートンは我慢できず、1704年に論文の中で、流率法は自分の発見であり、1676年の手紙でライプニッツに教えたことを明かしました。

ライプニッツにも火がついた

ライプニッツも1699年、ニュートンを崇拝する第三者からこんな煽りを受けました。

微分積分の発見者は、1番目がニュートン、2番目がライプニッツ。

2人と面識のある科学者です

（ファシオ・ド・）デュイリエ

1704年のニュートンの論文のこともあり、ライプニッツも1705年の論文の中で、微分積分の理論に関する発表は自分が先で、微分積分法が独自の理論であることを主張しました。さらに、ライプニッツは同年に出されたニュートンの論文を酷評したり、ニュートンがライプニッツ独自の微分積分を改作したと非難したりして対抗しています。

王立協会の判断

2人の争いが激化し、イギリスではニュートン擁護の声明が大学の教授などから発せられ、ライプニッツへの盗作容疑が強くなっていきます。そこで、ライプニッツはイギリス王立協会 p.147 に公正な判断を下すよう懇願。1712年に調査委員会の報告書が出て、ニュートンが最初の発明者であると結論づけられました。

王立協会の会長は我らがニュートン様ですから

ライプニッツに手紙を送っているようだし、ニュートンが最初でしょ。

調査委員たち

ライプニッツは当然納得ができなかったものの、これ以上の手がなく、仕えていた名家からも見捨てられて1716年失意のうちに亡くなりました。

イギリス数学の停滞へ

ライプニッツ没後の1726年、ニュートンは『プリンキピア』第3版で、初版に書いたライプニッツを認める文書を削除。翌年、ニュートンが亡くなると国葬レベルの壮麗な葬儀が行われました。

この論争をきっかけに、王立協会をはじめとするイギリスの自国主義があらわになり、イギリスは大陸（他のヨーロッパ）の国々から孤立していきます。

微分積分についても、イギリスはライプニッツのものよりも使いづらいニュートンの記法にこだわり続けたために、数学の発展は1世紀以上停滞してしまいました。

1643年	ニュートンが生まれる。
1646年	ライプニッツが生まれる。
1666年	ニュートンが流率法を完成させる。
1676年	ライプニッツが微分積分を完成させる。ニュートンとライプニッツが手紙のやりとりをする。
1684年	ライプニッツが『学術論叢』で微分積分を発表する。
1687年	ニュートンが『プリンキピア』で流率法を発表する。
1695年	ウォリスにより、ニュートンが先取権主張へ。
1699年	ファシオにより、ライプニッツが先取権主張へ。
1704年	ニュートンが自身の論文で、流率法は自分の発見で、ライプニッツが形を変えて盗作したと主張。
1705年	ライプニッツがニュートンの論文を非難しつつ、自身の微分積分が独自のものであることを主張。
1708年	イギリスが国を挙げて、ニュートン擁護の論陣を張る。
1712年	王立協会内部の調査委員会が、微分積分の先取権はニュートンにあると結論づける。
→現在は2人がそれぞれ独自に発見したことになっている
1716年	ライプニッツ死亡。
1726年	ニュートンが『プリンキピア』第3版を出す。
1727年	ニュートン死亡。

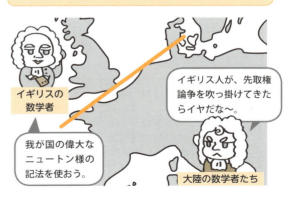

イギリスの数学者

我が国の偉大なニュートン様の記法を使おう。

イギリス人が、先取権論争を吹っ掛けてきたらイヤだな～。

大陸の数学者たち

前5000　　　　　　前1000　　0　　400　　800　　1200　1300　1400　1500　1600　1655年〜1742年1800　1900　2000
　　　1700

3-11 近世イギリス　イギリスでの無限の扱い

ポイント
1. ウォリスが無限を表す記号「∞」を初めて使用した。
2. ニュートン以前から、特定の関数は級数で表せた。
3. ニュートン以後は、ほとんどの関数が級数で表せた。

❶ニュートン以前の数学者　微分 p.213　積分 p.214

同じヨーロッパでも、大陸の国々から地理的に少し距離をおくイギリス。そこでは17〜18世紀にかけてニュートン p.140 を中心に、無限や微分積分の考え方が続々と誕生しました。まずはニュートンよりも早くから無限を扱い、彼に影響を与えた数学者たちの成果を見てみましょう。

◆ジョン・ウォリス◆

ニュートンの理論に影響を与えた数学者の一人が、アシュフォード出身の聖職者ジョン・ウォリスです。オックスフォード大学の教授にも任命されたウォリスは、1655年に出版した『無限算術』の中で、次のような無限の議論を行っています。

- $\dfrac{0^2+1^2}{1^2+1^2} = \dfrac{1}{2} = \dfrac{1}{3} + \dfrac{1}{6}$
- $\dfrac{0^2+1^2+2^2}{2^2+2^2+2^2} = \dfrac{5}{12} = \dfrac{1}{3} + \dfrac{1}{12}$
- $\dfrac{0^2+1^2+2^2+3^2}{3^2+3^2+3^2+3^2} = \dfrac{14}{36} = \dfrac{1}{3} + \dfrac{1}{18}$
  　　　　　　⋮
- $\dfrac{0^2+1^2+2^2+\cdots+n^2}{n^2+n^2+n^2+\cdots+n^2} = \dfrac{1}{3} + \dfrac{1}{6n}$

n を無限に大きくすれば、
$\dfrac{1}{6n} = \dfrac{1}{\infty} = 0$ となるので、
$\dfrac{0^2+1^2+2^2+\cdots+n^2}{n^2+n^2+n^2+\cdots+n^2}$ は $\dfrac{1}{3}$ に近づいていく。

ウォリスはまた、半円の面積からウォリスの公式を導きました。

∞記号の発明者　ウォリス

無限の記号「∞」は、ローマ数字 p.81 のCIƆ (1000) からつくったよ。

ウォリスの公式

$$\dfrac{\pi}{2} = \dfrac{2^2}{1\times 3} \times \dfrac{4^2}{3\times 5} \times \dfrac{6^2}{5\times 7} \times \dfrac{8^2}{7\times 9} \times \cdots$$

◆ジェイムズ・グレゴリー◆　三角関数 p.202　Arctan p.208　級数 p.212

スコットランドのアバディーン出身のジェイムズ・グレゴリーは、短命ながらも特定の三角関数を無限級数で表すことに成功しました。そのうちの1つが現在「グレゴリー級数」または「グレゴリー・ライプニッツ級数」と呼ばれるものです。この式の x に特定の値を代入すると、円周率 π を求める式になります。

p.143 の式を見てね　グレゴリー

$x = 1$ を代入すると、左辺は $\dfrac{\pi}{4}$ になるよ。

グレゴリー級数（一般形）

$$\mathrm{Arctan}\, x = x - \dfrac{x^3}{3} + \dfrac{x^5}{5} - \dfrac{x^7}{7} + \cdots$$

$x = \dfrac{1}{\sqrt{3}}$ を入れると、左辺は $\dfrac{\pi}{6}$ になるよ。

これで小数点以下71桁まで達成！ p.71　シャープ

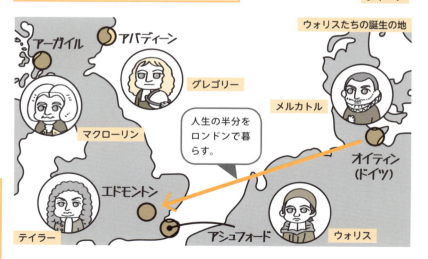

ウォリスたちの誕生の地

アーガイル／アバディーン／グレゴリー／メルカトル／マクローリン／人生の半分をロンドンで暮らす。／オイティン（ドイツ）／エドモントン／テイラー／アシュフォード／ウォリス

146

1655年	1660年	1668年	1671年	1687年	1703年	1715年	1742年
ウォリスが『無限算術』で、「∞」を初めて使用する	ウォリスたちにより、王立協会が設立される	メルカトルがメルカトル級数を発表する	グレゴリーがグレゴリー級数を発表する	ニュートンが『プリンキピア』を出版する	ニュートンが王立協会の会長となる	テイラーがテイラー級数を発表する	マクローリンがマクローリン級数を発表する

◆ニコラウス・メルカトル 自然対数 p.207

ドイツ北部のオイティンで生まれたものの、人生の約半分をロンドンで過ごしたニコラウス・メルカトルは、自然対数を級数で表すことに挑戦しました。

メルカトル級数

$$\log(1+x) = \frac{x}{1} + \frac{x^2}{2} + \frac{x^3}{3} + \frac{x^4}{4} + \cdots$$

（ただし、$-1 < x \leq 1$）

地図をつくったメルカトル p.116 とは別人

メルカトル

ロンドンで家庭教師をしました。オートレッド p.129 とも仲良し！

❷ニュートン以後の数学者

ニュートンの流率法（微分積分）によって、より細かく無限を扱えるようになりました。

◆ブルック・テイラー $f'(x)$ p.213 ! p.210

エドモントン出身のブルック・テイラーは、1715年に著書の中で載せた級数で有名になりました。
この公式自体はグレゴリーなども知っていたものの、テイラーが一般化し、多くの人の目に留まったため、彼の名がついています。

テイラー級数

$$f(x+a) = f(a) + f'(a) \times \frac{x}{1!} + f''(a) \times \frac{x^2}{2!} + \cdots$$

◆コリン・マクローリン sin p.202

スコットランドのアーガイル出身の数学者コリン・マクローリンは1742年の著書の中で、テイラー級数に $a=0$ を代入した式について説きました。

マクローリン級数

$$f(x) = f(0) + f'(0) \times \frac{x}{1!} + f''(0) \times \frac{x^2}{2!} + \cdots$$

この式によって、ほとんどの関数が級数で表せるようになり、関数の性質を調べたり数値を近似したりするときに役立っています。

オイラーも利用 p.153

マクローリン

$y = \sin x$ は、マクローリン級数で

$$y = \frac{x}{1} - \frac{x^3}{6} + \frac{x^5}{120} \cdots$$

と表せるので、sin 1 は約 $\frac{5}{6}$ です。

column 世界最古の学会

イギリス王立協会（Royal Society）は、世界最古の学会としてイギリス数学の発展に貢献しました。1660年の創立メンバーの1人がウォリスであり、メルカトルやニュートン、テイラー、マクローリンも会員となっています。こういった実績のある数学者どうしの勉強会がその国の発展につながっていることがわかります。

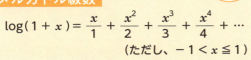

現在も、まだ続いているよ！

みんなでイギリスの数学を盛り上げよう！

ウォリス

column ニュートン vs. ライプニッツの余波

ニュートンとライプニッツの論争 p.144 によって、イギリスは大陸の国々と疎遠になり、17〜18世紀に栄えたイギリス数学はその後停滞します。ニュートンの死から2年後にマクローリンが連立方程式の解を求める公式を発見したものの、大陸に情報が入らず、その20年以上後にスイスの数学者ガブリエル・クラーメル（Gabriel Cramer, 1704年〜1752年）が同様の発見をしたため、「クラーメルの公式」として今でも知られています。

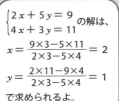

先に見つけたのに…

$$\begin{cases} 2x + 5y = 9 \\ 4x + 3y = 11 \end{cases}$$ の解は、

$$x = \frac{9 \times 3 - 5 \times 11}{2 \times 3 - 5 \times 4} = 2$$

$$y = \frac{2 \times 11 - 9 \times 4}{2 \times 3 - 5 \times 4} = 1$$

で求められるよ。

マクローリン

3-12 近世スイス ベルヌーイ一族

ポイント
1. ベルヌーイ一族は3世代にわたり、数学界に名を残した。
2. ヤコブとヨハンは、微分積分を曲線の解析に応用した。
3. ベルヌーイ一族は物理学の発展にも貢献した。

❶ ベルヌーイ一族ってどんな家系？

1583年、スイスのバーゼルに、数学史上最も有名な家柄であるベルヌーイ家が引っ越してきました。3世代の間に8人の有能な数学者を輩出した優秀な家系で、ライプニッツの世代からオイラーの世代にわたって大きく活躍しています。

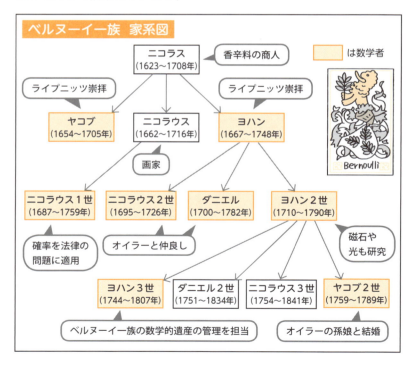

❷ 4人のベルヌーイ

一族で多くの業績を残し、スイスや近隣国の重要な数学のポストに就いたベルヌーイ家ですが、特に後世に知られる成果を出した4人のベルヌーイについて一人ひとり詳しく見てみます。

◆ ヤコブ・ベルヌーイ（ジャック・ベルヌーイ） 微分 p.213 積分 p.214

最初に名を残したのがヤコブ・ベルヌーイ。ニコラスの5番目の子どもで、イギリスやパリで科学者たちと交流した後、1683年にバーゼル大学の教授となりました。ニュートンとライプニッツの論争で、ヤコブはライプニッツを擁護し、彼が発明した微分積分を利用して対数螺旋 p.151 を研究しています。ヤコブの功績として最も知られているのが右のベルヌーイ試行です。

ベルヌーイ試行
コインの表・裏、くじの当たり・はずれのように、結果が2通りに分かれる試行をベルヌーイ試行という。

ヤコブはライプニッツとの文通で、このベルヌーイ試行をたくさん行うと、実験の結果が理論値に近づくことに気づいています。

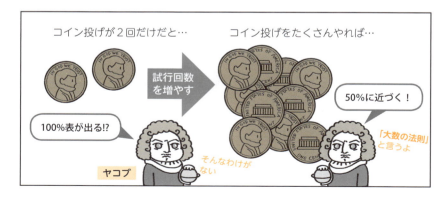

1583年	1690年代	1691年	1696年	1713年	1738年	1807年
ベルヌーイ家がオランダからバーゼルに引っ越してくる	ヤコブがサイクロイドや対数螺旋の研究をする	ヨハンがカテナリーを数式化する	ヨハンの指導の下、ロピタルの定理が掲載された本が出版される	ニコラウス2世がサンクトペテルブルクのパラドックスを提示する	ダニエルが限界効用逓減について発表する	ヨハン3世の死で、数学界におけるベルヌーイ一族の栄華が終わる

◆ヨハン・ベルヌーイ（ジャン・ベルヌーイ）◆

ヤコブの13歳下の弟で、ニコラスの10番目の子どもであるヨハン・ベルヌーイ。兄ヤコブから数学を教わった時期もあり、ヨハンもカテナリー曲線 p.150 という特殊な曲線を研究しています。そして、兄ヤコブの死後はその後を継いでバーゼル大学の教授の職も手にしました。

> 兄とは仲が悪かったけど、ライプニッツが共通の推し！
> ニュートンから守ろう！
> ヨハン

column ギヨーム・ド・ロピタル ～定理を買った数学者～

フランスのギヨーム・ド・ロピタル（Guillaume De L'hôspital, 1661年～1704年）は、裕福な家庭で育ち、ヨハンを家庭教師として招きます。ヨハンから教わったことを本にしようとしたロピタルは、ヨハンの未公表の定理も毎年300フラン払ったうえで著書の中に載せました。ヨハンへの謝辞も記載されており、ロピタルは定理を自分の手柄にしようという考えはなかったようです。

> 定理のサブスク！
> 先生のアイデアを使わせてください！
> ロピタル
> 授業で教えたことだからいいよ。
> 定理で不労所得！
> ヨハン

◆ニコラウス2世・ベルヌーイ◆ 期待値 p.210

ヨハンの長男として生まれたニコラウス2世・ベルヌーイ。ロシアのサンクトペテルブルク・アカデミーの数学教授を務め、そこで弟のダニエルと研究をしました。確率論に興味を持ち、期待値についての有名なパラドックスを打ち立てています。

サンクトペテルブルクのパラドックス

裏が出るまでコインを投げ続けるゲームをする。表が出た回数につき、2円、4円、8円、16円と賞金が増えていくとき、このゲームの参加料はいくらが妥当か？

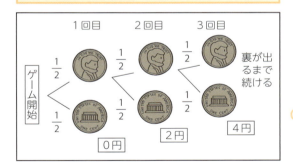

このゲームでもらえる賞金の期待値を計算すると、
$\frac{1}{2} \times 0 + \frac{1}{4} \times 2 + \frac{1}{8} \times 4 + \cdots = \frac{1}{2} + \frac{1}{2} + \cdots = \infty$ 円。
現実の感覚と違う結果がパラドックスのゆえんです。

> 用意できる賞金を10000円で設定すれば期待値はたったの6.5円。
> ニコラウス2世

◆ダニエル・ベルヌーイ◆

ヨハンの子で、ニコラウス2世の弟にあたるダニエル・ベルヌーイ。彼は物理学における「ベルヌーイの定理」で名を残しています。数学者としては、後に経済学で活用される、限界効用逓減の考え方をグラフで解説しました。

限界効用逓減

0の状態からの＋1は、多数を持っている状態からの＋1より、効用（喜び）の上昇が大きくなる。

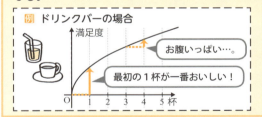

例 ドリンクバーの場合
> お腹いっぱい…。
> 最初の1杯が一番おいしい！

column 家を追い出されたダニエル

1734年、ダニエルは功績が認められパリ・アカデミーの大賞を受賞しました。しかし、同じタイミングで父・ヨハンも同賞を受賞。自尊心を傷つけられたヨハンはダニエルを実家から追い出してしまったのです。

> 親の顔を立てられない息子などいらん！
> ヨハン
> ひどい…
> ダニエル

Pick Up!

日常生活で目にする曲線

● よく見るあのカーブは数式で表すことができ、数学者たちの研究対象だった！

ニュートンやライプニッツによって微分積分が誕生したことで、多くの曲線が数式で表せるようになりました。ベルヌーイ兄弟に縁のある曲線を中心に、現在の暮らしの中でも目にする曲線を4種類紹介します。

サイクロイド　弧度法 p.203　媒介変数表示 p.209　sin・cos p.202

　サイクロイドは、円を直線上で回転させたときに、円周上の固定点が描く軌跡のことです。自転車の空気を入れる穴の部分が動いたときに描く曲線をイメージしてください。自転車が動くと、穴の位置は次のように動きます。

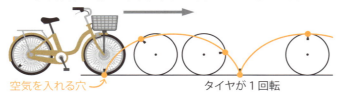

数式とグラフで表すと、弧度法による媒介変数表示となります。

サイクロイド（半径1）

半径1の円が、θ 回転したとき、
$x = \theta - \sin\theta,\ y = 1 - \cos\theta$
で表される点の集まりをサイクロイドという。

グラフ上の点：$(\theta - \sin\theta, 1 - \cos\theta)$

　このサイクロイドの下部の面積は1644年にトリチェリ p.131 が、長さは1658年にイギリスの**クリストファー・レン**（Christopher Wren, 1632年〜1723年）が求めています。さらに、1690年にはヤコブ・ベルヌーイ p.148、1696年にはニュートン p.140 などがサイクロイド上でボールを転がしたときの性質を発見しました。

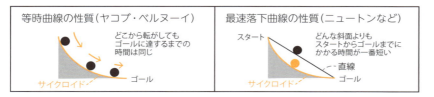

等時曲線の性質（ヤコブ・ベルヌーイ）：どこから転がしてもゴールに達するまでの時間は同じ

最速落下曲線の性質（ニュートンなど）：どんな斜面よりもスタートからゴールまでにかかる時間が一番短い

カテナリー　微分 p.213　積分 p.214　e p.207

　カテナリーは、懸垂曲線とも呼ばれ、ロープの両端を持ったときに垂れ下がってできる曲線のことです。放物線と似ていますが、別物であることが示されています。

ガリレイ：同じものだと思っていました。似すぎでしょ

垂れたロープ（カテナリー）／パラボラアンテナ（放物線）

ヨハン・ベルヌーイ p.149 は、微分積分を使ってカテナリーを数式化しました。

カテナリー（頂点（0,1））

$y = \dfrac{e^x + e^{-x}}{2}$
で表された曲線をカテナリーという。

ヨハン：私が名づけました。本来はもっと複雑な式だよ。

　垂れたロープには、どの部分にも重力が等しくかかっているため、カテナリーを上下逆にすることで、どの部分も等しく重力に対抗できる構造が生まれます。この発想をもとに、建物や橋でカテナリーが生かされているのです。実際に、1675年から再建された現存のイギリスのセント・ポール大聖堂の屋根や日本三奇橋の1つである錦帯橋にカテナリーが使われています。

セント・ポール大聖堂

屋根に注目！　私が設計しました　レン

錦帯橋（山口県）

対数螺旋 極座標 p.209

ぐるぐると渦巻く螺旋。自然界で見られる螺旋の多くは、**対数螺旋**と呼ばれる規則正しい螺旋となっています。ヤコブ・ベルヌーイは対数螺旋を研究し、極座標をという座標系を用いてその式を表現しました。

対数螺旋（基本形）

原点からの距離を r、x 軸の正の向きとのなす角を θ としたとき、r と θ の関係が
$$r = e^\theta$$
で表された曲線を対数螺旋という。

中心からの直線と、その交点における接線のなす角がどこでも同じ！

$x = e^t \cos t$
$y = e^t \sin t$
でも表せます

ヤコブ

対数螺旋はどんな倍率で拡大・縮小しても回転させれば自身と重なり、中心から離れるにつれて成長率が一定という性質を有しています。そのため、オウムガイや台風が成長するときに自然発生する螺旋となっています。

オウムガイの貝殻

台風

column ヤコブの墓の螺旋

ヤコブは対数螺旋を研究したこともあり、墓石に対数螺旋を彫ってほしいと生前にお願いをしていました。しかし、彫刻師が対数螺旋のことをよくわかっておらず、アルキメデスの螺旋（等間隔の螺旋）を彫ってしまったのです。

ヤコブの墓

図形が違う。墓碑銘に合わないなぁ…。

変われども、私は再び同じ姿で現れる

クロソイド p.214

クロソイドは1744年にオイラー p.152 が発見した曲線です。式は非常に難しく、積分を使った媒介変数表示によって表されています。

クロソイド

原点からの曲線の長さを l としたとき、
$$x = \int_0^l \cos\frac{\theta^2}{2} d\theta, \quad y = \int_0^l \sin\frac{\theta^2}{2} d\theta$$
で表される点の集まりをクロソイドという。

進んだ距離とカーブの半径は反比例

オイラー

進めば進むほど、曲がり具合が急になる曲線だよ。

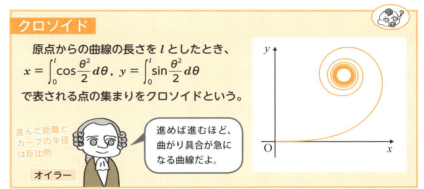

クロソイド曲線は高速道路のカーブで使われています。ほぼ直線の状態からだんだんと曲がり具合が大きくなっていくという曲線のため、車を運転するうえで急ハンドルをきらずに曲がることを可能にしています。

道路のカーブにおけるクロソイドと円弧の違い

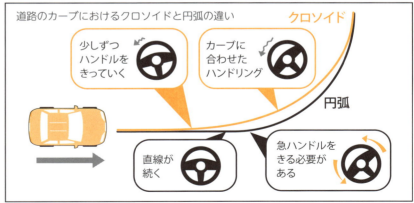

少しずつハンドルをきっていく

カーブに合わせたハンドリング

クロソイド

円弧

直線が続く

急ハンドルをきる必要がある

カーブの曲がり具合を変えるという些細な違いが、事故の発生率や身体への負担を低下させてくれているのです。

3-13 近世スイス レオンハルト・オイラー

ポイント
① 数学界の二大巨人と称されている。
② ベルヌーイ一族と交流をし、数学力を伸ばした。
③ 視力を失いながらも、500以上の論文や書籍を残した。

❶ オイラーってどんな人？

19世紀のガウス p.170 と並び、「数学界の二大巨人」を称される**レオンハルト・オイラー**。恵まれた環境に生まれ、秀でた才能を武器に困難も乗り越えた彼の生涯を4つの時期に分けて見ていきましょう。

◆学生時代（1707～1727）◆

1707年の春、スイスのバーゼルに誕生したオイラーは幼いころから記憶力と語学力に優れていました。13歳でヨハン・ベルヌーイ p.149 が教授を務めるバーゼル大学に入学。彼の才能に関心を示したヨハンは、毎週オイラーを招き、個人教授を行いました。こうした環境で力をつけたオイラーは20歳でパリ・アカデミーから賞をもらい、サンクトペテルブルク・アカデミーの教授に呼ばれたのです。

◆ロシア時代①（1727～1741）◆

はじめはダニエル・ベルヌーイがアカデミー内にいたものの、彼が1733年にバーゼルへ帰ることになり、オイラーはアカデミーの数学主任になります。そして、1735年から立て続けにバーゼル問題やケーニヒスベルクの橋 p.155 を解決したことで、オイラーの知名度が一気に上がりました。1738年に過労と風邪により右目の視力を失ったものの、研究に対する熱はまったく衰えませんでした。

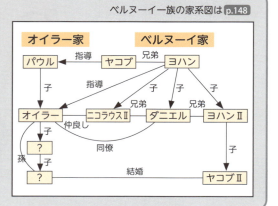

column オイラー家とベルヌーイ家

オイラーの父パウルは、家の貧しさからオイラーを聖職者にする予定でしたが、自分の先生だったヤコブ・ベルヌーイの弟のヨハンに息子の才能を絶賛され、数学者への道を許可します。オイラーは毎週ベルヌーイ家に出入りしていたため、ヨハンの息子たちとも面識があり、特にダニエル・ベルヌーイとはサンクトペテルブルクでも一緒に研究をしました。

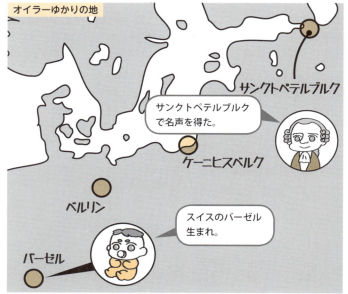

1707年	1720年	1727年	1738年	1741年	1766年	1770年	1771年	1773年	1775年	1783年	
オイラーがバーゼルで生まれる	バーゼル大学に入学する	サンクトペテルブルク・アカデミーに勤める	右目の視力を失う	ベルリン・アカデミーに勤める	サンクトペテルブルク・アカデミーに再度勤める	左目の視力を失い、両目とも失明する	火事で自宅を失う	妻カタリーナが亡くなる	1週間に1本のペースで論文を書く	脳出血で死亡	数学については次ページで

◆ベルリン時代（1741〜1766）◆

ドイツのフリードリヒ2世の招聘に応じたオイラー。ベルリン・アカデミーでも『無限解析』を書いたり、オイラー線 p.155 の発見や関数概念の導入 p.157 などの成果を出したりしています。しかし、フリードリヒ2世は時を重ねるとともにオイラーの人間性を嫌い、陰口を叩くようになり、オイラーは肩身が狭くなってサンクトペテルブルクに戻る決断をしました。

あの数学のサイクロプス（一つ目巨人）、無口でなんかムカツク。
フリードリヒ2世

居心地悪いからロシアに戻るね。
なんか化け物扱いされている
オイラー

微分 p.213　積分 p.214

◆ロシア時代②（1766〜1783）◆

ロシアに戻ってきたオイラーは、身体に負担がかかり過ぎていたのか左目も失明。翌年に町火事で自宅が焼失し、さらに2年後には最愛の妻も亡くします。それでも息子に朗読と筆記を頼み、論文を晩年まで書き続けました。そして、1783年に孫と遊んでいる最中、「死ぬよ」と言って脳出血で亡くなったのです。
オイラーは、発展途中にあった無限や微分積分を一人前の分野に成長させたため、後の数学者たちは18世紀を「オイラー時代」と呼んでいます。

❷『無限解析』

オイラーは万能な数学者で、多くの分野で新たな発見をしています p.154 。その中でも1748年の著書『無限解析』に記され、彼の名を知らしめている2つの功績をここでは取り上げます。

◆バーゼル問題◆ sin p.202　級数 p.212

バーゼル問題は、ヤコブ・ベルヌーイが生前に取り上げ、数学者の無限への興味を誘った問題です。オイラーは $\sin x$ のマクローリン級数 p.147 に巧みな式変形を施し、1735年に答えを導きました。

バーゼル問題の解

$$\frac{1}{1^2} + \frac{1}{2^2} + \frac{1}{3^2} + \frac{1}{4^2} + \cdots + \frac{1}{n^2} + \cdots = \frac{\pi^2}{6}$$

まさかπが出てくるとは…
2より小さいことはわかってました。
ヤコブ

師の兄を超えた
$\frac{\pi^2}{6}$ は約1.64。4年くらいかけて求めました。
オイラー

オイラーはその後もπが登場する無限級数を研究し、πと素数の関連性を示唆しています p.57 。

◆オイラーの公式◆ e p.207　cos p.202

「最も美しい数式」「人類にとって至宝」などとも評されるのがオイラーの公式です。$e^x, \sin x, \cos x$ のマクローリン級数を利用して求められました。

オイラーの公式

$$e^{ix} = \cos x + i \sin x$$

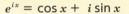

e は自然対数の底 p.156 、i は虚数 p.121 です。
どちらも重要な定数
オイラー

この式に $x = \pi$ を代入することで、$e^{i\pi} + 1 = 0$ が導けます。数学上重要な定数である $e, i, \pi, 1, 0$ が一堂に会しているため、奇跡の公式として知られているのです。

column 全集は未完結

オイラーは生涯で500を超える著作物を残しました。それらに加え、他の数学者たちへの手紙やメモまで含めた『オイラー全集(仮名)』の刊行が、スイスで1911年から始まっています。しかし、その膨大な量から2024年時点でまだ完結していません。

現在も多数の作品を注釈つきで公開中！
オンライン上で、無料で見られるらしい。すげー
オイラー

オイラーの数学

Pick Up!

●代数、幾何、数論…。多くの分野にオイラーの名は残っている

バーゼル問題やオイラーの公式以外にも、数学界の巨人オイラーは多くの分野で功績を残し、自身の名を歴史に刻みました。その中でも有名なものをPick Upします。

数学記号の整理（1728年～）

オイラーはライプニッツ p.142 と同様に、数学の記号の整理を行いました。彼によってつくられたり、定着したりした記号として、以下のようなものが挙げられます。

記号	意味	由来など
e	自然対数の底 p.156	1728年に定義。Eulerの頭文字から。
$f(x)$	関数の一般式 p.157	1735年に定義。ライプニッツは f だけを使っていた。
π	円周率	1737年に使用。定義は1706年の**ウィリアム・ジョーンズ**（William Jones, 1675年～1749年）による。
$\sum$	和の記号	1748年に定義。無限かつ規則的に続く式にわずらわしさを感じたために導入した。
i	虚数単位	1777年に定義。デカルトが虚数を imaginary number と呼んだことから。p.121

ジョーンズ（イギリスの数学者です）：πはギリシャ語 περίμετρος（周囲）の頭文字から。

オイラー（これでスッキリー！）：$1+2+3+\cdots = \sum_{n=1}^{\infty} n$ と表すことにしよう。

フェルマー数の反例（1732年）

数論の分野では、フェルマー p.134 の素数生成式に反例（成り立たない例）を与え、フェルマーの予想が誤りであったという衝撃を世界に与えました。

フェルマーの予想

n を0以上の整数とするとき、$2^{2^n}+1$ は素数である。

この式で生成される数を「**フェルマー数**」と言います。$n=4$ までは以下のとおりです。

n	0	1	2	3	4
$2^{2^n}+1$	3	5	17	257	65,537

$n=4$ の 65,537 までは素数であることが比較的容易に確かめられました。しかし、$n=5$ のフェルマー数はなんと 4,294,967,297。これが素数かどうかを確かめるのは非常に大変です。しかし、オイラーは持ち前の計算能力とセンスで素数でないことを確かめたのです。

オイラー：あれ？素数じゃないやん

$4,294,967,297 = 641 \times 6,700,417$

さらに、1753年にはフェルマーの最終定理 p.136 の $n=3$ バージョン「$x^3+y^3=z^3$ を満たす自然数 x, y, z の組は存在しない」ことも証明しています。

column 驚異の計算力

ある日、オイラーの弟子2人が非常に細かい計算をしており、互いの答えが50桁目でずれてしまいました。そこで、師に確かめてほしいと伝えたら、オイラーは瞬時にどちらが間違っているかを指摘したそうです。

弟子A：50桁目は3でしょ
弟子B：いや、5だよ
オイラー（秒で計算）：えーっと、50桁目は3。Aが正しい

column オイラーも予想を外した

フェルマーの最終定理の $n=3$ バージョンを利用して、オイラーも次のような予想を立てました。

オイラー予想（5次元）

$v^5+w^5+x^5+y^5=z^5$ を満たす自然数 v, w, x, y, z の組は存在しない。

フェルマー予想以上に膨大な計算量が必要でしたが、1966年にコンピュータによって、反例が見つかってしまいました。フェルマーやオイラーでもミスはあったんですね。

$27^5+84^5+110^5+133^5=144^5$

ケーニヒスベルクの橋（1736年）

幾何学の分野でも、数学者たちが数年間頭を悩ませてきた問題を解決しました。それは現実世界のさいな疑問から生まれた問題です。

ケーニヒスベルクの橋

ケーニヒスベルクという町には、プレーゲル川が流れており、7つの橋がかかっている。これらの橋をすべて一度ずつ渡る散歩ルートはあるか？

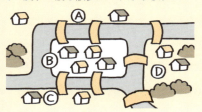

column カジュアルな科学書も出版

現在、専門的な知識がない人でも楽しめる数学や理科の本はたくさん書店に並んでいます。そういった本が書かれたのはオイラーの時代からでした。オイラーが書いたカジュアルな科学書のトピックの例としては、

- 赤道付近でも高い山では寒い理由
- 月が地平線近くだと大きく見える理由
- 人間の目のはたらき
- 空が青い理由

などがあり、科学的な根拠も含めて書かれたこの本はヨーロッパや植民地時代のアメリカでベストセラーとなりました。

オイラーは陸地と橋の関係を右の図のように抽象化。点と辺に置き換えて、そのつながり方に着目し、一筆書きができる図の条件と比べました。

> A～Dのすべての点が奇数本の辺を持っているので、一筆書きは不可能！

> スタートやゴールが4つもある

オイラー

オイラーの一筆書きの条件

一筆書きをするためには、次の①か②を満たす必要がある。
① すべての点が、偶数本の辺とつながっている。
② 2か所の点が奇数本の辺とつながり、残りの点はすべて偶数本の辺とつながっている。

**偶数本の辺とつながった点
＝
スタート＆ゴールだけでなく経由点にもなる**

**奇数本の辺とつながった点
＝
スタート＆ゴールにしかなれない**

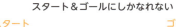

図形の本質に焦点を当てるという考え方は、「トポロジー」p177 という分野の先駆けとなりました。

オイラー線（1765年） 外心・重心・垂心・中線 p.199

こちらは通常の幾何学的な性質についてです。三角形に関する美しい性質を発見し、証明を行いました。

オイラー線

三角形の外心と重心と垂心は、同じ直線上に並ぶ。

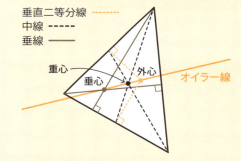

外心：各辺の垂直二等分線の交点
重心：中線（各頂点から対辺の中点を結んだ線）の交点
垂心：各頂点から対辺への垂線の交点

二等辺三角形や直角三角形のような特別な三角形でなくても成り立つのが美しいポイント。

また、晩年には縦・横・高さ・各面の対角線の6本がすべて整数になる「**オイラー直方体**」を発見しています。

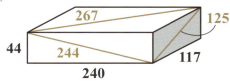

> 幾何学は遊び！

> 目が見えなくても頭の中で図形はつくれる

オイラー

Pick Up!

e はなぜ誕生したのか？

● π と並んで e が数学で重要視される理由とは？

17～18世紀に突如登場した自然対数の底 e。定義がややこしい e がどのように誕生し、なぜ円周率 π と並んで重要視されているのかを解説します。

複利計算から生まれた e　　e p.207　　lim p.212

ヤコブ・ベルヌーイ p.148 は、1690年の論文の中で、複利計算について論じています。彼は次のような仮想の銀行における金利を考えました。

ヤコブの仮想銀行

1年預けると100%の利息がつく銀行がある。この銀行では、
● 預ける期間を半分ずつにすれば、50%の利息計算が2回
● 預ける期間を $\frac{1}{4}$ ずつにすれば、25%の利息計算が4回

というような利息のつき方をする。預ける期間を限界まで短くしたとき、元本を何倍まで増やせるか。

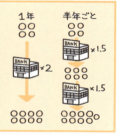

ヤコブは実際にこれを計算して、期間を短くすればするほどお金は増えるものの、無限には増えないことを発見します。

毎回の預ける期間	毎回の金利	10000円が1年後にいくらになるか
1年	100%	$10000 \times (1+1)^1 = 20000$ 円
$\frac{1}{2}$ 年	50%	$10000 \times \left(1+\frac{1}{2}\right)^2 = 22500$ 円
$\frac{1}{10}$ 年	10%	$10000 \times \left(1+\frac{1}{10}\right)^{10} = 25937$ 円
$\frac{1}{100}$ 年	1%	$10000 \times \left(1+\frac{1}{100}\right)^{100} = 27048$ 円
$\frac{1}{1000}$ 年	0.1%	$10000 \times \left(1+\frac{1}{1000}\right)^{1000} = 27169$ 円

2〜3倍になることは示せました。

増え方がにぶいから

ヤコブ

ヤコブの後を継いだのがオイラー p.152 で、この計算を無限に行ったときの倍率を e と表し、約2.718であることを求めました。

e の定義

$$e = \lim_{n \to \infty}\left(1+\frac{1}{n}\right)^n = 2.71828\cdots$$

微分積分との関係　微分 p.213　積分 p.214　log・底 p.206　自然対数 p.207

e が微分積分でおもしろい関係にあることもオイラーの興味を惹きました。関数 $y = e^x$ にそのおもしろさが表れており、e の重要性を世の中に示しています。

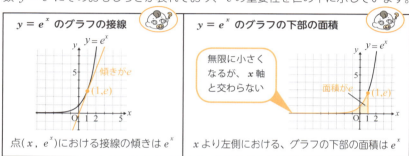

$y = e^x$ のグラフの接線	$y = e^x$ のグラフの下部の面積
傾きが e	無限に小さくなるが、x軸と交わらない　面積が e
点 (x, e^x) における接線の傾きは e^x	x より左側における、グラフの下部の面積は e^x

対数螺旋 p.151 も同じ理由で美しい

変わらないというのは美しい！

オイラー

接線の傾き ⇄（微分／積分）元の関数 $y=e^x$ ⇄（微分／積分）下部の面積 $y=e^x$

column　ネイピア数・自然対数の底

e はオイラーの名からつけられた記号ですが、名称としては「ネイピア数」や「自然対数の底」と呼ばれています。なぜなら、ネイピア p.127 が定義した対数は $-10^7 \log_e\left(\frac{x}{10^7}\right)$ で、知らず知らずのうちに底 e を使っていたからです。今や $\log_e x$ は $y = \frac{1}{x}$ の積分やメルカトル級数 p.147 にも登場するほど重要な式となっています（$\log_e x$ の e は省略されるのが基本）。

e なんて意識していなかったなあ…。

e は自然に生まれたんです

ネイピア

Pick Up!

functionが関数になるまで

●ヨーロッパの「function」が、日本の「関数」になるまでの流れを解説！

ライプニッツが f、オイラーが $f(x)$ と表した関数（function）。この言葉が日本で「関数」として使われるようになったのは20世紀のことです。数学でとても重要な関数概念の歴史をたどってみましょう。

ヨーロッパで生まれたfunction　$f(x)$　p.208

現在、関数の定義は中学校1年生で学びます。

関数の定義
変数 x の値を決めると、それにともなって変数 y の値もただ1つに決まるとき、y は x の関数であるという。

関数の考え方は、デカルト p.132 が座標を使い始めた17世紀頃に始まりました。17世紀末にはライプニッツ p.142 が関数に「function」という言葉を使い、1735年にオイラー p.154 が $y=f(x)$ と表しています。

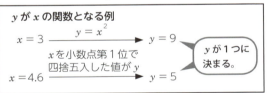

現在使われている定義は、ペーター・グスタフ・ディリクレ（Peter Gustav Dirichlet, 1805年〜1859年）が19世紀に考えたもので、「ただ1つ」に決まるのがポイントです。

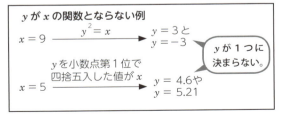

中国の「函数」、日本の「関数」へ

関数がヨーロッパから中国に伝わったとき、functionを函数と訳しました。「函」は北海道の地名「函館」でも使われているように、「箱」を意味します。その意味に合致するかのように、ある中国書では、機能 f を持つブラックボックスで函数を説明しています。

「fun」を音訳すると「函（ハン）」。ゆえに、我々は「函数（ハンシュ）」と呼んでいるよ。

翻訳ってむずかしい

訳した中国人

函数ブラックボックス

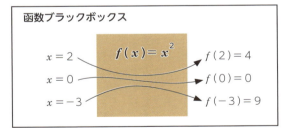

日本の数学の基礎は中国に由来 p.158 し、鎖国中も中国とは交易を行っていたので、「函数」も幕末に入ってきた言葉だと考えられます。しかし、戦後に定められた常用漢字の中に「函」が入っていなかったため、y は x に関わりのある数ということから、「関数」と表されるようになりました。

column　関数は身近にたくさんある！

関数の本質は、何かと何かを「対応させること」にあります。日頃の生活を送るなかで、数式が出てくる関数には触れる機会が少なくても、関数の考え方そのものはあらゆる場面で無意識に使われています。

100gあたり200円のお肉の値段
お肉の重量 x gに対し、値段を y 円とすると、y は x の関数である（$y=2x$）。

量が決まれば価格が1つに決まる。

住所に対する郵便番号
郵便番号 y は住所 x の関数である。

住所に対して郵便番号は1つに決まる。

ちなみに郵便番号から住所は1つに決まらないため、住所は郵便番号の関数とはいえない。

他にも電車の走行距離と運賃の関係や、見たいテレビ局とチャンネル番号の関係など、たくさんの函数ブラックボックスが世の中にはあふれているのです。

Pick Up!
日本の数学の歴史
● 中国から影響を受けた日本。江戸時代には独自の数学が発展した

ヨーロッパ数学が著しく発展していった18世紀、日本は鎖国していたものの、和算という独自の数学が発展しました。文字が伝わった5世紀から開国する19世紀までの日本の数学を見てみましょう。

文字の文化は5世紀から

5世紀頃、中国からの渡来人によって日本に漢字が伝わりました。その中には漢数字も含まれており、7世紀の大和政権では政治の記録に漢数字を利用しています。8世紀後半に編纂された日本最古の歌集『万葉集』でも漢数字が使われ、九九にちなんだ特殊な読み方をされました。

万葉集に出てくる九九言葉

言葉	読み	理由
いさ二五聞こせ	いさとをきこせ	2×5=10 (とお) から。「さあどうだろうとおっしゃい」という意味。
かく二二知らさむ	かくししらさん	2×2=4 (し) から。「隠しておきたいが、知らせたい」という複雑な心境を表す。
に八一あらなくに	にくくあらなくに	81=9×9 (九九・くく) から。「嫌われたくない」という意味。
十六	しし	16=4×4 (しし) から。「獅子」のこと。
三五月	もちづき	3×5=15 より、「十五」。「十五夜」は望月(満月)のことを指すため。

九九は平安時代の教科書『口遊』にも掲載されていて、貴族の子どもたちは九九を学んでいたことがわかります。算木 p.61 も中国から伝わっていたため、日本でも数学が発展する土台があったものの、実用的な範囲内での数学しか行われませんでした。

この世をば我が世とぞ思ふ三五月の欠けたることもなニニと思へば的な？

なんか小者感出るけど…

藤原道長

中国の数学が続々と日本へ

室町時代にそろばんが伝わり、算木に代わって計算で使われるようになりました。安土桃山時代の朝鮮出兵では、豊臣秀吉が宋や元の数学書を持ち帰ります。そして、1600年頃に日本最古の数学書『算用記』が誕生。そろばんによる計算法が紹介されました。

5世紀頃	渡来人によって漢数字が伝わる。
8世紀後半	『万葉集』で九九が使われる。
10世紀頃	『口遊』で九九が学ばれる。
16世紀頃	そろばんが中国から伝わる。
1600年頃	日本最古の数学書『算用記』が書かれる。
1622年	毛利重能が『割算書』を書く。
1627年	吉田光由が『塵劫記』を書き、和算ブームが起こる。
1641年	吉田光由が『塵劫記』の改訂版の巻末に答えのない問題を掲載。遺題継承の文化が始まる。
1674年	関孝和が『発微算法』を書く。
1722年	建部賢弘が『綴術算経』を書く。
1853年	ペリー来航。翌年に開国する。
1857年	福田理軒が『西算速知』を書く。以後、伝統的な和算は廃れていく。

出兵は失敗だったけど、得るものはあったぞよ。

だって数学得意だったし

豊臣秀吉

column 秀吉の「縛り木法」

織田信長がある山林の木の本数を数えることを家臣に命じました。家臣の一人である秀吉は赤1000本、青1000本、緑1000本の紐を足軽たちに渡し、すべての木に巻きつけるよう命じます。

残った紐を数えるんじゃ。

豊臣秀吉

足軽たちが作業を終えた後、秀吉は残った紐の本数を数えます。赤50本、青200本、緑100本だったため、次のように木の本数を求めました。

3000－50－200－100＝2650本

色分けすることで残った紐の本数を数えやすくしているところに秀吉の頭のよさが表れています。

＊紐の本数や木の本数に明確な記録はないため、計算の一例として示しています。

日本独自の数学「和算」 級数 p.212

『算用記』を皮切りに日本独自の数学である「和算」が江戸時代に誕生しました。和算家たちは先人の業績を継承し、それを超そうと努力を重ねた結果、ヨーロッパに匹敵する数学レベルを手に入れています。

毛利重能 1620年頃活躍
『算用記』はわかりづらい！
『割算書』にて、そろばんでわり算を行う方法をわかりやすく解説した。

吉田光由 1598年～1672年
毛利先生の弟子です。
『塵劫記』を書き、庶民に和算ブームを巻き起こした。

関孝和 1640年頃～1708年
『塵劫記』で勉強しました。
和算の基礎をつくる。『発微算法』で、高次方程式を解いた。「算聖」と呼ばれる。

建部賢弘 1664年～1739年
関先生の弟子で、先生の本の解説書も書きました。
級数を用いて円周率を41桁まで計算。その手法を『綴術算経』に記した。

『塵劫記』

吉田光由が1627年に書いた『塵劫記』は、和算書の中で最も有名で、当時のベストセラーとなりました。以下のような数学パズルやイラスト入りの解説が特徴的な本で、関孝和をはじめ多くの人たちが興味を持ち、和算ブームの火つけ役となりました。

油分け算
10升の桶に入っている油を、7升マスと3升マスを使って5升ずつに分けたい。どうすればよいか？

10升　　7升　　3升

この問題は以下のように解くことができます。
① 10升桶から、3升マスで2回油をとり、それらを7升マスに入れる。
② 10升桶から、3升マスで油をとり、7升マスがいっぱいになるまで入れる。
③ 7升マスから10升桶に油を入れる。3升マスから7升マスに油を入れる。
④ 10升桶から、3升マスで油をとり、7升マスに入れる。

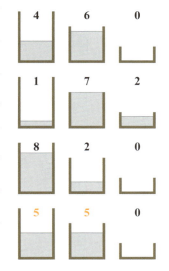

column 遺題継承 (いだいけいしょう)

遺題継承とは、和算家が解けなかった問題を自身の著作の巻末に記し、後世の和算家に託すことです。遺題を解いた和算家がそれについての本を書き、さらに難しい問題を遺題として巻末に記すことで、和算のレベルがどんどん上がっていきました。

もともとは読者の実力を測るためのもので、算数レベルの問題でした。

遺題を初めて載せました

吉田光由

文明開化

江戸時代に大きな発展を見せた和算ですが、1853年のペリー来航を機に西洋の数学が日本に入ってくるようになります。

1857年に福田理軒（ふくだりけん）が書いた『西算速知』では、初めて西洋数学が解説されました。フワーリズミーの筆算 p.95 の方法も紹介されていて、明治時代になると、漢数字からアラビア数字、そろばんから筆算というような西洋数学のスタイルが一般に浸透していきました。

明治時代の学校では、そろばんが禁止になったこともあるよ。

35 × 29 はこんな感じで計算

明治時代の教員

Pick Up!
近世ヨーロッパ各国の数学

近世の数学はヨーロッパの数学。しかし、実際に数学を発展させたのはイタリア、ドイツ、フランス、イギリス、スイスが中心でした。各国の主たる数学の内容を振り返りましょう。

● ヨーロッパと言えど、活躍できる国は限られていた！

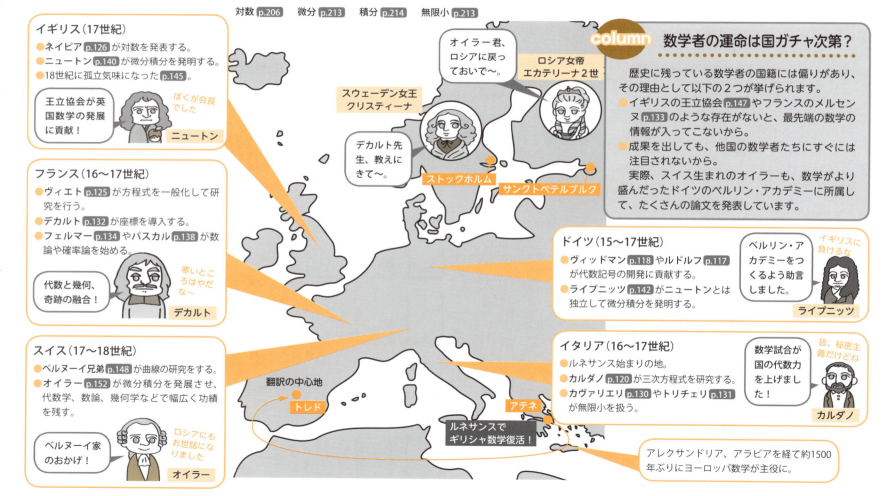

対数 p.206　微分 p.213　積分 p.214　無限小 p.213

イギリス（17世紀）
- ネイピア p.126 が対数を発表する。
- ニュートン p.140 が微分積分を発明する。
- 18世紀に孤立気味になった p.145。

王立協会が英国数学の発展に貢献！
ぼくが会長でした
ニュートン

フランス（16〜17世紀）
- ヴィエト p.125 が方程式を一般化して研究を行う。
- デカルト p.132 が座標を導入する。
- フェルマー p.134 やパスカル p.138 が数論や確率論を始める。

代数と幾何、奇跡の融合！
寒いところはやだな〜
デカルト

スイス（17〜18世紀）
- ベルヌーイ兄弟 p.148 が曲線の研究をする。
- オイラー p.152 が微分積分を発展させ、代数学、数論、幾何学などで幅広く功績を残す。

ベルヌーイ家のおかげ！
ロシアにもお世話になりました
オイラー

オイラー君、ロシアに戻っておいで〜。
ロシア女帝 エカテリーナ2世

スウェーデン女王 クリスティーナ
デカルト先生、教えにきて〜。
ストックホルム
サンクトペテルブルク

ドイツ（15〜17世紀）
- ヴィッドマン p.118 やルドルフ p.117 が代数記号の開発に貢献する。
- ライプニッツ p.142 がニュートンとは独立して微分積分を発明する。

ベルリン・アカデミーをつくるよう助言しました。
イギリスに負けるな
ライプニッツ

イタリア（16〜17世紀）
- ルネサンス始まりの地。
- カルダノ p.120 が三次方程式を研究する。
- カヴァリエリ p.130 やトリチェリ p.131 が無限小を扱う。

数学試合が国の代数力を上げました！
皆、秘密主義だけどね
カルダノ

翻訳の中心地
トレド
アテネ
ルネサンスでギリシャ数学復活！

アレクサンドリア、アラビアを経て約1500年ぶりにヨーロッパ数学が主役に。

column 数学者の運命は国ガチャ次第？

歴史に残っている数学者の国籍には偏りがあり、その理由として以下の2つが挙げられます。
- イギリスの王立協会 p.147 やフランスのメルセンヌ p.133 のような存在がないと、最先端の数学の情報が入ってこないから。
- 成果を出しても、他国の数学者たちにすぐには注目されないから。

実際、スイス生まれのオイラーも、数学がより盛んだったドイツのベルリン・アカデミーに所属して、たくさんの論文を発表しています。

$ax^5+bx^4+cx^3+dx^2+ex+f=0$

第4章

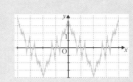

ワイエルシュトラス

アーベル

ガロア

近代・現代の数学

ボヤイ

$\zeta(z)$

リーマン

近代の数学は解析学に始まり、曖昧だった無限の概念がついに確立されました。また、数学の細分化が進み、ヨーロッパ各国の数学者たちがさまざまな分野を研究し始めます。20世紀になるとコンピュータの誕生とともに、数学研究はより深みへと入っていきました。

ロバチェフスキー

ラプラス

$\int$

カントール

コーシー

フーリエ

ノイマン　チューリング

$a \equiv b \pmod{m}$

ガウス

誕生順で整理！ 有名数学者一覧
近現代の欧米諸国

18世紀に発展した解析学を引き継ぐ形で19世紀に突入。解析学の発展と同時に、代数学や幾何学が細分化されたり、集合論や統計学が誕生したりしました。20世紀に入り、数学的な思考に基づいて生まれたコンピュータは、数学者たちの研究の助けにもなっています。

生年	国	誕生した数学者と主なできごと
1717年	フランス	ジャン・ル・ロン・ダランベール（Jean Le Rond D'alembert, 1717年～1783年）。代数学の基本定理を証明する。
1736年	フランス	ジョセフ＝ルイ・ラグランジュ（Joseph-Louis Lagrange, 1736年～1813年）。導関数の記号$f'(x)$をつくる。
1743年	フランス	ニコラ・ド・コンドルセ（Nicolas de Condorcet, 1743年～1794年）。コンドルセのパラドックスを提示する。
1746年	フランス	ガスパール・モンジュ（Gaspard Monge, 1746年～1818年）。三次元空間の研究をし、画法幾何学を確立する。
1749年	フランス	ピエール＝シモン・ラプラス（Pierre-Simon Laplace, 1749年～1827年）。正規分布の形を数式で表す。
1752年	フランス	アドリアン＝マリー・ルジャンドル（Adrien-Marie Legendre, 1752年～1833年）。ルジャンドル予想を発表する。
1768年	フランス	ジョゼフ・フーリエ（Joseph Fourier, 1768年～1830年）。熱の伝わり方を研究し、フーリエ積分を発明する。
1777年	ドイツ	カール・フリードリヒ・ガウス（Carl Friedrich Gauss, 1777年～1855年）。複素平面を導入する。微分幾何学を創始する。
1789年	フランス	オーギュスタン＝ルイ・コーシー（Augustin-Louis Cauchy, 1789年～1857年）。複素積分の導入や無限の厳密化を図る。
1790年	ドイツ	アウグスト・メビウス（August Möbius, 1790年～1868年）。メビウスの輪により、トポロジーの性質を説明する。
1792年	ロシア	ニコライ・ロバチェフスキー（Nikolai Lobachevsky, 1792年～1856年）。双曲幾何学を発表する。
1796年	ベルギー	アドルフ・ケトレー（Adolphe Quetelet, 1796年～1874年）。社会学に統計学を導入する。
1802年	ハンガリー	ヤーノシュ・ボヤイ（Janos Bolyai, 1802年～1860年）。ロバチェフスキーと同様の幾何学を独自に発表する。
1802年	ノルウェー	ニールス・アーベル（Niels Abel, 1802年～1829年）。五次方程式に解の公式がないことを発表する。
1811年	フランス	エヴァリスト・ガロア（Evariste Galois, 1811年～1832年）。解が求められる方程式の形を「ガロア理論」で示す。
1815年	イギリス	ジョージ・ブール（George Boole, 1815年～1864年）。論理を代数学の式を使って表す。
1815年	ドイツ	カール・ワイエルシュトラス（Karl Weierstrass, 1815年～1897年）。無限を厳密に定義する。

細かくなっていった数学の分野（New Field）

微分幾何学
ガウスが確立。曲面を微分することで曲率を求め、数値から曲面の状態を考える幾何学分野。

抽象代数学
ガロアが確立。集合を利用して、たし算・ひき算のような演算方法自体を理解しようという代数学分野。

集合論
カントールが確立。共通点を持つものの集まりに注目する分野で、他の数学分野の理論の基礎をなしている。

ヒルベルト・プログラム始動

ヒルベルト

数学、細かくなりすぎ！ 完全で矛盾のない公理をつくって、数学を統一しましょう！

解説　導関数 $f'(x)$ p.213　正規分布 p.211　積分 p.214　複素平面 p.204　微分 p.213

画法幾何学
モンジュが確立。3次元の物体を二次元に投影するための幾何学分野。工学や建築で活用されている。

非ユークリッド幾何学
ロバチェフスキーやボヤイが確立。ユークリッド幾何学の平行線公準を変えたときの図形的性質を考える幾何学分野。

論理代数学
ブールが確立。論理を式で考える代数学分野。コンピュータの電子回路にも利用されている。

トポロジー
ポアンカレが確立。つながり方や穴の数といった物体の本質的な構造に焦点を当てた幾何学分野。

統計学
フィッシャーが確立。データを集めて分析し、そこから意味のある情報を引き出すための方法を研究する分野。

生年	国	誕生した数学者と主なできごと
1820年	イギリス	フローレンス・ナイチンゲール（Florence Nightingale, 1820年～1910年）。統計学を医療で活用する。
1826年	ドイツ	ベルンハルト・リーマン（Bernhard Riemann, 1826年～1866年）。楕円幾何学やリーマン予想を発表する。
1831年	ドイツ	リヒャルト・デデキント（Richard Dedekind, 1831年～1916年）。集合を使って実数の厳密な扱いを可能にする。
1834年	イギリス	ジョン・ベン（John Venn, 1834年～1923年）。集合論を研究し、ベン図を考案する。
1845年	ドイツ	ゲオルグ・カントール（Georg Cantor, 1845年～1918年）。集合論により、無限とその大きさについて研究する。
1848年	イタリア	ヴィルフレド・パレート（Vilfredo Pareto, 1848年～1923年）。エンドウ豆の発育から「パレートの法則」を発見する。
1849年	ドイツ	フェリックス・クライン（Felix Klein, 1849年～1925年）。「クラインの壺」で、トポロジーの性質を説明する。
1854年	フランス	アンリ・ポアンカレ（Henri Poincare, 1854年～1912年）。トポロジーを学問分野として確立する。
1862年	ドイツ	ダフィット・ヒルベルト（David Hilbert, 1862年～1943年）。完全で矛盾のない数学を目指す。
1872年	イギリス	バートランド・ラッセル（Bertrand Russell, 1872年～1970年）。集合に関するパラドックスを提起する。
1883年	アメリカ	フランク・ベンフォード（Frank Benford, 1883年～1948年）。社会に登場するデータに関する法則を発見する。
1890年	イギリス	ロナルド・フィッシャー（Ronald Fisher, 1890年～1962年）。さまざまな統計学的手法を解説する。
1903年	ハンガリー アメリカ	ジョン・フォン・ノイマン（John Von Neumann, 1903年～1957年）。ゲーム理論の確立やコンピュータの設計を行う。
1906年	オーストリア アメリカ	クルト・ゲーデル（Kurt Gödel, 1906年～1978年）。「不完全性定理」を証明する。
1912年	イギリス	アラン・チューリング（Alan Turing, 1912年～1954年）。コンピュータ開発の土台となる理論を構築する。
1924年	フランス アメリカ	ブノワ・マンデルブロ（Benoit Mandelbrot, 1924年～2010年）。コンピュータでフラクタル図形の研究をする。
1928年	アメリカ	ジョン・ナッシュ（John Nash, 1928年～2015年）。ゲーム理論を研究し、ナッシュ均衡を発表する。

統一したい気持ちはわかるけど…

不完全性定理により、矛盾のない数学の世界をつくるのは無理！

ゲーデル

ゲーム理論
ノイマンが確立。人々が競争や協力をするときの選択を、数学的に分析する応用分野。

コンピュータにもできないことがある！

理想のコンピュータがつくれたとしても

チューリング

計算機科学
チューリングやノイマンが確立。コンピュータの理論、設計、開発に寄与する応用分野。

プログラミングで動くコンピュータを設計！

できないことがあるのは前提

ノイマン

解説 集合 p.197

4-1 近代フランス 革命期のフランス

前5000　前1000　0　400　800　1200　1300　1400　1500　1600　1700　1751年〜1825年　1800　1900　2000

ポイント
1. ダランベールやコンドルセが啓蒙主義の普及に貢献した。
2. エコール・ポリテクニークに多くの数学者がかかわった。
3. ナポレオンは多くの数学者と交流があった。

❶ フランス革命前

　18世紀のフランスでは、理性を人間の最も重要な能力と考え、知的活動を重視する動き(**啓蒙主義**)が起こりました。フランス革命の原動力ともなった考え方であり、その普及には2人の数学者も絡んでいます。

◆ダランベール◆
三次方程式 p.195　重解 p.194　i p.204

　ジャン・ル・ロン・ダランベールは、仲間たちと全28巻からなる『百科全書』を刊行しました。啓蒙主義という当時の風潮に合った著作であり、初版で4000部が予約出版されるほどの人気を博しました。『百科全書』の序文では数学の意義についても述べられています。

　また、ダランベールは数学者として、**代数学の基本定理**を証明しました。

絶対王政、絶対おかしい！
啓蒙主義に合わない！
民衆

解析学、代数、幾何を総合した数学は、知的活動を実践するためには不可欠！
いろいろな人の勉強会に呼ばれました
ダランベール

代数学の基本定理
n次方程式の解の個数は、重解を含めてn個存在する。

二次方程式 $x^2 - 6x + 9 = 0$
$(x-3)^2 = 0$ より、$x = 3$ が重解のため2個(分)。
二次方程式 $x^2 = -1$
$x = i, -i$ のため2個。
三次方程式 $x^3 - 6x^2 + 11x - 6 = 0$
$(x-1)(x-2)(x-3) = 0$ より、$x = 1, 2, 3$ で3個。

今の数学では、ダランベールの証明だといまいち
正確な証明は私が行いました。
ガウス

◆コンドルセ◆

　ニコラ・ド・コンドルセは啓蒙思想家たちと交流を深め、社会の中で合理的な決定をするための考察を確率論の視点で深めました。その研究の中で発見し、1785年の著作で公表したパラドックスを見てみましょう。

コンドルセのパラドックス

　A君、B君、C君の3人が一緒に食べるご飯について悩んでいる。彼らは焼肉、すし、ラーメンを右上の表のように希望している。

	A君	B君	C君
第1希望	焼肉	ラーメン	すし
第2希望	ラーメン	すし	焼肉
第3希望	すし	焼肉	ラーメン

　しかし、右下のようなトーナメント表を作成し、それぞれで多数決をとることで、3人で食べるご飯を決めることができる。

トーナメントなら決まる

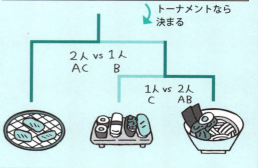

2人 vs 1人　AC　B
1人 vs 2人　C　AB

　合理的な議論を重視したコンドルセはフランス革命に巻き込まれることになります。彼は革命を主導したグループに反対したために逮捕され、獄中で自殺しました。

じゃんけんのように希望が循環していても、競わせる順番を考えれば作為的に結果を決めることができる。
合理的なようで合理的でない
コンドルセ

1751年	1785年	1788年	1789年	1794年	1794年	1799年	1804年	1812年	1825年
ダランベールらが『百科全書』を創刊する	コンドルセが多数決のパラドックスを提示する	ラグランジュが『解析力学』を書く p.166	フランス革命が起こる	ルジャンドルが『原論』の解説書を作成する	エコール・ポリテクニークが創立される	モンジュが画法幾何学を確立する p.166	ナポレオンが皇帝となる	ラプラスが正規分布について言及する p.167	ソフィーの研究を受け、ルジャンドルが数論で成果を残す

❷フランス革命後

フランス革命後、革命の波に飲まれたくないヨーロッパは、フランスとの交流を避けるようになりました。そのため、フランスは国内で科学力を高めていく必要がありました。

◆エコール・ポリテクニーク◆

1794年に創立されたエコール・ポリテクニークは、革命期にモンジュ p.166 らによってつくられた高等教育機関です。この教育機関では、教師としてモンジュの他にラグランジュ p.166 やフーリエ p.168 なども勤務し、コーシー p.169 やラメ p.137、ポアンカレ p.177 といった卒業生を輩出しています。

パリ科学アカデミーは大人用の組織。青年期から科学力を伸ばす場所が必要！
設立メンバーの1人です
モンジュ

フェルマーの最終定理を研究したよ
ラメ

卒業後、教師としても携わりました。

トポロジーの概念を確立しました
ポアンカレ

◆ルジャンドル◆

革命期以降、エコール・ポリテクニークの卒業試験の委員として働いていたのが、アドリアン゠マリー・ルジャンドルです。ルジャンドルが書いた『幾何学の基礎』は、『原論』 p.54 の解説書としてベストセラーとなりました。19世紀に入ると、彼は数論にも力を入れ始め、フェルマーの最終定理のn=5バージョン p.137 を証明したり、素数についての研究 p.56 をしたりしています。

『幾何学の基礎』は死ぬまでに20版を達成！
死後もいろいろな国で読まれました
ルジャンドル

ルジャンドル予想

自然数nに対して、n^2と$(n+1)^2$の間には、必ず素数が存在する。

成り立ちそうだけど、未解決問題

2^2と3^2の間なら5, 7。
11^2と12^2の間なら127, 131, 137, 139。
ルジャンドル

column メートル法の確立

革命前のフランスでは、地域によって使っている長さの単位がまちまちで、国内に混乱を招いていました。革命派の啓蒙主義が掲げる合理性に沿わなかったため、革命中の1791年に度量衡委員会が組織されます。同委員会により、1メートルの長さが定義され、フランス、さらには世界の標準単位となったのです。

北極点から赤道までの距離の$\frac{1}{10,000,000}$を1mと定義！
赤道

column ソフィー・ジェルマン 〜男装して勉強した女性数学者〜

フェルマーの最終定理に貢献したソフィー・ジェルマン（Sophie Germain, 1776年〜1831年）。当時、女性に勉学は不要という考えがあり、エコール・ポリテクニークへの入学も断られてしまいます。そこで、実在した男子生徒ルブランの名を借り、男装して学校に通いました。その後、彼女の才能を知った教員ラグランジュが、ソフィーと会うことを求めたために素性がバレます。しかし、ラグランジュは性別を気にせず、ソフィーのよき指導者になりました。

ルブランとして勉強しました。
ソフィー

ルブランって女性だったんだ！ビックリ！
でも、気にしない
ラグランジュ

Pick Up!
ナポレオンと数学者

●軍人ナポレオンは数学好きで、数学者との交流も多かった！

フランス革命後の混乱を収拾し、一時的とはいえフランスの領土を大きく広げるほどの手腕を発揮したナポレオン。実は数学好きという一面があり、それゆえに数学者とのつながりも多かったのです。

ラグランジュ　導関数 p.213　$f(x)$ p.208

晩年にナポレオンから爵位を与えられた**ジョセフ＝ルイ・ラグランジュ**は、メートル法を確立した度量衡委員会 p.165 に属した数学者です。彼は導関数の記号をつくったり、数論分野で自身の名が残る定理を生み出したりしています。

導関数の記号
関数 $f(x)$ を微分してできた関数を $f'(x)$ と表す。これをさらに微分してできた関数を $f''(x)$ と表す。
微分を続けて、$f(x)$ を n 回微分してできた関数を $f^{(n)}(x)$ と表す。

ラグランジュの四平方定理
すべての自然数は、4つの平方数の和で表すことができる。

$$1 = 1^2 + 0^2 + 0^2 + 0^2$$
$$9 = 2^2 + 2^2 + 1^2 \pm 0^2$$
$$127 = 10^2 + 5^2 + 1^2 + 1^2$$

また、ラグランジュが1788年に書いた『解析力学』では、物理的な運動を数学で簡潔に表現。その後の標準的な教科書となり、エコール・ポリテクニークなどで使われました。

導関数も便利だよ！
なんとなく表せそうだけど、証明には苦労しました。
ラグランジュ

column　芸は身を助ける

ラグランジュは1766年から勤めていたベルリンアカデミーを離れ、1787年にルイ16世に呼ばれてパリ科学アカデミーに属しました。フランス革命では本来なら追放される立場にありましたが、ラグランジュの能力や人柄により、処刑されることなく、革命後はメートル法の制定やエコール・ポリテクニークでの教育に貢献しています。

ルイ16世の命令でアカデミーに勤め、マリー・アントワネットの家庭教師もした人物だが…
ラグランジュは憎めないし、処刑はもったいない！
革命派

モンジュ

ナポレオンのエジプト遠征に同行した**ガスパール・モンジュ**。デッサンが得意だったモンジュは、ナポレオンのためにエジプトで地図作成を行い、数学者としては三次元空間を二次元平面に書き表す**画法幾何学**を確立しました。

フーリエも連れて行ったよ。現地での仕事は違ったけど。
この遠征の利点はライプニッツが説明していた p.143 らしい
ナポレオン

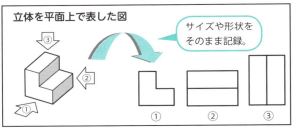
立体を平面上で表した図
サイズや形状をそのまま記録。
① ② ③

投影図も画法幾何学の一種！
真上からの平面図と、正面からの立面図
モンジュ

ナポレオン失脚後は、ナポレオンに尽くしていたことが仇となり、国政からは追放されました。晩年は研究をするどころか認知症と闘うこととなり、無気力状態のまま最期を迎えています。

column　ナポレオンをいさめた

モンジュが設立したエコール・ポリテクニークでは、ナポレオン皇帝就任のお祝いを行いませんでした。その理由は、共に共和制を支持していたはずのナポレオンが、突如皇帝になってしまったからです。ナポレオンがモンジュを問いただしたときに、モンジュはナポレオンを皮肉たっぷりにいさめました。

学生たちを共和主義にするために時間がかかりました。帝国主義にするにも同様の時間がかかります。
陛下は心変わりがお早いことで…
モンジュ

ラプラス   正規分布 p.211   一般化 p.194 e p.207

　ピエール＝シモン・ラプラスは、ナポレオン政権時に内務大臣に任ぜられた数学者です。彼は1774年から確率論に熱中し、正規分布の形を式で表しました。ガウス p.170 はこの式を一般化し、統計学の基礎を築いています。

正規分布の形

正規分布の形は、$y = e^{-x^2}$ で表すことができ、グラフの下部の面積は、$\sqrt{\pi}$ となる。

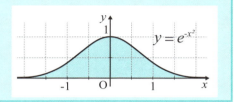

　また、ラプラスは同国のジョルジュ・ルクレール・ド・ビュフォン（Georges Leclerc de Buffon, 1707年～1788年）が行ったビュフォンの針 p.71 を発展させた実験も行いました。

ビュフォン-ラプラスの針

横の平行線の間隔がa、縦の平行線の間隔がbであるマス目上に、aやbよりも短い長さℓの針をn本投げてm本交差したとき、

$$\frac{m}{n} = \frac{2\ell(a+b) - \ell^2}{\pi ab}$$

が成り立つ。

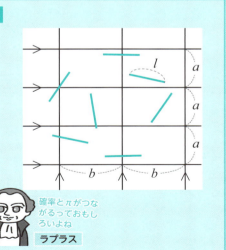

（ラプラス）bを無限に大きくすると、ビュフォンと同じ式となります。／確率とπがつながるっておもしろいよね

フーリエ

　モンジュと同様、ナポレオンのエジプト遠征に同行した**ジョセフ・フーリエ** p.168 は、帰国後もナポレオンに気に入られ、県知事に任命されます。知事の仕事をこなしていたフーリエですが、ナポレオンが失脚すると今度はルイ18世に忠誠を誓うことで知事の職を保ちました。ナポレオンが左遷先からフランス本土に戻ったときには再度ナポレオンに忠誠を誓ったものの、ナポレオンの百日天下が終了するとともにフーリエも追放。しかし、モンジュと違って、その後もエコール・ポリテクニークの理事長などを務め、平穏な最期を迎えています。

（ナポレオン）県知事を任せる／（ルイ18世）最初は信じよう／（フーリエ）ナポレオン皇帝万歳！／ルイ18世様、今日も素敵です！／世渡り上手です

ナポレオンの定理   重心 p.199

　以上のように数学者たちと交流の多かったナポレオンですが、彼も数学の定理を1つ見つけたとされています。それが三角形に関する次の定理です。

ナポレオンの定理

三角形の各辺をそれぞれ一辺とする正三角形を、元の三角形の外側につくったとき、つくった3つの三角形の重心を結んでできる三角形は正三角形になる。

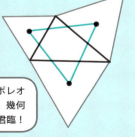

（ナポレオン）しかも、元の三角形と重心どうしが一致！／できた正三角形を「ナポレオンの三角形」と呼ぶよ。幾何学の世界にも我が名が君臨！

　ナポレオンの数学への強い関心は、革命後のフランス数学の向上に貢献しています。こうして他国より一歩前に出たフランスでしたが、1830年代からはイギリスやドイツに抜かれていくことになりました。

167

4-2 近代フランス フーリエとコーシーの積分

ポイント
1. フーリエがフーリエ積分を発明し、熱力学に応用した。
2. コーシーが複素平面で積分を使い始めた。
3. コーシーが無限小を厳密に扱おうとした。

❶フーリエ
積分 p.214

ニュートン p.140 やライプニッツ p.142 が発明した積分。革命後のフランスで、ジョゼフ・フーリエは、熱力学に積分を応用しました。

◆フーリエってどんな人？◆

フランス中部のオーセルで生まれたフーリエは、9歳になる前に両親を失い、孤児として育ちました。その後、修道士として学校に通いながら、興味を持った数学の勉強を続け、1789年に方程式に関する研究成果をパリ科学アカデミーに送っています。フランス革命により、正当な評価は得られませんでしたが、修道士という身分からは解放され、1798年にデカルトの符号法則 p.133 を一般化させた理論により、世の中に認められました。その後はナポレオンに気に入られて政治家としても活躍 p.167 し、ナポレオン失脚後は研究に没頭。1822年に彼の代表作である『熱の解析的理論』を出版しています。

革命さんきゅー

> 修道士の身分から解放され、ラグランジュやラプラスの講義も聞けたし、モンジュのおかげで教師にもなれたよ。

フーリエ

◆フーリエ積分◆

18世紀後半から19世紀にかけて、イギリスから始まった産業革命。蒸気機関をはじめとする熱現象はニュートンの力学では説明できませんでした。そこで、フーリエが世の中の需要に応えるべく**フーリエ積分**を発明します。フーリエ積分により、時間とともに変わっていく熱の伝わり方を研究できるようになりました。

フーリエ積分 $f(x)$ p.208　sin・cos p.202　弧度法 p.203　$\int$ p.214

ほとんどすべての関数は、$-\pi \leq x \leq \pi$ の範囲で次のように表せる。

$$f(x) = \frac{1}{2}a_0 + a_1\cos x + a_2\cos 2x + \cdots + b_1\sin x + b_2\sin 2x + \cdots$$

$$\left(\text{ただし、} a_n = \frac{1}{\pi}\int_{-\pi}^{\pi} f(x)\cos nx\,dx,\ b_n = \frac{1}{\pi}\int_{-\pi}^{\pi} f(x)\sin nx\,dx\right)$$

> 要するに、関数はsinとcosの和で表せるということ。

> この式変形を**フーリエ展開**といい、右辺を**フーリエ級数**というよ。

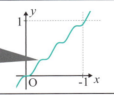

フーリエ

$f(x) = x$ のフーリエ展開

$$x = 2\left(\sin x - \frac{\sin 2x}{2} + \frac{\sin 3x}{3} - \cdots\right)$$

> sin20xの項までを計算したグラフ。無限個計算すれば直線に近づく。

> $x = \frac{\pi}{2}$ を代入すると、僕の級数に！

p.143のやつ

グレゴリー

column ノイズキャンセリング

空気中を波として伝わってくる音。町を歩いていると、人の声や車の走る音などさまざまな波が合わさって耳に届きます。イヤホンで使われているノイズキャンセリング機能は、その複合的な波をフーリエ展開して、単純な波に分解し、分解した波と逆向きの波をイヤホンから出すことで、ノイズ（雑音）を打ち消しているのです。

雑音　フーリエ展開（音を分解）

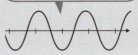

それぞれの波に逆向きの波を出せば音を相殺できる！

1768年	1789年	1789年	1798年	1821年	1822年	1825年	1830年	1857年
フーリエがオーセルで生まれる	フランス革命が起こる	コーシーがパリで生まれる	フーリエが、ナポレオンとともにエジプトに遠征する	コーシーが『解析学教程』で無限小の説明をする	フーリエが『熱の解析的理論』でフーリエ積分を発表する	コーシーが『定積分について』で複素積分を定義する	フーリエがパリで死亡。コーシーがイタリアに亡命する	コーシーがパリ南部の町ソーで死亡する

❷コーシー

オーギュスタン＝ルイ・コーシーは、熱力学に力を入れたフーリエと異なり、数学の中で積分を応用しました。

◆コーシーってどんな人？◆

フランス革命の年に生まれたコーシーは、エコール・ポリテクニークでモンジュやラグランジュ p.166 から学び、同校で教鞭をとるなど順風満帆な人生を送ります。しかし、熱心なカトリック信者だったがために1830年に民衆から攻撃を受け、イタリアに亡命。フランスで築いた地位をすべて失いました。

所属していた教会は王権体制を支持！
伝統派
コーシー

王権を支持するやつらを襲えー！
民衆

1838年にパリに戻ったコーシーは、孤立します。しかし、10年後の2月革命を機にパリ大学の教授となり、生涯論文を書いて過ごしました。

◆複素平面での積分◆ 複素平面 p.204

1811年にドイツのガウス p.170 が複素平面を定義したことを受け、コーシーは1825年にその平面上で積分を定義しました。

複素積分

複素平面において、点 z が曲線C上を通ったときの $f(x)$ の積分を $\int_C f(z)\,dz$ と表す。

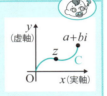

実数の積分でできていたことは、複素数の積分でも大体できるよ。
ちょっとややこしいけどね
コーシー

複素積分という現実世界から切り離された積分を定義することで、その後の純粋数学の発展に貢献しました。

column 論文は4ページまで！

コーシーは生涯を通じて、オイラー p.152 に次ぐ大量の論文を書きました。当時、そのことに困っていたのは論文提出先の学会です。学会では印刷費を抑えるために、論文は4ページまでというルールを設けました。

考えつくとすぐに書いて学会に送る習慣が身についてしまったよ。
がんばって4ページに要約しなきゃ
コーシー

◆無限の厳密化◆

エコール・ポリテクニークでの教師時代、コーシーは学生を納得させるために無限小の概念をきちんと説明しました。このときに使った考え方が、現在使われている $\varepsilon - \delta$ 論法 p.182 という、厳密な無限の定義へとつながっています。

古代ギリシャからの無限の議論 p.44 の決着に向け、コーシーが大きな一歩を踏み出したのです。

ε-δ論法を発展させたのは自分です！
今も使われている形にしました
ワイエルシュトラス

column 他人の論文をなくしまくる

1826年、コーシーはアーベル p.180 の論文審査を担当することになります。しかし、コーシーはその論文を紛失。返事が来ないことを嘆いたアーベルは病気により26歳で亡くなりました。

1829年、コーシーはガロア p.180 の論文審査も担当しますが、こちらも紛失。成果が認められず自暴自棄となったガロアも死に向かっていくのでした。

死の2日後に、認められても遅いよ！
コーシー被害者の会
認められないなら革命だ！
アーベル　ガロア

前5000　　前1000　　0　　400　　800　　1200　1300　1400　1500　1600　1700　△1800　1900　2000
　　　　　　　　　　　　　　　　　　　　　　　　　　　　　　　　　　　　　　1777年〜1855年

4-3 近代ドイツ カール・フリードリヒ・ガウス

ポイント
❶ガウスは幼いころから、神童ぶりを発揮していた。
❷複素数を平面上の点として視覚化した。
❸曲面に曲率を導入し、微分幾何学を創始した。

❶ガウスってどんな人？

　ドイツ北部の都市ブラウンシュヴァイクに生まれた**カール・フリードリヒ・ガウス**。彼は「**数学界の二大巨人**」かつ「**世界三大数学者**」である数学界の帝王です。

◆数学者を志すまで（〜1796年）◆

　記憶力と計算力に秀でていたガウスは、2歳のときに父の計算ミスを指摘します。9歳のときには1から100までの和を瞬時に計算したことで、教師の目に留まり、さらには時の元帥フェルディナント公にも神童ぶりが伝わりました。フェルディナント公は、貧しかったガウスの学費を肩代わりすることを約束。そのおかげでゲッティンゲン大学に通えたガウスは、19歳のときに正17角形の作図方法を思いつき、数学者を志すようになりました。

◆生産期（1797年〜1806年）◆

　ガウスは1799年に代数学の基本定理 p.164 の証明で学位を取得。その後、地元に戻ってからも研究を続けます。完璧主義者であるがゆえに公表はしなかったものの、後の数学者たちが発見する多くの結果をこの時期に得て、日記に残していました。この時期の唯一の著作『整数論』では、素因数分解の一意性や合同式 p.173 などについて書き、恩人であるフェルディナント公にも捧げています。

正規分布 p.211　複素平面 p.204

◆ゲッティンゲンにて（1807年〜）◆

　フェルディナント公が亡くなった翌年から、ガウスはゲッティンゲン大学の天文台長と同大学正教授に就任し、最期までそれらの職を全うします。正規分布の研究や複素平面の導入、微分幾何学の発明はこの時期にもたらされました。学者仲間とはあまり交流を持たなかったガウスですが、晩年はリーマン p.175 やデデキント p.183 の指導教諭も務め、1855年に息を引き取りました。

1777年	1796年	1796年	1797年	1799年	1801年	1801年	1807年	1811年	1827年	1855年
ガウスがブラウンシュヴァイクで生まれる	正17角形の作図を行い、数学者を志す	日記を書き始める（〜1814年）	レムニスケートの研究を始める	代数学の基本定理を証明し、学位を取得する	『整数論』を著す	小惑星セレスの軌道を計算する	ゲッティンゲン大学天文台長になる	複素平面を導入する	微分幾何学を創始する	ゲッティンゲンにて死亡する

❷ 19世紀のドイツ数学の土台

19世紀中頃に衰退し始めたフランスと入れ替わるように、徐々に力をつけてきたドイツ。ガウスの発見は大きく広まったわけではないものの、その後のドイツ数学の土台となりました。

◆ 複素平面の導入 ◆ 複素数 p.204　i p.204

ボンベリ p.121 が扱い始めたものの、機械的な演算の範囲にとどまっていた複素数。ガウスが複素数を平面上の点として表し、原点からの距離や実軸との角度など、図形的な研究も行われるようになりました。リーマン予想 p.176 にもつながっています。

複素平面（ガウス平面）

複素数 $z = a + bi$ を、座標平面上の点 (a, b) で表すとき、この平面を複素平面という。

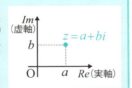

◆ 微分幾何学の創始 ◆ 微分 p.213

ガウスは曲面の曲がり方の研究も行っており、幾何学的な対象を微分によって解析する微分幾何学の創始者となりました。彼はガウス曲率を導入し、曲面の状態を数値化しています。

ガウス曲率が正のとき	ガウス曲率が負のとき	ガウス曲率が0のとき
下向き　下向き　曲がる向きが同じ	上向き　下向き　方向によって曲がる向きが違う	曲がっていない

さらに、このガウス曲率を考えるにあたり、ガウス自身もその結果に驚いたことから名づけた定理を証明しています。

ガウス驚異の定理

曲面をどのように伸ばしたり曲げたりしても、その曲面の「曲がり具合」は変わらず、ガウス曲率は一定である。

円柱の側面もガウス曲率は0。

ガウス

帝王もびっくり！

平面で完璧な世界地図はつくれん

球は平面に直せないから、ガウス曲率は0でないよ！

（ゲラルドゥス・）メルカトル

column　$i^2 = -1$ が理解されるようになった　虚数 p.204

複素平面上で $\times i$ は原点を中心に反時計回りに90°回転させることに相当します p.204。その回転移動を2回行うことで、$i^2 = -1$ の説明がつき、虚数に対する世間の疑念が取り払われていきました。

コインの謎 p.121 もスッキリ！

デカルト

コインが裏の状態。

コインを直立させた状態。

コインが表の状態。

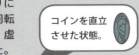

column　母親に最後まで孝行した

ガウスの父はレンガ職人であり、お金もなかったことから父はガウスに教育は不要と考えていました。それに対し、母は息子に教育を受けさせてあげたいと切望します。進学のときもフェルディナント公とともに父を説得し、生涯ガウスの味方でいてくれました。そのため、母が視力を失ってから死ぬまでの20年間は一人で母の世話をしたと言われています。

今の自分があるのは、母とフェルディナント公のおかげ！

驚異の感謝！

ガウス

Pick Up!
ガウスの数学

● 帝王が日記に残した数学は過去や未来につながっている！

複素平面や曲率を導入した帝王ガウスは、10代を中心とする若き時代に多くの発見をしています。生前は未発表だった日記の内容も含め、帝王の数学を見ていきましょう。

作図可能な正多角形（1796年）

ガウスが数学者を志すきっかけとなった正17角形の作図。ガウスはこれを起点に研究を行い、作図可能な正多角形の条件を明らかにしました。

ガウスが注目したのは、小さい順に 3, 5, 17, 257, 65537, … と続くフェルマー数 p.154 でした。

作図の問題を数論と組み合わせて解いたところが、若き日のガウスの柔軟な発想力を物語っています。

作図可能な正多角形

自然数 n を素因数分解したとき、2の累乗とフェルマー数（$2^{2^k}+1$〈kは0以上の整数〉）の積で表されるならば、正 n 角形は定規とコンパスで作図できる。

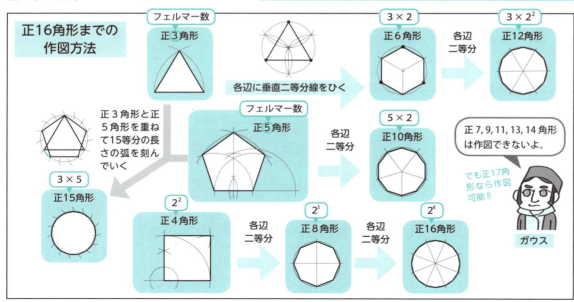

レムニスケート（1797年～）

ガウスはベルヌーイ兄弟 p.148 が発見したレムニスケートと呼ばれる曲線について19歳から研究を始めました。

レムニスケート（基本形）

$(x^2+y^2)^2 = x^2 - y^2$ で表された曲線をレムニスケートという。

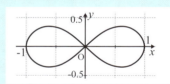

ガウスはレムニスケートの長さを調べる中で、「楕円関数」と呼ばれる関数に注目しました。その楕円関数はアーベル p.180 によって研究され、19世紀に大きく発展することになります。若き日のガウスの持つ感性の鋭さがわかる発見です。

合同式（1801年） 指数法則 p.206

数学は科学の女王で、整数論は数学の女王。
ガウス

ガウスは1801年に出版した『整数論』の中で、右のように述べています。この言葉にもあるように、ガウスは数論に力を入れており、その後の数論研究に不可欠な道具を生み出しました。それが、わり算の余りを表す「合同式」です。

合同式

整数 a を、自然数 m でわったときの余りが b であるとき、次のような合同式で表す。
$$a \equiv b \pmod{m}$$

初登場は数論だったんです
ガウス

「≡」は三角形の合同を表すための記号と同じ！

「aをmでわったときの余りはbである」という長い文章を、簡潔に表現し、式として計算することで研究の効率が上がりました。

合同式の例	式が表す意味
$10 \equiv 1 \pmod{3}$	10を3で割った余りは1
$20 \equiv 6 \pmod{7}$	20を7で割った余りは6
$12 \equiv 0 \pmod{4}$	12を4で割った余りは0

2^{30} を7でわった余りを合同式で求める
$2^3 = 8 \equiv 1 \pmod{7}$ なので、
$2^{30} = (2^3)^{10} \equiv 1^{10} = 1 \pmod{7}$ より、余りは1。

1の累乗はいつでも1
ガウス

通常の式とほぼ同じように計算できるよ。指数法則との合わせ技が超便利！

合同式という強力な武器を手に入れたガウスは、数論の森を切りひらいていったのです。

column ISBNコード

出版物には、ISBN（国際標準図書番号）と呼ばれる13桁のコードがついています。最初の12桁は国や出版社、書名に関する情報ですが、13桁目はチェック数字と呼ばれ、次の合同式を満たすように設定されます。
(1, 3, 5, 7, 9, 11桁目の数字の和) + (2, 4, 6, 8, 10, 12桁目の数字の和)×3 + (チェック数字) ≡ 0 (mod 10)
本書のISBNコードは978-4-8163-7632-0。最後の0は以下の合同式から求められます。
(9+8+8+6+7+3) + (7+4+1+3+6+2)×3 + (チェック数字) ≡ 0 (mod 10)
41+69+(チェック数字) ≡ 0 (mod 10)

このチェック数字により、入力されたISBNコードにミスがないかを瞬時に判断できるのです。

最小2乗法（1801年） 正規分布 p.211

ガウスが小惑星セレスの軌道を予想するときに使った分析方法が**最小2乗法**です。すでに観測されたデータから、誤差が一番少なくなるような関係式を求める手法で、現在の統計学でも使われています。

ある店のアイスクリームの売れた個数（y 個）と気温（x ℃）の関係

10日分のデータを点で表し、2つの数量の関係を最もよく表す直線の式を最小2乗法で求めると、$y = 2.88x + 23.83$
このデータから、気温 x が 0℃ のときは、アイス y は約24個売れると予想できる。

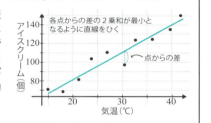

各点からの差の2乗和が最小となるように直線をひく
点からの差

ガウスはその後、最小2乗法をより広い文脈で適用し、正規分布の考え方にも結びつけています。

column 僕は知っていたけど

ガウスは1796年から1814年まで、いつどんな発見をしたかを日記に記しており、そこにはコーシーの複素積分 p.169、ボヤイの双曲幾何学 p.175 などもありました。ガウスは生前、日記を人に見せることはしなかったものの、数学者が何か新たな発見を発表すると、「僕は10代のときから知っていた」などと主張していました。

同じく完璧主義者
公表したくない気持ち、わかるわ～。
ニュートン

恥ずかしいけど、知っていた証拠
死後約40年経ってから日記が公開されたよ。
ガウス

4-4 近代ヨーロッパ 非ユークリッド幾何学の考案

ポイント
❶『原論』の第5公準への疑問が古くから存在していた。
❷サッケーリたちが第5公準以外の無矛盾性に気づいた。
❸ロバチェフスキーたちが非ユークリッド幾何学を始めた。

❶ユークリッド幾何学への疑問
公理と公準 p.196

2000年以上、数学の世界の土台となっていたユークリッド幾何学 p.54 。18世紀に入り、その公理と公準に疑問を呈したのが、イタリアのジョバンニ・サッケーリ（Giovanni Saccheri, 1667年〜1733年）とドイツのヨハン・ランベルト（Johann Lambert, 1728年〜1777年）です。彼らの発想と研究成果は、19世紀の非ユークリッド幾何学へとつながっています。

◆第5公準の証明への挑戦◆

サッケーリたちが疑問を感じたのは、『原論』の5個ある公準の最後の1つです。

『原論』の第5公準（言い換え）
三角形の内角の和は180°である。

『原論』p.54 では、平行線が1本しか引けないことを主張しているよ。
ユークリッド

第5公準の原文は非常に長く、サッケーリは「サッケーリの四角形」を使用して、他の公理や公準から第5公準を示そうとしました。オマル・ハイヤーム p.99 やアル・トゥースィー p.97 も同じ疑問を過去に持ち、サッケーリは彼らから影響を受けたと考えられています。

サッケーリの四角形
AB=DCで、∠B=∠C=90°のとき、∠Aや∠Dが90°であることを示したい。

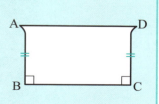

◆第5公準の置き換え◆

結局のところ、サッケーリは第5公準を証明することはできませんでしたが、彼は第5公準を別の内容に置き換えても問題がないことに気づきます。

『原論』の第5公準以外の無矛盾性
三角形の内角の和は180°でなくても、第5公準以外の公理や公準に矛盾しない。

使った図こそ違ったものの、ランベルトも同様の発見をしました。ランベルトはさらに研究を続け、双曲幾何学の存在を予想しています。

ランベルトの四角形
AB=DCで、∠B=∠C=∠D=90°のとき、∠Aが90°であることを示したい。

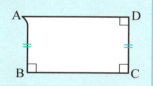

別の世界があるのでは？
サッケーリ

∠Aが90°未満でも問題なさそうだ。
ある虚なる球面上で成り立つものである。

現実では難しそう…
ランベルト

column 帝王ガウスも無理だった

サッケーリたちの試みは、1792年頃からガウス p.170 も行っていたものの、彼の思索をもってしても証明はできませんでした。また、ガウスは第5公準を入れ替えた双曲幾何学の存在にたどり着いたものの、世間に公表はしていません。

これは世間を誤解させる発見だ。
ゆえに日記にのみ記そう
ガウス

174

1733年	1766年	1792年	1829年	1832年	1835年頃	1854年
サッケーリが「サッケーリの四角形」を考案する	ランベルトが「ランベルトの四角形」を考案する	ガウスが日記の中で双曲幾何学を考える	ロバチェフスキーが『幾何学の基礎』の中で、双曲幾何学を提唱する	ボヤイが父の『数学教程』の付録の中で、双曲幾何学を提唱する	ロバチェフスキーが双曲幾何学の理論を確立する	リーマンが講演の中で楕円幾何学を提唱する

❷非ユークリッド幾何学

　第5公準を入れ替えてもよいことがわかった18世紀を引き継ぎ、ロシアのニコライ・ロバチェフスキーとハンガリーのヤーノシュ・ボヤイ、ドイツのベルンハルト・リーマンが、三角形の内角の和が180°でない世界を実際につくりました。それらをまとめて**非ユークリッド幾何学**と呼んでいます。

◆双曲幾何学◆

　ロバチェフスキーは1829年に、ボヤイは1832年にそれぞれ独自に、三角形の内角の和が180°より小さくなる幾何学を発表しました。その幾何学は双曲幾何学と呼ばれており、ガウス曲率 p.171 が負の曲面を舞台としています。

双曲幾何学

下のような曲がった空間における幾何学を双曲幾何学という。

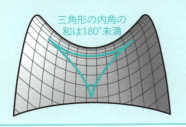

三角形の内角の和は180°未満

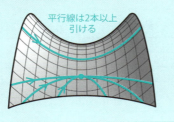

平行線は2本以上引ける

この幾何学上で、面積や長さも考えました。

通常とは違う求め方です

ロバチェフスキー

父の本の付録の中で、双曲幾何学を説明したよ。

父はガウスの友達

ボヤイ

◆楕円幾何学◆

　リーマンは1854年に行った講演の中で、空間が『原論』の公理と公準に従うことに疑問を投げかけました。そして、三角形の内角の和が180°を超える楕円幾何学を提案しています。こちらは、ガウス曲率が正の曲面を舞台とした幾何学です。

楕円幾何学

下のような曲がった空間における幾何学を楕円幾何学という。

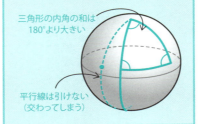

三角形の内角の和は180°より大きい

平行線は引けない（交わってしまう）

東京とニューヨークの最短距離

球面上の最短距離は、飛行機の経路にも応用されているよ。

リーマン

　リーマンたちのおかげで、その後の数学者たちは、現実世界とは異なる土台を持つ非ユークリッド幾何学の世界を旅することができるようになりました。

column　ベルンハルト・リーマン　複素数 p.204
～複素数でも功績を残した数学者～

　リーマンは19世紀を代表するドイツの数学者であり、楕円幾何学以外にも、複素数の分野で功績を残しました。彼の複素数の研究はその時期に台頭してきたトポロジー p.177 や、オイラー以降関心が高かった数論へとつながっています。

リーマン予想 p.176 はいまだに解決されていない問題です。

複素数で数論を研究！

リーマン

Pick Up!

リーマン予想

●解決されれば不規則に登場する素数の分布がほぼ特定できる！

リーマンが1859年に発表し、未だ解決されていないリーマン予想。この予想が解決されれば、不規則に登場する素数に、精度の高い規則性を与えられます。

リーマン予想とは？ 複素数・虚数・虚部 p.204

ベルンハルト・リーマンは、1859年に発表した論文で**リーマン予想**を打ち出しました。

リーマン予想

複素数 z に対して、
$$\zeta(z) = \frac{1}{1^z} + \frac{1}{2^z} + \frac{1}{3^z} + \frac{1}{4^z} + \cdots = 0$$
を満たす明らかでない解 z は、すべて $z = \frac{1}{2} + bi$ の形をしている（ただし、b は実数、i は虚数単位）。

この予想は未解決ですが、「リーマン予想が解決したと仮定すると」で始まる論文も多く出ているほど、数学界に与える影響が大きい問題です。

> コンピュータで求められた解は、今のところすべて予想を満たしているようです。
> ――リーマン

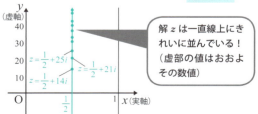

> 解 z は一直線上にきれいに並んでいる！（虚部の値はおおよその数値）

リーマンの素数計数関数

リーマン予想が解決すると、素数の個数を計算で求める式（**素数計数関数**）の精度が上がります。リーマンは素数計数関数を、右のような非常に複雑な式で表しました。

実際、1792年頃のガウス p.170 や1798年のルジャンドル p.165 が考案した素数計数関数よりも精度が高くなっています。

リーマンの素数計数関数

1から n までの素数の個数は、次の式で表される。
$$\sum_{m \leqq \log_2 n} \frac{\mu(m)}{m}\left(\mathrm{li}\left(n^{\frac{1}{m}}\right) + \int_{x^{\frac{1}{m}}}^{+\infty}\frac{dt}{t(t^2-1)\log t} - \log 2 - \sum_{\rho}\mathrm{li}\left(n^{\frac{\rho}{m}}\right)\right)$$

$\mu(m)$ や li は特殊な関数や積分、ρ は $\zeta(z) = 0$ を満たす明らかでない解。

> 素数と $\zeta(z)$ には深い関係があるからね p.57。

> リーマン予想が使われていることに注目！
> ――リーマン

column　リーマン予想解決で素数の個数の精度が上がる！

リーマン予想が注目を集める理由を、素数計数関数の精度の観点から見てみましょう。ガウスやルジャンドルのものと比較すると以下のようになります。

ガウス：$\dfrac{n}{\log n}$　　ルジャンドル：$\dfrac{n}{\log n - 1.08366}$

数える自然数の個数	実際の素数の個数	ガウスの素数計数関数*	ルジャンドルの素数計数関数*	リーマンの素数計数関数*
10	4	4　（±0）	8　（+4）	5　（+1）
100	25	22　（−3）	28　（+3）	26　（+1）
1000	168	145　（−23）	172　（+4）	168　（+0）
10000	1229	1086　（−143）	1231　（+2）	1227　（−2）
100000	9592	8686　（−906）	9588　（−4）	9587　（−5）
1000000	78498	72382　（−6116）	78543　（+45）	78527　（+29）
10000000	664579	620421　（−44158）	665140　（+561）	664667　（+88）
100000000	5761455	428681　（−5332774）	5768004　（+6549）	5761552　（+97）

＊小数第1位を四捨五入

自然数をどこまで数えるかによって誤差にばらつきは出るものの、大きな数になればなるほどリーマンの正確さが表れているのがわかります。リーマン予想が解決される日は来るのでしょうか。

Pick Up!
トポロジーの誕生

● ドーナツとコーヒーカップが同じになる図形のとらえ方とは？

オイラーのケーニヒスベルクの橋 p.155 から生まれたトポロジー。19世紀以降、本格的にこの分野の研究が行われ、宇宙の形を解明する「ポアンカレ予想」へとつながっています。

トポロジーとは？

トポロジー（topology）は幾何学の一分野で、ギリシャ語で場所を示す「topos」が語源となっています。トポロジーで核となるのは「同相」という概念です。

同相の定義（簡単に）
1つの図形を引っ張ったり曲げたりして、他方の図形に変えることができるとき、この2つの図形は同相である。

ドーナツとコーヒーカップ
同相
穴の数が同じで、●や★の位置が空間的には変わらない。

切ったり貼ったりするのはダメ！

穴のあいていないドーナツは同相ではない

ポアンカレ

この性質からトポロジーは「ゴムの学問」とも呼ばれています。この学問は、フランスの**アンリ・ポアンカレ**によって確立され、宇宙の形に迫る**ポアンカレ予想**へとつながりました。ちなみに、ポアンカレ予想は2002年〜2003年にロシアの**グリゴリー・ペレルマン**（Grigori Perelman, 1966年〜）が証明しています。

どんな形？

メビウスの輪とクラインの壺

ドイツの**アウグスト・メビウス**や**フェリックス・クライン**は、トポロジーを考える上で必要な性質を、シンプルな図形から提示しました。

メビウスの輪のつくり方と性質

① 細長い紙を用意する。

② 紙が切れないように、半回転ねじる。

③ ねじった状態で、両端をテープなどでくっつければでき上がり！

メビウスの輪では、表面と裏面の区別がなく、表面から線を書いていくと1周したときに裏面にたどり着く。

これらのような空間と図形の関係を追究していくことで、宇宙という複雑な空間も研究されました。

クラインの壺の性質

内側をたどっていくと、外側にたどり着く

クラインの壺

column 路線図もトポロジー

駅や電車で目にする路線図。作成者によってさまざまな形の路線図がありますが、どれも実際の路線と同相となっています。

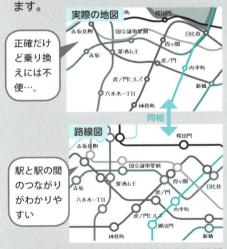

実際の地図

正確だけど乗り換えには不便…。

同相

路線図

駅と駅の間のつながりがわかりやすい

地図上では複雑な各路線と駅の関係も、シンプルな路線図であればわかりやすく、乗り換えもしやすいです。

つないでいる線の長さと距離は関係しないので注意。あくまで駅どうしの関係性を示しているよ。

ケーニヒスベルクの橋と同じ

オイラー

177

4-5 近代イギリス・ドイツ 新しい代数学

ポイント
1. ブールが論理代数学を確立した。
2. 集合論が確立され、集合そのものが研究対象になった。
3. 集合論により、抽象代数学が生まれた。

❶論理代数学

アリストテレス p.49 が本格化させた論理学。イギリスのジョージ・ブールは、塾講師として数学を追究する中で、論理を代数記号で表し始めました。

◆論理を代数化◆

1847年、ブールは『論理学の数学的分析』で、論理を代数記号で表すことを提案しました。1854年には、あらゆる論理的な議論に適用する仕組みを代数化したことで、**論理代数学**が誕生したのです。

a⇒b かつ b⇒c ならば a⇒c。
こんな感じで数式化できるのでは？
ブール

天気の代数化

天気に関して、Rは雨が降っていること、Wは風が強いこと、Cは寒いことを表す記号としたとき、次の3つが基本論理となる。

論理	論理式	意味（天候）
OR	R+W	雨が降るか風が強い
AND	R×W	雨が降り、風が強い
NOT	C'	寒くない

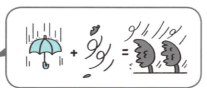

さらに、交換法則や分配法則も成り立つ。

論理式	意味
R×W=W×R	「雨が降り、風が強い」＝「風が強く、雨が強い」
C×(R+W) =C×R+C×W	「寒くて、雨が降るか風が強い」 ＝「寒くて雨が降るか、寒くて風が強い」

寒いことは確定！

◆電子回路への応用◆

誕生した当初は大きな注目をされなかった論理代数学ですが、1937年にアメリカ人工学者の**クロード・シャノン**（Claude Shannon, 1916年～2001年）が光を当てます。シャノンは論理代数学が電子回路の単純化に適していると気づきました。電子回路はコンピュータの原型に使われ、現在のコンピュータ技術を支えています。

電子回路の論理式

右の電子回路で、電気を通す方法は次の2通り。
- スイッチAをONにする。
- スイッチBとCを両方ONにする。

これを論理式で表すと A+B×C

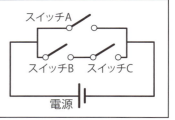

スイッチA
スイッチB スイッチC
電源

column ジョージ・ブール
～教職者として厳格さをつらぬいた数学者～

若い頃から貧乏な生活を送っていたブールは、20歳で私塾を開きます。数学の教科書に満足できるものがなく、わかりやすく教えるためにラグランジュ p.166 やラプラス p.167 の数学書を読み漁りました。仕事のために熱心に学んだことで自身の数学力向上、さらには論理代数学の発明へとつながったのです。

教授職についてからも熱心に仕事をし、授業を休講にすることは一度もありませんでした。ある日悪天候の中、授業のために出勤したことが原因で肺炎となり、49歳で亡くなりました。

貧乏だったので、働ける環境があるだけでありがたい！
16歳で小学校の補助教員もしていたよ
ブール

1832年	1847年	1854年	1874年	1880年	1901年	1937年
フランスのガロアが遺書の中で群を扱う	イギリスのブールが論理を代数化し始める	ブールによって論理代数学が確立される	ドイツのカントールが集合論の基礎をつくる	イギリスのベンがベン図で集合を視覚化する	イギリスのラッセルがパラドックスで集合の曖昧さを指摘する	アメリカのシャノンが論理代数学を電子回路に利用する

❷抽象代数学

19世紀前半、**アーベル**や**ガロア** p.180 によって五次以上の方程式が研究され、その中で方程式の解の集まり方に注目する**「ガロア理論」**が誕生しました。ガロア理論は、解や演算方法などの数学の構造を集合という観点から抽象的に理解しようという**抽象代数学**の一種です。

◆集合論の誕生◆ 集合 p.197

19世紀以前にも、ピタゴラスが自然数を分類したり p.30 、フワーリズミーやハイヤームが方程式を形ごとに分けたり p.99 と集合論の基礎となる考え方は存在していました。19世紀に入り、集合そのものを研究しようという動きが**ゲオルク・カントール**や**ジョン・ベン**によって始まったのです。

ベン図

複数の集合の関係や、集合の範囲を視覚的に図式化したものをベン図という。

集合が一目でわかるよ

楕円を使えば、5つの集合のベン図だって書けます！

ベン

集合論の創始者

無限を研究する p.183 ために、集合を定義しました。

カントール

20世紀に入り、**バートランド・ラッセル**が集合に関するパラドックスを提示。**ヒルベルト** p.186 をはじめ、20世紀の数学者に大きな課題を残しました。

数学が完全でなくなってきている

矛盾のない数学をつくらねば！

ヒルベルト

◆代数の抽象化◆

集合に加減乗除などの演算方法を組み合わせた構造が、どんな条件を満たしているかによってグループ分けができます。その中の1つである「**群**」の例を見てみましょう。

> 「1から12までの自然数」という集合に「時計上でのたし算」という演算を組み合わせた構造は、次の①〜④をすべて満たすので群である。
> ①たし算の結果は、1から12までの自然数になる。
> ②結合法則を満たす。（3＋5）＋1＝3＋（5＋1）
> ③「＋0」と同じ役割の自然数がある。5＋12＝5
> 　　　　　　　　　　　　　　　　　　　　5時の12時間後は5時。
> ④どの自然数に対しても、たしたら12になる自然数がある。
> 　8＋4＝12，11＋1＝12，12＋12＝12
> 　　　　　　　　　　　　　　12時の12時間後は12時。

このような代数計算の構造を理解することは、数学の抽象的思考を促進し、五次方程式の解に関する研究などに新たなアプローチを与えました。

column 床屋のヒゲは誰が剃る？

集合に含まれない対象の集合を考えたパラドックスです。

ラッセルのパラドックス

ある町には床屋が1軒しかなく、男が一人で経営している。この床屋は、①自分でヒゲを剃らないすべての町人のヒゲを剃り、②自分でヒゲを剃る人のヒゲは剃らない。この床屋のヒゲは誰が剃るのか？

床屋がヒゲを自分で剃るなら②に矛盾し、床屋がヒゲを自分で剃らないなら①に矛盾します。

Pick Up!
代数学を発展させた悲劇の数学者
● 功績が報われずに命を落とした2人の数学者が遺したものとは？

19世紀前半、短命ながらも代数学に新しい風を吹かせた2人の数学者アーベルとガロア。2人に直接の交流はないものの、数学上の功績だけでなく人生そのものにも共通点が多くありました。

アーベル

アーベルはノルウェーのフィンドーの貧しい牧師の家に生まれ、幼いときから結核に苦しみます。13歳のときに地元の学校に入り、そこで出会った先生がアーベルの数学力を目覚めさせました。アーベルは在学中に五次方程式に解の公式がないことの証明に挑戦し、デンマークの数学者に相談するほど早熟でした。

彼は偉大な数学者になるだろう。／病弱なのに、努力がすごい （先生）

研究の方向性を教えてもらいました。／デンマークの数学者に感謝 （アーベル）

数学との出会い

アーベルは1821年にノルウェーのクリスチャニア大学に入学し、中学時代からしたためた五次方程式に関する論文を完成させました。しかし、その前年に父が亡くなっていたため、生活が厳しくなっていたアーベルはその証明を6ページに集約したパンフレットを少し発行しただけ。当然ながら、世間からの反応はほとんどありませんでした。

集約したら、証明が端的になってしまった…。／でも、ぼくにはお金がない （アーベル）

チャンスを逃す 対数 p.207

1826年、アーベルはノルウェーの外国留学生制度を利用してドイツやフランスに留学しました。パリを訪れた際に、「楕円関数」と呼ばれる関数の論文をパリ科学アカデミーに提出したものの、**コーシー** p.169 がその論文をなくしてしまいます。アーベルは落胆し、ノルウェーに帰りました。

2人の論文なくしちゃったことは黙っておこう （コーシー）

コーシー氏は論文に目を通すこともしてはくださいませんでした。／パリは新参者に冷たいんですね （アーベル）

コーシーによる論文紛失

ガロア

ガロアはパリ郊外のブール・ラ・レーヌに生まれ、父は町長を務めていました。12歳でパリの高等中学校に入学し、学業は振るわなかったものの数学の教科書は2日で読破します。学校の図書館でオイラー p.152 やガウス p.170 の著作もむさぼり読み、五次方程式の解の公式を考えつきました。しかし、その公式は特殊な場合にしか解けず、修正をしていく中で五次方程式に解の公式は存在しないと確信を持つようになります。

学校キライ！勉強キライ！でも、数学は好き。 （ガロア）

ガロアは17歳から2年連続でエコール・ポリテクニーク p.165 の入試を受けたものの、面接試験で2回とも試験官に黒板消しを投げつけたため、不合格となりました。

二次方程式の解の公式を示してごらん（1828年度入試）。／対数について知っていることを言ってごらん（1829年度入試）。 （試験官）

なめるな！ （ガロア）

2度目の受験に失敗した1829年、父が教会から嫌がらせを受けて自殺します。さらに、方程式についての論文をパリ科学アカデミーに送るも、コーシーがなくしてしまい、ガロアは自暴自棄に。そして、翌年からの革命運動に参加するようになります。

もうなにもかもイヤになった。全部壊れてしまえ！／数学で認められぬなら革命家として名を残してやる （ガロア）

ノルウェーに帰ったアーベルは金欠のため、家庭教師などをしながらクリスチャニアで過ごします。1828年のクリスマス、フローレにいる婚約者に会うために移動していたところ、結核が悪化。翌年死亡しました。

この時期、ドイツやパリではアーベルの功績が認められ始め、アーベルにドイツの大学教授への招へいが届いたのは、死の2日後でした。

column タイトルで失敗

アーベルが1824年に発表した論文は、内容や発行部数以外にも大きな問題を抱えていました。それは、論文のタイトルが、ガウスの示した定理と矛盾していたことです。ガウスが1799年に示した代数学の基本定理では、五次方程式の解は5個存在すると述べられていました。それに対し、アーベルの論文は『5次の一般方程式の解の不可能性を証明する論文』というタイトルであったため、有名なガウスと相反する論文は注目されなかったのです。

五次方程式は解けない

複素平面 p.204
$x^3=1, x^4=1$ p.195

アーベルとガウスの高次方程式への考察は、群 p.179 と呼ばれる概念を交えたものでした。四次までの方程式の解を、複素平面上の点で表してみると、規則的に並んでいることがわかります。

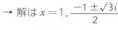
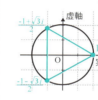

2人はこの解の構造に着目して、五次方程式の解の存在性を証明したのでした。

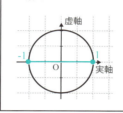

女性のために死す

革命運動への参加によって二度の牢獄暮らしを味わったガロア。そんなガロアの気持ちに寄り添ってくれた女性に恋心を抱き始めます。しかし、その女性の恋人から決闘を申し込まれ、銃弾に倒れました。

ガロアが決闘前夜、親友に宛てた手紙の中で、後に「ガロア理論」と呼ばれる功績を遺しています。

column 泣かないでくれ弟よ

決闘で銃弾をお腹に食らったガロア。即死ではなかったため、ガロアに駆け寄って涙ぐむ弟に、ガロアは苦しみながら次のようなセリフを言いました。

ちなみに、ガロアの決闘に関しては、秘密警察の陰謀説や革命派を奮起させるためにガロア本人が仕組んだという説があります。

4-6 近代ドイツ 厳密な無限へ

ポイント
1. ワイエルシュトラスが無限を厳密なものにした。
2. 無限に拡大してもジグザグな図形が誕生した。
3. カントールとデデキントが集合論で無限を研究した。

❶無限の追究

ニュートンやライプニッツに始まり、18世紀に著しい発展を遂げた解析学。そこに厳密性を補い始めたのがコーシー p.169 で、**カール・ワイエルシュトラス**はコーシーの理論を細部まで行き渡らせました。

◆ ε−δ 論法 ◆ 絶対値|| p.194

古代ギリシャからの無限の扱いに一石を投じたのがコーシーの ε-δ 論法です。ワイエルシュトラスはこの論法を発展させ、現代まで使われているものへと完成させました。

ε−δ論法

x を a に近づけたとき、$f(x)$ が b に近づくことを次のように表す。

どんな $\varepsilon > 0$ に対しても、ある $\delta > 0$ が存在して、

$|x - a| < \delta$ ならば $|f(x) - b| < \varepsilon$

（コーシー：どんなに小さく ε をとっても、それに応じて適切な δ をとれば、式が成り立つことを主張しました。学生に理解させるために、考えました）

x を 0 に近づけたとき、$f(x) = 10x$ は 0 に近づく

$\varepsilon = 1$ に対して、$\delta = 0.1$ をとれば、$|x - 0| < 0.1$ ならば $|10x - 0| < 1$ を満たす。

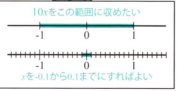

10xをこの範囲に収めたい / xを-0.1から0.1までにすればよい

この「0に近づく」という曖昧な表現を、「0との誤差 ε をいくらでも小さくできる」としたことで無限の概念がより厳密化されました。紀元前のエウドクソスの取りつくし法 p.45 に由来する考え方です。

◆ 収束するかどうか ◆ 収束・級数 p.212

ワイエルシュトラスは1860年代、級数がどんなときに値が求まる（収束する）のかを研究しました。級数はどんなときでも値が求められるわけではないという、今では当たり前のことを明確化したのです。

級数 $1 + x + x^2 + x^3 + \cdots$ は $\dfrac{1}{1-x}$ に収束する？

$x = \dfrac{1}{2}$ なら収束する

$1 + \dfrac{1}{2} + \dfrac{1}{4} + \dfrac{1}{8} + \cdots = \dfrac{1}{1 - \dfrac{1}{2}} = 2$

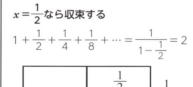

正方形や長方形を無限にたしていくと、面積が2の長方形となる。

$x = 2$ なら収束しない

$1 + 2 + 4 + 8 + \cdots = \infty$

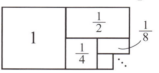

追加される正方形や長方形はどんどん大きくなるので、面積は無限に大きくなる。

column カール・ワイエルシュトラス～遅咲きの数学者～

ワイエルシュトラスは中等学校の教師として働いており、体育の授業まで担当していました。ある年、論文を持ち回りで書く際にアーベル p.180 の理論について書いたことで数学界の目に留まります。41歳で初めて大学に勤め始め、無限を厳密に操る「現代解析学の父」となったのです。

（ワイエルシュトラス：数学の論文書いたよ。／数学の先生：高度過ぎてわかんない。）

1821年	1854年	1860年代	1872年	1872年	1873年	1874年
フランスのコーシーが ε-δ論法を発表する	ドイツのワイエルシュトラスがアーベルについての論文で脚光を浴びる	ワイエルシュトラスが級数の収束性を明らかにする	ドイツのデデキントが実数の連続性を示す	ワイエルシュトラスが微分不可能な連続関数を発見する	ドイツのカントールがデデキントとの文通で無限の大きさを研究する	カントールが集合論を確立する

◆ワイエルシュトラス関数◆ 微分 p.213

ワイエルシュトラスは自身も「病的な関数」と称したワイエルシュトラス関数を発見しました。この関数のグラフは連続しているにもかかわらず、至るところで微分が不可能(どこにも接線が引けないという)性質を持っています。

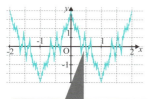

> 拡大してもジグザグ。接線はどこにも引けません。

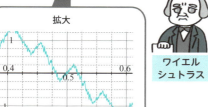

> ワイエルシュトラス

ワイエルシュトラス関数の持つ、どのスケールで見ても同様のパターンが現れる性質をフラクタル p.191 といいます。フラクタル図形は自然界で多く見られる図形であり、20世紀に本格的に研究されました。

> 岩手県
> 海岸線もフラクタル。

❷集合論の利用

ゲオルク・カントールとリヒャルト・デデキントは、文通をしながら集合論を使って無限を研究しました。

◆集合の比較◆ 集合 p.197 要素 p.197

カントールは集合に含まれる要素を1対1で対応させることで、集合の大きさを比較しました。この方法は、200年以上前のガリレイ p.130 も使っています。

集合の大きさの比較方法

2つの集合の要素が1対1で対応するならば、その2つの集合の大きさは同じである。

1～9の奇数の集合Aは、偶数の集合Bより大きい

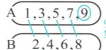

> 9が余ったので集合Aのほうが大きい

> 合コンのようなイメージ
> カントール
> 有限のときは数えたほうが早いですが、無限のときはこの手法が役に立つ! p.188

◆実数の定義の厳密化◆ 実数 p.204

デデキントも集合を使って、数直線上には隙間なく数が並んでいる「実数の連続性」を示しました。

> 隙間なく並んでいることを、集合によって証明したよ。
> デデキント
> 「稠密性」といいます
> どんなに細かく2点をとっても、その間に実数は無限に存在する!

デデキントの研究により、実数を厳密に扱うことができるようになり、またエウドクソス p.42 の無理数の扱いが正当化されました。

column 死んだはずのデデキント

デデキントは、1904年の『数学便覧』という本で、1899年9月4日に死んだと書かれました。デデキントは若くして教授職に就き、その立場で50年間静かにしていたため、功績は残していたものの、世間的には過去の人として扱われてしまったのです。デデキントの謙虚な生き方がわかります。

> 実際は1916年に死にました。
> その日はカントールとランチしていました
> デデキント

4-7 近代ヨーロッパ・アメリカ 社会に広がる統計学

1809年〜1938年

ポイント
① ガウスやケトレーが正規分布を研究した。
② フィッシャーの手法は、科学者の必須知識になった。
③ ナイチンゲールなどが、統計学を数学以外に応用した。

❶ 統計学の確立

データを収集して有意義な解釈を与える**統計学**。19世紀から20世紀前半にかけて、統計学の基礎が築かれました。

◆ ガウスとケトレー ◆　正規分布 p.211　一般化 p.194　標準偏差 p.211

1809年にガウス p.170 は、正規分布を一般化しました。正規分布は平均値に一番多くデータが集まり、端にいくほどデータが少なくなっていくという特徴を持つため、あらゆる事象で頻繁に登場します。

正規分布（ガウス分布）

平均 μ、標準偏差 σ の正規分布は次のようなグラフとなる。

$$y = \frac{1}{\sqrt{2\pi\sigma^2}} e^{-\frac{(x-\mu)^2}{2\sigma^2}}$$

13.5%　34%　34%　13.5%
標準偏差 σ
平均 μ

最初に正規分布を式で表したのは自分です p.167。 — ラプラス

ケトレーとも知り合い

テストの点数を、平均50、標準偏差10で表したのが**偏差値**。

偏差値30〜70に95%の人が入ります — ガウス

正規分布を社会学に持ち込んだのが、**アドルフ・ケトレー**で、正規分布の中心にくるような仮想的な人間を「平均人」と名づけています。ケトレーは統計学を他の学問に持ち込んだ初期の一人でしたが、平均人と比較することは人間の行動を制限することになるため、他の学者からの批判を集めてしまいました。

平均人

◆ フィッシャー ◆

「近代統計学の父」と呼ばれた**ロナルド・フィッシャー**は『研究者のための統計的方法』を書き、さまざまな統計的手法を解説しました。科学的研究やデータ分析において、ある効果や関係が偶然でないことを示すために広く用いられている**仮説検定**もその1つです。

仮説検定

ある検証したい効果に対して、効果がないという仮説を立てる。
その仮説が起こる確率を統計的な計算で求め、その確率が低い場合に仮説を却下することで、効果があると結論づける検証方法を仮説検定という。

新開発の頭痛薬Aの効果の検証
→ 立てる仮説：頭痛薬Aは頭痛に効果がない。
→ 無作為に抽出した頭痛に悩む人たちを2グループに分け、「頭痛薬A」と「ラムネ」を処方。

10人中9人に効果あり — 頭痛薬ですよ〜。 頭痛薬A
10人中2人に効果あり — 頭痛薬ですよ〜。 ただのラムネ

この結果から、頭痛薬Aに効果がないと言える確率は非常に小さい（仮説は却下）。
よって、頭痛薬Aは頭痛に効果があると言える。

---

column 統計学でウソは見抜ける ①

この時代、フランスでは157cm以上の者を軍に徴兵していました。申告されたフランス人の身長データを見ると、右のようなグラフとなり、徴兵を嫌った人たちが身長をごまかしていることにケトレーは気づいたのです。

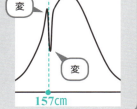

変　変　157cm

1809年	1835年	1854年	1906年	1925年	1938年
ドイツのガウスが正規分布を研究する	ベルギーのケトレーが「平均人」について論じる	イギリスのナイチンゲールがクリミア戦争中、データの視覚化を行う	イタリアのパレートが80:20の法則を発見する	イギリスのフィッシャーが『研究者のための統計的方法』を出版する	アメリカのベンフォードがベンフォードの法則を発見する

❷諸分野への応用

ケトレーを皮切りに、19世紀後半から20世紀にかけ、さまざまな分野で統計学が応用されました。

◆ナイチンゲールと医療◆

1854年にクリミア戦争に派遣された「ランプの貴婦人」ことフローレンス・ナイチンゲール。彼女は野戦病院の衛生状態の悪さをイギリス政府に理解してもらうために、「鶏のとさか」によってデータを視覚化しました。

鶏のとさか

月別のおうぎ形で、死因を色別に示したグラフ。内側が負傷による死亡。外側が感染症による死亡。真ん中が他の原因による死亡。

この分析により、野戦病院の衛生管理を徹底。その結果、死亡率を60%から2%にまで下げることができました。

衛生管理が必要！
感染症による死亡者が明らかに多いわ！
ナイチンゲール

◆パレートの法則◆

1906年、ヴィルフレド・パレートが、エンドウ豆の発育状況を記録する中で気づいたのが、パレートの法則です。

パレートの法則

多くの現象において、結果の80%は20%の原因によって引き起こされる。

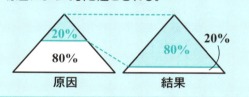

別名「80:20の法則」とも呼ばれていますが、必ずしも80:20というわけではなく、結果の大部分が一部の原因によって生じていることを表現する際に使われています。

パレートの法則の例
- 会社の売上の80%は、20%の社員の功績。
- SNSで注目される投稿の80%は、20%のインフルエンサーによる。

パレートの法則の派生として、「働きアリの法則」というのもあります。

働き者：普通：怠け者 ＝ 2：6：2
パレート

◆ベンフォードの法則◆

1938年にフランク・ベンフォードが、社会に存在するデータに関しておもしろい発見をします。

ベンフォードの法則

データに登場する数字に関して、1は約30%の割合で登場するが、9は約5%しか登場しない。

パレートの法則と同様、ベンフォードの法則も経験的に成り立つ法則ではあるものの、多くのデータで実証されています。

column 統計学でウソは見抜ける②

ベンフォードの法則は、データの捏造を暴くときに役立ちます。不正をしていると断定できるわけではありませんが、不正検出の初期ステップとしては有用な手法となっているのです。

選挙結果 候補者Aの得票数

地区	得票数
A地区	7246
B地区	7471
C地区	2147
D地区	16277

なんか7が多くない？

4-8 近代ヨーロッパ 不完全性定理からコンピュータへ

ポイント
❶ ヒルベルトが矛盾のない数学を目指した。
❷ 無矛盾な数学は存在しないことが示された。
❸ ゲーデルの理論はコンピュータの開発につながった。

❶ 不完全な数学

1900年前後、ラッセルのパラドックス p.179 のような、集合論において解決が難しい矛盾が生まれました。それに対し、**ダフィット・ヒルベルト**がその矛盾を解決するための動きを見せます。

◆ヒルベルト・プログラム◆

ヒルベルトは数学の厳密な基礎を構築し、数学全体を完全かつ矛盾のない体系として整理することを目指しました。この目標は「**ヒルベルト・プログラム**」と呼ばれ、ヒルベルトの23の問題 p.192 とともに、20世紀の数学者たちに投げかけられたのです。

◆不完全性定理◆

ヒルベルト・プログラムを無惨にも打ち砕いたのが、**クルト・ゲーデル**です。彼は1931年に「**不完全性定理**」を発表し、ヒルベルトをはじめ、数学界に衝撃を与えました。

不完全性定理

（1）数学のルールでつくられたシステムでは、そのシステム内で正しいか正しくないかがわからない文章が必ず存在する。
（2）数学のルールでつくられたシステムに矛盾がないことを、そのシステム内で証明することはできない。

不完全性定理（1）は、未解決問題に「正しい」「正しくない」以外の第3の選択肢「判断できない」を与えました。そして、不完全性定理（2）により、ヒルベルトの目指した矛盾のない数学への夢は消え、数学の限界が示されてしまったのです。このことは数学に限らず、その後開発されるコンピュータができる処理の範囲を考えるのにも役立ちました。

「この文章は間違っている」という文章は正しいか？

文章が正しい場合
この文章は間違っていることになり、矛盾。

文章が正しくない場合
この文章は間違っていないことになり、正しくないことに矛盾。

⬇

正しいか正しくないかがわからない

column クルト・ゲーデル〜タイムトラベルの研究をした数学者〜

ゲーデルは幼いときから「なんで君」と呼ばれるほど好奇心旺盛で、幽霊や魔力といった超常現象に関心を寄せていました。
そんなゲーデルはアインシュタインとの親交があり、彼の「一般相対性理論」を数学的に活用すれば、タイムトラベルが可能と主張します。ただし、そのためには宇宙を回転させるほどのエネルギーが必要であり、実現はあきらめてしまいました。

1900年前後	1920年代	1931年	1936年	1946年	1950年
ラッセルのパラドックスが提起される	ドイツのヒルベルトが「ヒルベルト・プログラム」で数学の基礎づくりを呼びかける	オーストリアのゲーデルが不完全性定理を発表する	チューリングが「チューリング・マシン」や「停止問題」を提示する	世界初のプログラムで動くコンピュータENIACが開発される	チューリングが人工知能を評価する「チューリングテスト」を開発する

❷コンピュータの開発へ

20世紀中頃から、コンピュータの開発が本格化しました。その土台となる理論を構築したのがイギリスのアラン・チューリングです。

世界を救い、世界を変えた

第二次世界大戦中はドイツ軍の暗号解読をしました。

チューリング

◆チューリング・マシン◆

1936年にチューリングは、自身の論文の中で「チューリング・マシン」という仮想の機械モデルをつくりました。この機械に問題を投げ込めば、その問題を解いてくれるという、「入力→処理→出力」の流れを具現化しています。

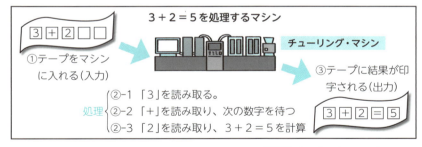

チューリングの発想をもとに、ジョン・フォン・ノイマン p.190 が、プログラムやデータの規則を含めた「ノイマン型」と呼ばれるコンピュータの設計原理を提案し、1946年にプログラムを実行できる初のコンピュータ・ENIACが完成しました。その後もコンピュータの性能は上がり続けています。

あなたが使っているコンピュータもぼくの型

ENIACで、円周率も2037桁まで求められたよ p.71 。

ノイマン

◆停止問題◆

チューリングは1936年に、「停止問題」を提示し、コンピュータの限界を示しました。

対象のプログラムが停止するかどうかを判別するプログラムAに対して、その対象プログラムをA自身としたとき、不完全性定理と同様の矛盾が発生してしまいます。コンピュータにもできることとできないことがあるとわかったのです。

停止問題

あるプログラムが与えられた入力に対して最終的に停止するかどうかを、そのプログラムで判断することはできない。

どんな入力のときにエラーが起こるかを、自身ですべて判断することはできません。

column AIをテストする方法

チューリングは、コンピュータが「人工知能を獲得した程度」を測るために「チューリングテスト」を開発しました。そのテストでは、人間Aがコンピュータ、人間Bのそれぞれとテキストによる会話を行い、人間Aがコンピュータと人間Bを判別できるかどうかを試します。判別できなければ、コンピュータは人間と同等の能力を手に入れていることになり、AIの能力を試す方法として現在も使われています。

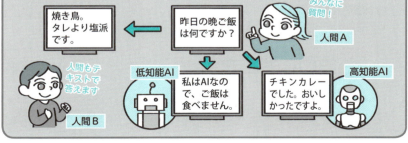

Pick Up!
無限がつくるありえない世界

● 自然数と偶数の個数は同じ！　一般的な感覚が通じない世界とは？

カントールは集合どうしを比較することで、無限の大きさを明らかにしました。デデキントと議論の正しさを確かめながら、カントール自身も驚いてしまうほど、感覚とは異なる結果を見出しています。

自然数と偶数の個数は同じ　要素・集合 p.197

要素を1対1に対応させることで集合の大きさを調べたカントール p.183 は、通常の感覚とは違う無限の奥深さを発見しました。

自然数と偶数の個数
自然数と偶数の個数は同じである。

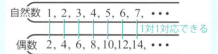

感覚的には自然数は偶数の2倍の個数だけありそうですが、このように1対1に対応させることで、自然数と偶数の個数が同じであることが示されてしまうのです。

自然数と整数の個数は同じ

同様の考え方により、以下のことも示せます。

自然数と整数の個数
自然数と整数の個数は同じである。

自然数　1, 2, 3, 4, 5, 6, 7, ・・・
　　　　　1対1対応できる
整数　　0, -1, 1, -2, 2, -3, 3, ・・・

以上により、偶数、自然数、整数が同じ大きさの無限であることがわかりました。

自然数と有理数の個数は同じ　実数 p.204

カントールがより慎重になったのは、自然数と有理数の関係です。工夫を凝らすことで、こちらも1対1に対応させられます。

自然数と有理数の個数
自然数と有理数の個数は同じである。

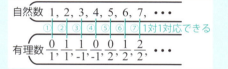

分数 $\frac{n}{m}$ を以下のように座標 (m, n) で表し、グルグルと回りながら順番を決めていくことで、自然数と有理数を1対1に対応させました。

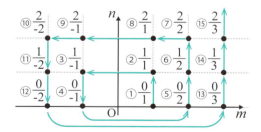

デデキントと確かめました
カントール：ちなみに実数は自然数よりも多かったです。

column ゲオルク・カントール ～うつ病になった数学者～

カントールはサンクトペテルブルクで生まれたものの、11歳でドイツへ一家転住します。この頃から数学が得意だったカントールはベルリン大学でレオポルト・クロネッカー(Leopold Kronecker, 1823年～1891年)の指導を受け、博士号を取得。その後、無限や集合に関する研究成果を1870年代に発表しました。

しかし、通常の感覚とは異なるカントールの研究結果に、世間は納得できず、クロネッカーからカントールは批判を受けることになります。

誰が指導したと思ってるんだ
クロネッカー：無限なんて直感的でない。そんな抽象度の高いものは数学ではない！

カントール：先生、そんなに批判しなくても…。自分でも信じられない結果なのに…。心苦しい

内向的で小心者だったカントールは批判に参ってしまい、1884年にうつ病を発症します。その後は調子の良いときと悪いときを繰り返しながら研究を続け、晩年は精神病院で過ごしました。

カントールの研究は、彼の死後に認められ、注目されました。

自分は生前から支持していました
ヒルベルト

Pick Up!
研究形態の多様化
● 数学者集団ブルバキやラマヌジャン＆ハーディの研究形態とは？

20世紀のフランスとイギリスにおいて、これまでにあまり例を見ない、チームによる研究形態が生まれました。どのような背景で結成され、どのように数学の研究をしていたのかを見てみましょう。

ニコラ・ブルバキ

1935年のフランスで、「ニコラ・ブルバキ」をペンネームに持つ数学者集団が誕生しました。ブルバキは、1939年から『**数学原論**』を出版し続けており、その厳格なまでの正確さから、現在でも多く読まれています。

ブルバキの結成理由

創立者の一人である**アンドレ・ヴェイユ**（André Weil, 1906年〜1998年）は、一昔前の数学に固執する教育者たちに危機感を抱き、学友たちと共にブルバキを結成。若者だけの数学者集団で近代的な数学を構築することを目指し、個人の名声よりもフランスの数学の発展を追求したのです。

ブルバキの特徴

ブルバキは50歳以下の少人数の数学者で組織されました。誰かが定年で引退すれば、また新しい若手をメンバーに迎えます。そうすることで、常に新鮮な目線で数学を研究することができたのです。

ラマヌジャン＆ハーディ

1914年からの5年間、インドの数学者**シュリニヴァーサ・ラマヌジャン**（Srinivasa Ramanujan, 1887年〜1920年）とイギリスの数学者**ゴッドフレイ・ハーディ**（Godfrey Hardy, 1877年〜1947年）は、これまでに例を見ない研究方法を実践しました。

コンビ結成のきっかけ

イギリスの植民地だったインドにおいて、計算能力がずば抜けていたラマヌジャンは、1904年から自身の発見をノートにまとめていました。1913年にその中から厳選した120個の発見をハーディに送ります。翌年、ハーディはラマヌジャンをイギリスに呼び、共同研究が始まりました。

独特な研究方法

ラマヌジャンは女神ナマギリのお告げにより得られたという数学の定理や公式を、毎日ハーディに持っていきました。証明ができなかったラマヌジャンはハーディに証明をしてもらい、5年間に28本の論文を2人で仕上げています。

---

column ブルバキの本はなぜ正確なのか？

ブルバキでは、メンバーの一人がその章のテーマの原稿を書き、他のメンバーから批判を受けます。次に、違うメンバーが出てきた批判をもとに改訂版を出し、こちらも同様に批判を受けます。この作業を繰り返し、全員の批判がなくなった時点で出版。この方法でつくられてきたことが、正確さにお墨つきを与えています。

column 1729はつまらない数？ おもしろい数？

ラマヌジャンはイギリスでの生活が合わず、入退院を繰り返していました。入院中にお見舞いに来たハーディが、乗ってきたタクシーのナンバーが1729という何の性質も持たないつまらない数だと言ったことに対し、ラマヌジャンはすぐにその数の特徴的な性質を述べたのでした。

4-9 近代アメリカ 戦前戦後の数学

ポイント
1. ゲーム理論が確立され、競合状況を数学的に考察した。
2. コンピュータによりフラクタルへの関心が高まった。
3. コンピュータにより、数学の難題まで解決された。

❶ ゲーム理論

20世紀に新しく登場した**ゲーム理論**は、競合状況における意思決定を数学的なモデルで考えようという分野です。ハンガリー出身で後にアメリカへ亡命したジョン・フォン・ノイマンによって1944年に確立しました。

勝つための戦略を理論的に考える学問!
囚人のジレンマにも応用 p.47
ノイマン

◆ミニマックス戦略◆

ゲーム理論において、ノイマンは最悪の状況を回避し、可能な限り損をしないことに焦点を当てた理論を示します。

> **ミニマックス戦略**
> 想定される最大の損害が最小になるように決断を行う戦略をミニマックス戦略という。

ドッジボールでボールを取られている赤チームのミニマックス戦略

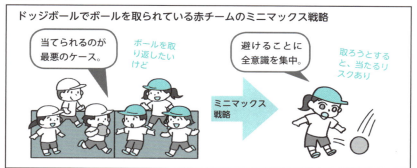

当てられるのが最悪のケース。
ボールを取り返したいけど
避けることに全意識を集中。
取ろうとすると、当たるリスクあり
ミニマックス戦略

1937年、ノイマンは経済学にもこういった理論を応用し始めます。特に企業間の競争や消費者行動の分析において、業界で生き残るための戦略を数学によって立てるようになったのです。

そのためには情報がたくさん必要!
ビッグデータの分析が不可欠!
ノイマン

◆ナッシュ均衡◆

ノイマンの本に感化され、ゲーム理論に足を踏み入れたのがアメリカの**ジョン・ナッシュ**です。彼は、勝ち負けのある分野であればどんな領域にもゲーム理論を適用することができるとし、ノイマンとは違った視点を発表しました。

> **ナッシュ均衡**
> プレーヤーが互いの戦略を知っていて、自分の戦略を変更することによって利益を得られない状況をナッシュ均衡という。

ドッジボールにおけるナッシュ均衡

白の戦略 パスを回しながら、隙があれば当てる
赤の戦略 避けつつも、隙があればボールを取る

赤が無理にボールを当てようとすると、取られてしまう可能性がある。
白が無理にボールを取ろうとすると、当てられてしまう可能性がある。

どちらも戦略を変えない＝ナッシュ均衡

column 冷戦はナッシュ均衡

第二次世界大戦後、アメリカとソ連の間に起こった冷戦。どちらも核兵器をはじめとする強大な軍事力でけん制し合い、戦火を交えることはありませんでした。どちらかが均衡を破って相手を攻撃すれば、同等の被害を被ることになるため、お互いに「軍事力で相手をけん制する」という戦略を取り続けることになったのです。

ソ連もナッシュ均衡を理解していてよかった。

1872年	1904年	1928年	1944年	1950年	1972年	1975年	1976年	1982年
フラクタルな性質を持つワイエルシュトラス関数が発見される	フラクタルな性質を持つコッホ曲線が発見される	ノイマンがミニマックス戦略を発表する	ノイマンがゲーム理論を確立する	ナッシュが論文でナッシュ均衡を発表する	ローレンツがカオス理論に関する演説を行う	マンデルブロがフラクタルを定義する	四色問題がコンピュータによって解決される	マンデルブロの著作の中で、マンデルブロ集合が発表される

❷コンピュータの活用

チューリング p.187 の考え方をもとに設計が始まり、第二次世界大戦中は暗号解読などにも使われたコンピュータ。戦後は高度な計算機械として、数学研究でも使われるようになりました。

◆フラクタル◆

1975年、ポーランド生まれのブノワ・マンデルブロは、ラテン語の「fractus（砕けた）」を基にフラクタルという言葉を定義しました。

> **フラクタル図形**
> 一部と全体が自己相似（倍率を変えると同じ形）である図形をフラクタル図形という。

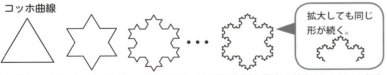

コッホ曲線

拡大しても同じ形が続く。

各辺を三等分にし、分割した2点を頂点とする正三角形を何度も加えていくとできる。

コッホ曲線の登場は1904年で、それ以前にはワイエルシュトラス関数 p.183 でフラクタルの概念は登場していました。1970年代のコンピュータ技術の進歩により、フラクタルへの関心が高まったのです。

マンデルブロ集合と呼ばれ、カオス理論とも関係しているよ

自分がコンピュータで描いたのはこんなフラクタル！

マンデルブロ

◆四色問題◆

時が経つにつれてコンピュータの処理能力が上がり、100年以上証明されなかった数学上の難題をも解決に導きました。

日本地図は4色に塗り分けられる

> **四色問題**
> 平面上のどんな地図も、隣り合う領域が異なる色になるように塗り分けるには4色あれば十分である。

ケーニヒスベルクの橋 p.155 でも使われたトポロジー p.177 の考え方により、地図を約2,000パターンに分け、それらをコンピュータですべて確かめていくという手法で証明されました。

他にも、円周率の計算 p.70 や完全数の探索 p.59、リーマン予想 p.176 の数値的な確認など、コンピュータは数学の今後の発展に欠かすことのできない存在となっています。

column カオス理論

1972年、気象学者エドワード・ローレンツ（Edward Lorenz, 1917年～2008年）が「ブラジルのチョウの羽ばたきは、テキサスで竜巻を起こすか？」を題目に演説をしたことで注目が集まったのがカオス理論です。初期状態が少し変わることで、結果が大きく変わることを表した理論で、複雑な世界を理解するために役立っています。

長い年月をかけて影響を与える。

将来の予測の精度を上げると同時に、完全な予測は不可能であることがわかったよ。

数学でも複雑な式ほど、初期条件に敏感

ローレンツ

Pick Up!
数学はどう進んでいくのか？
● 19〜20世紀までの未解決問題群が、現在の数学に影響を与えている！

1900年、2000年という節目の年に、それまでの未解決問題を再帰し、その後の研究の指針を示す問題群が発表されました。それらを通じて、近代における数学の成果と21世紀の課題を見てみましょう。

ヒルベルトの23の問題
実数 p.204

ヒルベルト p.186 は、1900年にパリで行われた国際数学者会議で「ヒルベルトの23の問題」を発表しました。さまざまな分野から選ばれた23個の問題は、20世紀以降の数学者の研究指針を決めるものとなり、2024年現在も4問が未解決となっています。

分野の異なる23の問題が解決され、数学を完全で統一されたものにしたい！
ゲーデル登場前に抱いた願いです
ヒルベルト

1つ目 自然数と実数の集合の間にある大きさの無限は存在しない？ p.188

解決！
不完全性定理により、正しいかどうかがわからないと結論
ゲーデル

7つ目 0と1ではない a と無理数 b に対して、a^b は超越数（通常の方程式の解として表せない数）となるか？

解決！
$2^{\sqrt{2}}$ を解にもつ通常の方程式は存在しない！
(アレクサンダー・)ゲルフォント

8つ目 リーマン予想 p.176
（素数の分布にもつながる問題）

未解決問題。しかも懸賞金つき
未解決

リーマン

3つ目 同体積の多面体のうち、一方を切断して組み合わせればもう一方と同じ形になる？

解決！
ならないことを証明しました

デーン（ヒルベルトの弟子）

体積は同じ

ヒルベルトの23の問題は1つでも解決できれば名声を得ることができ、誰かが解くたびに注目されてきました。

ミレニアム懸賞問題

ヒルベルトの講演から100年後の2000年に、アメリカにあるクレイ数学研究所は「ミレニアム懸賞問題」を設定しました。長い間証明されていない重要な7つの問題が選ばれ、1つでも解いた人に100万ドルの懸賞金が与えられることになりました。賞金の設定によって、数学研究はさらなる熱を帯びています。

「簡単に解ける問題」と「答えの確認は簡単だが、解くのは難しい問題」は、別物であるという予想。

証明したものの、賞金は断りました。
金に興味ない
（グリゴリー・）ペレルマン

7つの問題のうち、解決されたのは、ポアンカレ予想 p.177 1つだけ。残りの6つの問題の解決に向けて数学は今も発展し続けているのです。

column 数学にノーベル賞はない？

19世紀、ノーベル賞の生みの親であるアルフレッド・ノーベルは、数学が実用性に乏しいものと考えていました（数学者との確執が原因とも）。そのため、ノーベル賞の分野に数学は含まれておらず、数学者の功績に対しては、フィールズ賞やアーベル賞がその代わりを果たしています。

数学者にぼくの遺産は渡さないもんね〜。
数学者に恋人を奪われたから
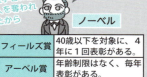
ノーベル

フィールズ賞	40歳以下を対象に、4年に1回表彰がある。
アーベル賞	年齢制限はなく、毎年表彰がある。

公理と公準、何が違うの？

2乗すると−1になる数って？

第5章

数学史のための数学解説

$\sqrt{}$ と $\sqrt[3]{}$ の違いは？

sin、cos、tan は何を示す？

積分って何に役立つの？

微分って何するの？

数学史を楽しむうえで知っておきたい数学知識を、分野ごとにできるだけ簡単な例を使って解説しました。基本的には高校数学の範囲ですが、一部大学レベルも。その分野の発展の通史や現在の生活にどう役立っているかも含めてまとめています。

作図のルールは？

x 軸と y 軸を使わない座標とは？

2進数はどう表すの？

対数をわかりやすく言うと？

角の大きさが $\dfrac{\pi}{6}$ って何度のこと？

正規分布ってどんな分布？

5-1 数学史のための数学解説　数と式

数学のあらゆる理論と切っても切れないのが計算分野です。加減乗除や方程式といった基本的な計算が、さまざまな代数記号や文字の使用によって、抽象的に研究されるようになりました。

◆既知数と未知数◆

算数と数学の違いとして、よく引き合いに出されるのが「文字の使用」。その文字も、a と x では示す意味が基本的には異なります。

既知数と未知数

すでに値がわかっている数のことを**既知数**といい、文字では基本的に a, b, c, d, … で表す。

値がまだわかっていない数のことを**未知数**といい、文字では基本的に x, y, z, w, … で表す。

教科書を含めた多くの数学についての本では、このルールにのっとって文字が使われています。既知数に関しては、公式や定理などで式を**一般化**する（どんな状況でも成り立つ形にする）ときに文字が使われます。

方程式 $5x - 2 = 8$	関数 $y = 2x$
既知数は 5, -2, 8	定数は 2
未知数は x	変数は x, y
↓一般化	↓一般化
方程式 $ax + b = c$	関数 $y = ax$

方程式と関数では用語が異なります

デカルト

一般化することで、式そのものを研究できるようになったよ。

◆二次方程式◆

紀元前から研究されていた二次方程式。中学数学で暗記が求められるのは、次の公式です。

二次方程式の解の公式

二次方程式 $ax^2 + bx + c = 0$ の解は、
$$x = \frac{-b \pm \sqrt{b^2 - 4ac}}{2a}$$

a, b, c に値を代入すれば、解が求められるという優れもの。二次以上の方程式は因数分解で解けるものもありますが、どんな場合でも解ける（一般化された）方法は、解の公式を使用することです。

因数分解による解法	解の公式による解法
$x^2 + 6x + 9 = 0$	$x^2 + 6x + 9 = 0$
$(x + 3)^2 = 0$	$x = \dfrac{-6 \pm \sqrt{6^2 - 4 \times 1 \times 9}}{2 \times 1}$
$x = -3$	$x = \dfrac{-6 \pm 0}{2 \times 1}$
	$x = -3$

解が1つである（重なっている）ことを**重解**という。

$x^2 + 7x + 9 = 0$	$x^2 + 7x + 9 = 0$
因数分解ができないので、この方法では解けない。	$x = \dfrac{-7 \pm \sqrt{7^2 - 4 \times 1 \times 9}}{2 \times 1}$
	$x = \dfrac{-7 \pm \sqrt{13}}{2}$

万能だけど計算が毎回大変。

◆根号 $\sqrt{}$ ◆

二次方程式を解くうえで、必要となってくるのが**根号**$\sqrt{}$（ルート）です。

平方根

a を正の数とするとき、2乗して a になる数を a の**平方根**といい、$\sqrt{a}$ と $-\sqrt{a}$ で表す。

9の平方根は、	2の平方根は、
$\pm\sqrt{9} = \pm 3$（3と-3）	$\pm\sqrt{2}$（$\sqrt{2}$ と $-\sqrt{2}$）

$\sqrt{}$ の中で2乗の数ができれば、$\sqrt{}$ を外すことができますが、次のようなルールがあります。

$\sqrt{}$ の外し方

$$\sqrt{a^2} = |a|$$

ただし、$|a|$ は a の**絶対値**を表し、a が0以上ならそのままの値、a が負の数なら符号を変えた値となる。

| $\sqrt{9} = \sqrt{3^2} = |3| = 3$ | $\sqrt{9} = \sqrt{(-3)^2} = |3| = 3$ |

9を 3^2, $(-3)^2$ のどちらで考えたとしても、絶対値のおかげで、最終的には同じ値が出るよ。

$\sqrt{}$ はぼくの発明！
ルドルフ

式が複雑になると、$\sqrt{4\sqrt{5}+9}$ のように、$\sqrt{}$ の中に $\sqrt{}$（二重根号）も出てきます。

紀元前30万年頃	前17世紀頃	3世紀頃	628年	825年頃	1545年	1799年	19世紀前半
人類が数の大きさの違いに気づく p.8	エジプトやバビロニアで方程式が解かれる p.17 p.20	ディオファントスが『算術』で、未知数などを記号で表す p.86	ブラフマグプタが0を計算の中で使用する p.94	フワーリズミーが方程式の解法を幾何学で説明する p.98	カルダノとフェラーリが三次・四次の方程式の解の公式を発表する p.120	ガウスが代数学の基本定理を証明する p.170	アーベルやガロアが五次方程式に解の公式がないことを示す p.180

◆三次方程式と $\sqrt[3]{\ }$ ◆ 複素数・i p.204

16世紀のイタリアを中心に、三次方程式の解の公式の研究 p.122 が進みました。二次方程式で平方根が必要だったように、三次方程式では立方根（3乗根）と呼ばれる考え方が必要となります。

立方根

3乗して a になる数を a の**立方根**といい、$\sqrt[3]{a}$ で表す。

27の立方根は、$\sqrt[3]{27}=\sqrt[3]{3^3}=3$	4の立方根は、$\sqrt[3]{4}=\sqrt[3]{2^2}$
-1 の立方根は、$\sqrt[3]{-1}=\sqrt[3]{(-1)^3}=1$	3乗ではないので、$\sqrt[3]{\ }$ は外せない。

ただ、平方根で2つの値が出てきたように、複素数まで考え方を拡張すると立方根では3つの値が出てきます。

1の立方根（複素数まで考えた場合）

3乗したら1になる数を x とすると、
$$x^3 = 1$$
$$x^3 - 1 = 0$$
$$(x-1)(x^2+x+1) = 0$$
$$x = 1,\ \frac{-1 \pm \sqrt{1^2 - 4 \times 1 \times 1}}{2 \times 1}$$
$$x = 1,\ \frac{-1 \pm \sqrt{3}\,i}{2}$$

解の1つが1であることを使って因数分解。

二次方程式の解の公式。

◆四次方程式◆

三次方程式の解の公式と同時期に、四次方程式の研究も進みました。三次までと同様で、四次方程式で必要となる4乗根では、複素数まで考えると4つの値が出てきます。

1の4乗根（複素数まで考えた場合）

4乗したら1になる数を x とすると、
$$x^4 = 1$$
$$x^4 - 1 = 0$$
$$(x-1)(x^3+x^2+x+1) = 0$$
$$(x-1)(x+1)(x^2+1) = 0$$
$$x = 1,\ -1,\ i,\ -i$$

解の1つが1であることを使って因数分解。

解の1つが -1 であることを使って因数分解。

$x^2 = -1$ を満たすのは $\pm i$。

現在「数と式」は何に役立っている？

（1）数学の各分野の基礎
数式は数学の言語です。どの数学分野においても情報を整理したり、わかりやすく表したりするのに数式が利用されています。

（2）日常の計算
「合計△個」や「残り◯分」のように、生活の中で無意識のうちにだれもが計算を行っています。また、持っているお金でどの商品をいくつ買えるかを逆算することは、方程式や不等式に通じる考え方です。

11時まで残り60－33＝27分

column なぜ面積には S が使われる？

数学の定理や公式では、面積はS、体積はVのように使われる文字がある程度決まっており、その多くは英単語の頭文字が由来となっています。

文字	表すもの	由来となる英単語
ℓ	長さ	length
	直線	line
r	半径	radius
h	高さ	height
n	自然数	natural number

文字	表すもの	由来となる英単語
p	確率	probability
S	面積	surface area
V	体積	volume
P	平面	plane

ちなみに、同じ要素が2つ以上ある場合、隣どうしのアルファベットを用いたり、右下に数字を書いて表すことが多いです。例「自然数 m, n」「平面 P, Q」「半径 r_1, r_2」

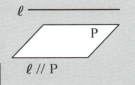

$$V = \frac{1}{3} Sh$$

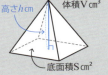
高さ$h$cm
体積Vcm³
底面積Scm²

5-2 数学史のための数学解説
論理と集合

計算と並び、数学の根幹をなすのが「論理」であり、数学的思考の基礎として古くから証明が重要視されてきました。集合論が明確に定義されたのは19世紀ですが、集合の考え方自体は紀元前から存在していたのです。

◆公理と公準◆

数学は誰もが納得できて、矛盾のない世界でないといけません。その世界の土台となっているのが公理や公準と呼ばれる、いわば「当たり前」のルールです。

公理と公準

説明なしで誰もが正しいと認める事柄を**公理**という。

その公理に従い、数学の特定の分野（特に幾何学）において認められる事柄を**公準**という。

アリストテレス：ユークリッド君は区別していたのに…

最近は、公理と公準の区別があまり行われていないようだよ。

ユークリッドの『原論』の公理（一部）
- 等しいものに等しいものを加えれば、その全体は等しい。（A＝B, C＝D なら、A＋C＝B＋D）

ユークリッドの『原論』の公準（一部）
- ある直線と点から、その直線に平行な唯一の直線が引ける。

（1本だけ引ける／ある直線）

2つの例は、どちらも当たり前のことと認識できるでしょう。この『原論』の公理と公準に従って、数学は形づくられてきましたが、長い歴史の中ではその公理や公準を見直そうという動きもありました p.174 。

◆定義と定理と命題◆

公理や公準をもとに数学を研究していく中で、新たな言葉を使用したり、何度も使いまわす重要な性質が登場したりします。それが定義と定理です。

定義と定理と命題

使う言葉の意味をはっきりと述べたものを**定義**という。

正しいか正しくないかがはっきり決まる事柄を述べた文や式を**命題**という。特に重要な命題を**定理**という。

平行四辺形の定義
2組の対辺がそれぞれ平行な四角形のことを平行四辺形という。

平行四辺形に関する命題（定理）
① 2組の対辺はそれぞれ等しい。
② 2組の対角はそれぞれ等しい。
③ 対角線はそれぞれの中点で交わる。

定義や平行線の性質、合同な三角形の性質を利用することで、平行四辺形の性質①〜③は証明されます。そして、これらの性質をもとに、長方形やひし形などの性質も証明されていくのです。

ユークリッド：自分は命題と定理を区別しませんでした

『原論』では、465個の命題について証明したよ。

◆背理法◆

命題を証明するには、仮定から式変形や論理を進めて結論にたどり着くのが一般的ですが、中には特殊な方法でないと証明できない命題もあります。その方法の1つが背理法です。

背理法

ある命題に対して、その命題が成り立たないと仮定して矛盾が生じることを示す方法を**背理法**という。

まずは日常的な例で背理法の手法を体感しましょう。

家の鍵を失くしたことに家の中で気づいたとき、家の中で鍵を失くしたことを証明する。

家の外で鍵を失くしたと仮定する。このとき、自分は家の中に入れない。自分が今、家の中にいることに矛盾。

よって、家の外で鍵を失くしたという仮定は間違っており、家の中で鍵を失くしたことが示された。

（証明したいことの否定を仮定。）

家の鍵、失くした！家の外で落としたかも！

さて、家中を探すか

家の中に入れた時点で、その可能性はないな。

予備はないのに…

前6世紀頃	前6世紀頃	前4世紀	1632年	1847年	1874年	1880年	1901年	1931年
タレスが数学で最初の証明を行う p.27	ピタゴラスが自然数の分類を行う p.30	アリストテレスが三段論法などの論理の基本を示す p.49	ガリレイが自然数と平方数の1対1対応を行う p.130	ブールが論理学を代数式で表し始める p.178	カントールが無限を研究する中で集合論を確立する p.183	ベンがベン図を考案し、集合を視覚的に表す p.179	ラッセルが集合論の曖昧さを指摘する p.179	ゲーデルが不完全性定理を発表する p.186

この鍵の例だと、「窓が開いていてそこから家の中に入れた」「そもそも鍵をかけて外出しなかった」などの可能性も考えられますが、数学ではそのような曖昧さはありません。有名な背理法の例を見てみましょう。

$\sqrt{2}$ が無理数であることの証明

前提として、次の命題Xは証明されているものとする。

命題X：n^2 が偶数ならば、n は偶数である。

> 証明したいことの否定を仮定。

$\sqrt{2}$ が有理数であると仮定すると、1以外に公約数を持たない自然数 m, n を用いて
$\sqrt{2} = \dfrac{m}{n}$ と表せる。… ①
この式を変形すると、$m^2 = 2n^2$ である。… ②
②より、m^2 は偶数であり、命題Xより m も偶数。… ③
③より、m は自然数 k を使って $m = 2k$ と表せるので、②に代入すると $(2k)^2 = 2n^2$
この式を変形すると、$n^2 = 2k^2$ である。… ④
④より、n^2 は偶数であり、命題Xより n も偶数。… ⑤
③、⑤より、m, n は両方とも偶数だが、①の「1以外に公約数を持たない」に矛盾する。
よって、$\sqrt{2}$ は無理数である。

このように矛盾を生じさせる方法としては、フェルマーの「無限降下法」というものもあります p.135。

◆集合と要素◆

集合論が確立されたのは19世紀ですが、集合の概念そのものは紀元前から存在していました。

集合の定義

それに属しているものが、はっきりしているものの集まりを<u>集合</u>という。集合に属している1つ1つのものを、その集合の<u>要素</u>という。

集合の例
- 100以上の自然数の集まり 100, 101, 102, …
- 曲線で囲まれた図形の集まり
- 20歳以上の人の集まり

集合でない例
- 大きい自然数の集まり
- 丸い図形の集まり
- 若い人の集まり

99は大きい？
丸い？
31歳。会社の中なら若いほう

数学では「はっきり」決まることが重要です。そのため、属するか属さないかが曖昧になってしまう場合、集合とは呼べません。

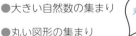

2で割れるなら偶数。2で割れないなら奇数

ピタゴラス

私の教団では、自然数を定義に沿って分類した（集合に分けた）よ。

現在「論理と集合」は何に役立っている？

(1) 数学の各分野の基礎

公理や公準のもとで、数学を研究することにより、分野間で矛盾のない議論を進めることができます。その正確さと一貫性が保証されているからこそ、誰が見ても正しいと言えるような結論が証明されるのです。

(2) 聞き手を納得させる

論理的に矛盾のない説明をすることは、日常でも相手を納得させるうえで非常に重要です。自分の主張の根拠を集め、相手がわかるように並べて結論まで持っていくことは、数学の証明と同様の手続きとなります。

アテネの人たちは議論好きで、定理の内容を伝えるだけでは納得しませんでした。

だから証明して納得させたよ

タレス

(3) コンピュータのアルゴリズム

コンピュータを動かすプログラミング言語には、一定のルールが定められています。この厳格なルールのもと、自分で関数を定義したり、計算を行わせたりするコードを入力することで、思い通りにコンピュータを動かすことができるのです。

一言一句正しく入力してください

曖昧なコードだと、動けないよ。

197

5-3 数学史のための数学解説 幾何学

土地測量に始まった幾何学は、ユークリッドの『原論』をもとに、作図や証明の対象として長い年月をかけて研究が進められました。最近ではユークリッドが決めた世界とは違った幾何学も誕生しています。

◆作図◆

数学において、「作図」という言葉には単に図を描くという意味だけでなく、暗黙の了解とも言えるルールが含まれています。

数学における作図のルール

数学における作図とは、目盛りのない定規とコンパスのみを使って、有限回の操作によって平面上に図を描くことを指す。

コンパスは円を描くというより、等しい長さをとるために使います

ユークリッド

定規に目盛りがないことを強調するために「定木」と書くこともあるよ。

作図で基本となる操作は限られており、それらの操作を組み合わせることで複雑な図形をも描くことができます。

等しい長さの作図

① 移したい線分の長さの分だけコンパスを開く。
② 開き具合はそのままで、移動先で長さをとる。

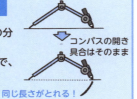

コンパスの開き具合はそのまま
同じ長さがとれる！

これを利用することで、正三角形が作図でき、その性質から60°の角も描けることになります。

コンパスで等しい長さをとりつつ、定規で直線を引くことと、図形の性質を組み合わせることで、線分や角を二等分することもできます。

垂直二等分線の作図

① 線分の両端A, Bを中心に、等しい半径の円を描き、交点C, Dをつくる。
② CとDを結ぶ。

角の二等分線の作図

① 頂点Oを中心に円を描き、2辺との交点A, Bをつくる。
② A, Bを中心に、①と同じ半径の円を描き、交点Cをつくる。
③ OとCを結ぶ。

それぞれの作図で使っているのは、ひし形の性質です。

ひし形の対角線は、それぞれの中点で直交する。	ひし形の対角線は、頂点の角を二等分する。
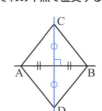	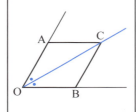

単なる垂線を作図する方法は、基準となる直線ℓに対して、点Pがどこにあるかによって変わってきます。

垂線の作図1（直線外から）

① 点Pから直線ℓを通る円を描き、交点A, Bをつくる。
② A, Bを中心に等しい半径の円を描き、交点Cをつくる。
③ PとCを結ぶ。

垂線の作図2（直線上から）

① 点Pから直線ℓを通る円を描き、交点A, Bをつくる。
② A, Bを中心に等しい半径の円を描き、交点Cをつくる。
③ PとCを結ぶ。

この2つの作図方法を組み合わせることで、平行線を作図することができます。

点Pを通り、直線ℓと平行な直線の作図

① 垂線の作図1により、点Pから直線ℓの垂線mをひく。
② 垂線の作図2により、点Pから直線mの垂線をひく。

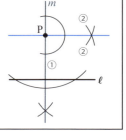

30万年前頃	前5000年頃	前1800年頃	前5世紀	前300年頃	320年頃	1498年	1799年	19世紀
人類が形の違いに気づく p.8	エジプト文明で、土地測量から幾何学が始まる p.12	バビロニアで三平方の定理が知られる p.21	三大作図問題が考えられ始める p.34〜p.39	ユークリッドが『原論』を著す p.53	パッポスが『数学集成』でギリシャ幾何学をまとめる p.88	ダ・ヴィンチが幾何学を絵画に応用する p.116	モンジュが画法幾何学を確立する p.166	ロバチェフスキーなどが非ユークリッド幾何学を確立する p.175

◆三角形の五心◆

三角形は最も基本的な多角形であり、関連するさまざまな言葉が定義され、多くの性質が証明されてきました。その中でも三角形の特徴にも絡んでくる「五心」(重心、垂心、外心、内心、傍心)を知っておきましょう。

重心

三角形の頂点と、その向かい合う辺(対辺)の中点を結んだ線(中線)の交点を重心という。

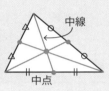

重心だけ支えれば落ちない

自分の定理でも重心をフル活用! p.167

重心を支えれば、物体全体を支えることができるよ。

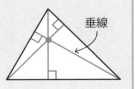
ナポレオン

垂心

三角形の各頂点から対辺に下ろした垂線の交点を垂心という。

外心

三角形の3つの辺の垂直二等分線の交点を外心という。

内心

三角形の3つの角の二等分線の交点を内心という。

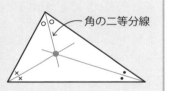

外心と内心は、それぞれ外接円と内接円の中心のこと。

オイラー線で外心を活用! p.155

オイラー

傍心

1つの内角の二等分線と、他の2つの外角の二等分線の交点を傍心という。

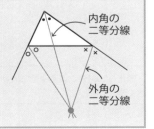

現在「幾何学」は何に役立っている?

(1) GPS(全地球測位システム)のしくみ

スマートフォンの普及により、GPSで自分の位置を知ることが可能になっていますが、この技術を支えているのは三平方の定理です。

電波の送受信のスピードから距離がわかる。

三平方の定理で、
$r^2 = d^2 - h^2$

人工衛星1台だけだと、半径 r の円周上にいることしかわかりませんが、3台あれば、1つの場所を特定できます。

3つの円が重なる場所にいる!

(2) 芸術

アート作品では、幾何学模様を利用することでバランスやリズムを生み出し、見る人の目を引きつけることができます。また、三次元を二次元のキャンバスに投影する技法も考案されており、レオナルド・ダ・ヴィンチ p.116 も利用しています。

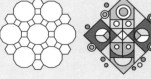

5-4 数学史のための数学解説 数論と数列

数学の帝王ガウスが「数学の女王」と称賛した、整数のもつ性質を研究する数論。パズル的な要素がありながらも、無限級数につながる奥深さを持つ数列。これら両分野のルーツは紀元前にありました。

◆位取り記数法◆ 0乗 p.206

現在、「213」や「1001」と書かれれば、誰もが「二百十三」や「千一」と読むことができます。このアラビア数字による表し方は中世インドにおいて確立されましたが、位取りの考え方は紀元前3000年までさかのぼります。

> **位取り記数法**
> 数字の書かれている位置を、数の大きさと対応させて数を表す方法を位取り記数法という。

現在使われている位取り記数法は、10をひとまとまりとして考える10進法に基づいた方法です。1の位から、10の位、100の位、1000の位、……と10の累乗の位が続いていき、このように表された数を10進数といいます。

> **10進法における「11100」の意味**
>
> 1 1 1 0 0
>
> 位 10000 1000 100 10 1
>   (10^4) (10^3) (10^2) (10^1) (10^0)
>
> $10000×1+1000×1+100×1+10×0+1×0$
> $=11100$

位取り記数法ではない数の表し方も、エジプトのヒエログリフ p.14 やギリシャ数字 p.25、ローマ数字 p.81 など、歴史上いろいろ存在していました。

◆n進法◆

同じ位取り記数法でも、10ではない数を基準にするものも多く存在します。

> **n進法**
> 位取りのもととなる数が n である表記法をn進法という。n進法で表された数をn進数といい、1の位から、nの位、n^2の位、n^3の位、…と位が続いていく。

> **2進法における「11100」の意味**
>
> 1 1 1 0 0
>
> 位 16 8 4 2 1
>   (2^4) (2^3) (2^2) (2^1) (2^0)
>
> $16×1+8×1+4×1+2×0+1×0=28$

> **16進法における「11100」の意味**
>
> 1 1 1 0 0
>
> 位 65536 4096 256 16 1
>   (16^4) (16^3) (16^2) (16^1) (16^0)
>
> $65536×1+4096×1+256×1+16×0+1×0$
> $=69888$

通常、10進法と区別をするために数字の右下に(n)を小さく添えて表します。

| $11100_{(2)}=28$ | $11100_{(16)}=69888$ |

◆n進小数◆ −1乗など p.206

2進法や16進法でも、小数点以下の数を表すことはできますが、10進法とは比べ物にならないくらいわかりづらいものでした。

> **n進小数**
> n 進法で表された小数をn進小数といい、1の位から小数点をはさみ、$\frac{1}{n}$ の位、$\frac{1}{n^2}$ の位、$\frac{1}{n^3}$ の位、…と位が続いていく。

負の数の指数を使うと、それぞれ、n^{-1} の位、n^{-2} の位、n^{-3} の位と表すこともできるよ。

指数が1ずつ減っていくだけだよ

シュティーフェル

> **2進法における「0.0111」の意味**
>
> 0. 0 1 1 1
>
> 位 1 $\frac{1}{2}$ $\frac{1}{4}$ $\frac{1}{8}$ $\frac{1}{16}$
>   (2^0) (2^{-1}) (2^{-2}) (2^{-3}) (2^{-4})
>
> $1×0+\frac{1}{2}×0+\frac{1}{4}×1+\frac{1}{8}×1+\frac{1}{16}×1$
> $=\frac{7}{16}=0.4375$

10進法が発明されなかったら、数学はここまで発展しなかったと考えられています。

前3000年頃	前6世紀頃	前300年頃	9世紀	3世紀〜13世紀	1202年	1670年	1801年	1977年
バビロニアで60進法による位取り記数法が使われ始める p.19	ピタゴラスが整数の分類をし、その性質を調べる p.30	ユークリッドが、素数が無限にあることを証明する p.56	イブン・クッラが友愛数に関する公式をつくる p.31	中国の剰余定理など、中国で整数論が研究される p.107	アラビア数字の紹介とともにフィボナッチ数列が定義される p.102	フェルマーの最終定理が発表される p.136	ガウスが合同式を発明する p.173	RSA暗号が発明される p.57

◆数列◆

数の並びである数列ですが、それを扱うために多くの言葉が定義されています。

数列と項

数を1列に並べたものを数列といい、並んだそれぞれの数のことを項という。最初の項を初項といい、並んでいる項の数を項数という。

項の個数が有限であれば有限数列、項が限りなく続くなら無限数列といって分類します。n 番目の項を第 n 項といい、a_n と表わされます。

1から3ずつ増えていく数列
$$1, 4, 7, 10, 13, \dots$$
第 n 項は、$a_n = 3n - 2$ と表すことができる。

$a_{n+1} = a_n - 3$, $a_1 = 10$ という条件で表される数列
$n = 1$ を代入すると、$a_2 = a_1 - 3 = 10 - 3 = 7$
$n = 2$ を代入すると、$a_3 = a_2 - 3 = 7 - 3 = 4$
$n = 3$ を代入すると、$a_4 = a_3 - 3 = 4 - 3 = 1$
となるので、次のような数列であるとわかる。
$$10, 7, 4, 1, -2, -5, \dots$$
第 n 項は、$a_n = -3n + 13$ と表すことができる。

第 n 項を求める式に、黄金比が登場！

フィボナッチ

フィボナッチ数列は、もっと複雑です p.102 。

◆等比数列◆

紀元前の『リンド・パピルス』p.17 から存在し、解析学 p.212 の発展にも大きく貢献したのはこの等比数列です。

等比数列とその和

各項から一定の数 r をかけて、次の項が得られるとき、その数列を等比数列という。r のことを公比といい、初項 a から第 n 項目までの等比数列の和は、次の式で求めることができる。

$$\frac{a(1-r^n)}{1-r}$$

初項3、公比2の等比数列（第6項まで）

第 n 項は、$a_n = 3 \times 2^{n-1}$ と表すことができ、初項から第6項までの和は、次のように求められる。

$$\frac{3(1-2^6)}{1-2} = -3(1-64) = 189$$

等比数列の和の公式が、無限と組み合わさることで解析学の発展へとつながりました。

無限に続く等比数列の和によって、曲線に囲まれた部分の面積を求めたよ。

積分の考え方をニュートンたちよりも前に行いました p.135 。

フェルマー

現在「数論と数列」は何に役立っている？

（1）RSA暗号

インターネットが普及した今日では、オンラインショッピングやSNSでのやり取りなど、安全に情報を送受信することが非常に重要になっています。そこで使われているのが、大きな素数の素因数分解やガウスの合同式を活用したRSA暗号です p.57 。

パスワードに関する数字は盗めても、素因数分解ができないとパスワードそのものが手に入らない！

ハッカー

（2）複利計算

等比数列を利用することで、金利の計算ができるようになります。

100万円を年利10％で借りた場合
年利10％は、1年間で10％の利子がつくため、1年後には 100万円×1.1＝110万円に借金がふくらむ。
2年目はこの110万円に利子がつくので、借金は 110万円×1.1＝121万円となる。
n 年後の借金は 100×1.1^n 円と表せる。

この例の場合、8年放置すると借金は200万円以上になり、利子のほうが元金よりも高くなります。

5-5 数学史のための数学解説
三角比・三角関数

直角三角形の各辺の比と、頂点の角の大きさをつなぐ三角比は、古代から測量や天文学、地理学などの発展に不可欠でした。時を経る中で三角形の枠を超えた三角関数へと一般化され、数学だけでなく物理学の理解にも貢献しています。

◆三角比◆

三角比は長さを比べる辺の場所によって種類が異なります。よく使われるのは次の3種です。

三角比

右の直角三角形で、角の大きさ θ (シータ) に対する辺の比を次のように定義する。

正弦(サイン): $\sin\theta = \dfrac{a}{c}$
余弦(コサイン): $\cos\theta = \dfrac{b}{c}$
正接(タンジェント): $\tan\theta = \dfrac{a}{b}$

正弦、余弦、正接などをまとめて三角比という。

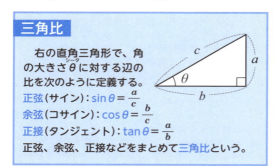

三角定規で使われている2種類の直角三角形については、きれいな三角比の値が出てきます。

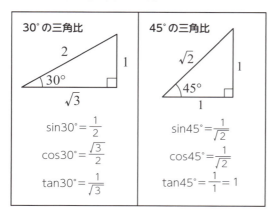

30°の三角比

$\sin 30° = \dfrac{1}{2}$
$\cos 30° = \dfrac{\sqrt{3}}{2}$
$\tan 30° = \dfrac{1}{\sqrt{3}}$

45°の三角比

$\sin 45° = \dfrac{1}{\sqrt{2}}$
$\cos 45° = \dfrac{1}{\sqrt{2}}$
$\tan 45° = \dfrac{1}{1} = 1$

◆三角関数◆

直角三角形から始まった三角比ですが、90°以上の角度についても考えるようになりました。このとき、三角比と区別をして三角関数と呼び、次のように表します。

三角関数

原点Oの座標平面上で、点 $P(x, y)$ が半径 r の円周上にあり、OP と x 軸の正の向きとのなす角を θ としたとき、正弦、余弦、正接を次のように定義する。

$\sin\theta = \dfrac{y}{r}$, $\cos\theta = \dfrac{x}{r}$
$\tan\theta = \dfrac{y}{x}$

450°→ 90°、−60°→ 300°のようにどんな角度でも適用可能に！

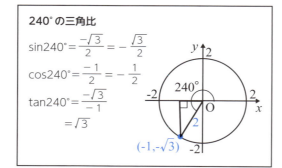

240°の三角比

$\sin 240° = \dfrac{-\sqrt{3}}{2} = -\dfrac{\sqrt{3}}{2}$
$\cos 240° = \dfrac{-1}{2} = -\dfrac{1}{2}$
$\tan 240° = \dfrac{-\sqrt{3}}{-1} = \sqrt{3}$

◆三角比の表◆

三角定規で使われている30°、45°、60°であれば、三角比の値はすっきりとしたものになりますが、そうでない角度の場合には、教科書などの巻末についている「三角比表」を利用しておおよその値を求めます。

3°の三角比

$\sin 3° = 0.0523$
$\cos 3° = 0.9986$
$\tan 3° = 0.0524$

角	正弦(sin)	余弦(cos)	正接(tan)
0°	0.0000	1.0000	0.0000
1°	0.0175	0.9998	0.0175
2°	0.0349	0.9994	0.0349
3°	0.0523	0.9986	0.0524
4°	0.0698	0.9976	0.0699
5°	0.0872	0.9962	0.0875
⋮	⋮	⋮	⋮

1つの角の大きさが3°の直角三角形はこんな感じ！

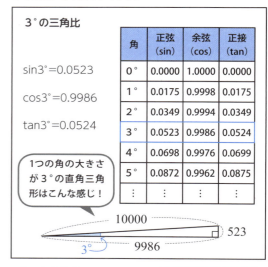

各三角関数どうしをつなぐ公式 p.79 p.125 p.126 が多く存在したため、それらを利用することで三角比表を細かく作成できました。表の精度の高さによって天文学における計算の誤差を小さくできたのです。

2世紀の時点で、小数第4位まで正確に求めていたよ。

ローマは実学重視！

プトレマイオス

前17世紀頃	前2世紀頃	2世紀頃	499年頃	9〜10世紀頃	16世紀	17〜18世紀	1822年
バビロニアやエジプトで三角比の考え方が使われる p.13	ヒッパルコスが正弦の元となるchordの表を作成する p.75	プトレマイオスがさまざまな三角関数の公式を使用する p.79	アールヤバタが正弦(sin)の表を作成する p.93	アブール・ワファが正接(tan)の表を作成する	コペルニクス一派やヴィエトが6種類の三角比の表を作成する p.124	三角関数が級数表で示される	フーリエが波を三角関数の和で表示する p.168

◆弧度法◆

普段、角の大きさを表すときには、1周を360°とする度数法が使われています。それに対し、弧の長さを基準とする角の表し方が、解析学の発展とともに登場しました。

弧度法

半径1の円について、弧の長さをθとしたときの中心角の大きさをθラジアンと表す。
角の大きさのこのような表し方を弧度法という。

単位「ラジアン」は省略することが多い。

πラジアンを度数法に	$\dfrac{\pi}{6}$ラジアンの三角関数
	弧度法に変換すると $\dfrac{180°}{6}=30°$ よって、 $\sin\dfrac{\pi}{6}=\sin 30°=\dfrac{1}{2}$ $\cos\dfrac{\pi}{6}=\cos 30°=\dfrac{\sqrt{3}}{2}$ $\tan\dfrac{\pi}{6}=\tan 30°=\dfrac{1}{\sqrt{3}}$
半径1の円で、弧の長さがπになるのは半円のとき。 中心角の大きさから、 πラジアン＝180°	

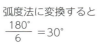

度数法という角度専用の表記よりも、角度も長さで表した弧度法のほうがグラフなどさまざまな面で都合がよく、18世紀以降に弧度法は広まっていきました。

◆三角関数のグラフ◆

弧度法を用いると、xとyの単位がそろった状態で、$y=\sin x$などの三角関数のグラフを描くことができます。

$y=\sin x$のグラフ

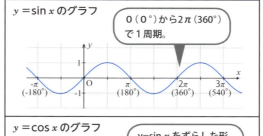

0(0°)から2π(360°)で1周期。

$y=\cos x$のグラフ

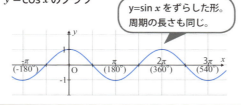

$y=\sin x$をずらした形。周期の長さも同じ。

$y=\tan x$のグラフ

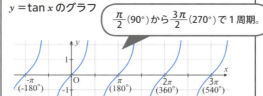

$\dfrac{\pi}{2}$(90°)から$\dfrac{3\pi}{2}$(270°)で1周期。

同じ形を繰り返すため、「周期関数」とも呼ばれるよ。

$y=\sin x$や$y=\cos x$は波の形
フーリエ

現在「三角関数」は何に役立っている？

(1)測量

三角比を応用することで、坂道の角度を求めることができます。

① 水平距離(地図上の距離)bと、実際の距離(斜面上の距離)cを調べる。
② $\dfrac{b}{c}$を計算する。
③ 坂道の角度θを、$\cos\theta=\dfrac{b}{c}$をみたすように求める。

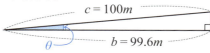

上のような坂道であれば、$\cos\theta=0.996$なので、三角比表 p.202 から約5°ということがわかります。

勾配を表す標識は、$\tan\theta$の値を表しているよ。

$\tan\theta=0.09$なので、こちらも約5°

(2)物理学への応用

三角関数のグラフの波の形は、音波と密接にかかわっており、フーリエ展開を利用してノイズキャンセリング p.168 などに使用されています。
また、建築物などの設計では重力のかかり具合を計算するのに三角関数は不可欠です。

$10\sin\theta$Nの力で加速する
重力10N

5-6 数学史のための数学解説 複素数

実在しない「2乗すると－1になる数」によって表される複素数は、16世紀から研究が始まり、今や複素数を使わないと解明できない物理現象や、実装できない技術が多数存在しています。

◆虚数単位 i ◆

2乗すると1になる数は＋1と－1ですが、2乗すると－1になる数はいくつでしょうか。そのような実在しないはずの $\sqrt{-1}$ の研究が16世紀から始まりました。

虚数単位 i

2乗すると－1になる数を、記号 i で表し、これを虚数単位という。すなわち、$i^2 = -1$ が成り立つ。

デカルトが名づけた Imaginary number。略して i と表そう！ — オイラー

$\sqrt{-1} = i$ ということです

i が含まれる数を虚数といい、計算するうえでは i を通常の文字と同様に扱いつつも、i^2 が出てきたら－1に変換します。

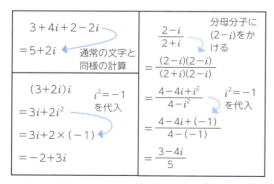

◆複素数と集合◆

虚数を含んだ数全体を表す言葉が複素数であり、次のような形で定義されます。

複素数

2つの実数 a, b を用いて、$z = a + bi$ の形で表される数 z を複素数という。このときの a を実部、b を虚部という。

実数とは、$\sqrt{2}$ や π といった無理数を含む、数直線上で表されるすべての数のこと。複素数は実数よりも広い範囲で数を扱っており、1本の数直線では表すことができません。

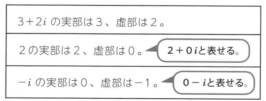

複素数までの数の関係をベン図 p.179 にすると、以下のような包含関係となります。

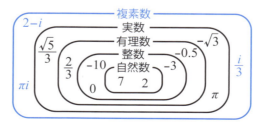

◆複素平面と回転◆

i という想像上の数を視覚化したのが、ガウスが考案した複素平面です。

複素平面

複素数 $z = a + bi$ を、座標上の点 (a, b) で表すとき、この平面を複素平面といい、x 軸を実軸、y 軸を虚軸という。

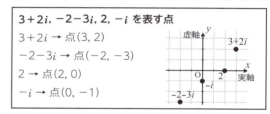

複素平面の1つの利点として、点の回転移動が簡単に行えることが挙げられます。たとえば、ある複素数に i をかけると、原点を中心に反時計回りに90°回転移動させた点を得られます。

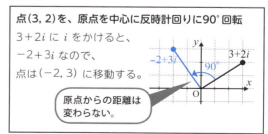

点 $(3, 2)$ を、原点を中心に反時計回りに90°回転

$3 + 2i$ に i をかけると、$-2 + 3i$ なので、点は $(-2, 3)$ に移動する。

原点からの距離は変わらない。

16世紀以前	1545年	1572年	17世紀	1777年	1811年	1825年
二次方程式で出てくる虚数解は、負の解とともに無視されてきた p.120	三次方程式の解の公式の公表で、複素数が避けられなくなった p.121	ボンベリが虚数の扱い方を定め、計算方法について述べる p.121	デカルトが「虚数」という言葉を使い始める p.121	オイラーが i を使って「オイラーの公式」を示す p.153	ガウスが複素平面を導入し、複素数が視覚化される p.171	コーシーが複素平面上で積分を定義する p.169

◆ $z^3 = 1$ ◆ 3乗根 p.195　sin・cos p.202

複素平面上で回転移動を考えると、3乗根をはじめとする n 乗根をすべて求めることが可能です。

◆ $z^n = 1$ ◆ 4乗根 p.195

同様の考え方で4乗根などを求め、解となる複素数の点を結ぶと、正多角形ができ上がります。こういった解の構造に注目したのが、アーベルとガロアで、代数学に群 p.181 という概念をもたらしました。

現在「複素数」は何に役立っている？

（1）量子力学
20世紀に発展した量子力学の考え方では、陽子のまわりを電子の雲が取り巻いている状態で原子ができていると説明されます。その電子の分布を確率的に求める方程式（シュレディンガー方程式）に i が含まれています。量子力学は半導体を用いるコンピュータの部品の開発に不可欠な学問領域で、その基礎部分に虚数が役立っているのです。

どこに電子があるかを示す方程式に i が必要！

（2）3Dグラフィック
複素数により、平面上の点を回転させることができました。これを受け、イギリスのウィリアム・ハミルトン（William Hamilton, 1805年～1865年）は、3つの虚数単位 i, j, k を使って、$a + bi + cj + dk$ で表される四元数を構成しました。この四元数は空間上の点の回転を可能にし、ゲームやVRなどの3Dの動きに活用されています。

3Dデザイナー

四元数の計算で、キャラを回転させるぞ！

高さ方向の軸を中心に90°回転！

1の3乗根（$z^3 = 1$ の解）の求め方

半径1の円上で、3回同じ角度だけ回転させ、点 $(1, 0)$ にもどってくる点を考える。

1つ目
120°のときの点が指す複素数は、$-\frac{1}{2} + \frac{\sqrt{3}}{2}i$
($\sin 120° + i\cos 120°$)

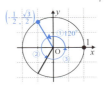

2つ目
240°のときの点が指す複素数は、$-\frac{1}{2} - \frac{\sqrt{3}}{2}i$
($\sin 240° + i\cos 240°$)

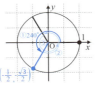

3つ目
360°のときの点が指す複素数は、1
($\sin 360° + i\cos 360°$)

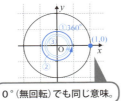

0°（無回転）でも同じ意味。

よって、$z = -\frac{1}{2} + \frac{\sqrt{3}}{2}i, -\frac{1}{2} - \frac{\sqrt{3}}{2}i, 1$

1の4乗根（$z^4 = 1$ の解）を結ぶと正方形ができる

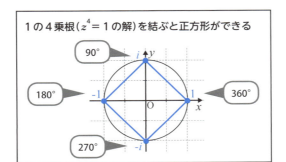

1の6乗根（$z^6 = 1$ の解）を結ぶと正六角形ができる

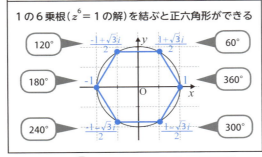

便利でしょ複素平面
ガウス

方程式が因数分解などで解けなくても、図形的に解けることがある！

5-7 数学史のための数学解説 指数対数

指数は大きな数を表すために使われるのに対し、対数は大きな数を計算しやすくするためのツールとして生まれました。指数の考え方は紀元前から存在していたものの、指数と対数の持つ性質に注目が集まったのは16世紀以降でした。

◆指数法則◆

指数は $2 \times 2 \times 2 = 2^3$ のように、同じ数を何回もかける累乗の計算で用いられます。底（かけられる数）を $a > 0$ としたとき、次のような性質が成り立ちます。

指数法則

$$a^m \times a^n = a^{m+n}$$
$$a^m \div a^n = a^{m-n}$$
$$(a^m)^n = a^{mn}$$

$2^2 \times 2^3 = 2^5$ ($4 \times 8 = 32$)
$3^4 \div 3^3 = 3^1$ ($81 \div 27 = 3$)
$(2^3)^2 = 2^6$ ($8^2 = 64$)

この指数法則は、m や n が0や負の数、分数でも成り立ちます。指数が自然数でない場合、累乗と区別してべき乗と言うことが多いです。

重要な指数

$$a^0 = 1$$
$$a^{-1} = \frac{1}{a} \left(a^{-n} = \frac{1}{a^n}\right)$$
$$a^{\frac{1}{2}} = \sqrt{a} \left(a^{\frac{1}{n}} = \sqrt[n]{a}\right)$$

$2^0 = 1$, $(-3)^0 = 1$
$3^{-1} = \frac{1}{3}$, $4^{-3} = \frac{1}{4^3}$
$2^{\frac{1}{2}} = \sqrt{2}$, $2^{\frac{1}{3}} = \sqrt[3]{2}$

column $\sqrt{2}$ の $\sqrt{2}$ 乗の $\sqrt{2}$ 乗は2

指数法則を使うことで不思議な計算ができます。
右のような、無理数の無理数乗をさらに無理数乗したような複雑な数が2というスッキリとした有理数になるのです。

$$\left(\sqrt{2}^{\sqrt{2}}\right)^{\sqrt{2}}$$
$$= \sqrt{2}^{\sqrt{2} \times \sqrt{2}}$$
$$= \sqrt{2}^2$$
$$= 2$$

◆対数とは？◆

対数は、指数と逆の考えに基づいており、「何乗したらその数になるか」を表す数です。

対数

$a > 0$, $a \neq 1$, $M > 0$ のとき、$a^x = M$ をみたすなら、$x = \log_a M$ と表す。これを、a を底とする M の対数という。

$\log_2 8$ の値
「2を○乗したら8になる」を意味するので、
$$\log_2 8 = 3$$

$\log_3 \frac{1}{3}$ の値
「3を○乗したら $\frac{1}{3}$ になる」を意味するので、
$$\log_3 \frac{1}{3} = -1$$

$\log_2 \sqrt{2}$ の値
「2を○乗したら $\sqrt{2}$ になる」を意味するので、
$$\log_2 \sqrt{2} = \frac{1}{2}$$

「2を○乗したら3になる」のように、値がうまく出ない場合は、そのまま「$\log_2 3$」のように表します。この新たな記号を使って数を表す点は、平方根と似ています。

「2乗したら4になる正の数」は $\sqrt{4} = 2$
「2乗したら3になる正の数」は $\sqrt{3}$

◆対数の性質◆

対数には、かけ算をたし算にしたり、累乗の計算をかけ算にしたりする性質があります。

対数の性質

① $\log_a MN = \log_a M + \log_a N$
② $\log_a \frac{M}{N} = \log_a M - \log_a N$
③ $\log_a M^r = r \log_a M$
④ $\log_a a = 1$

歴史上特に有用だったのは、対数の性質①であり、天文学者たちが行っていた膨大な計算を簡易化しました。

対数の性質①を使った5×3の計算

底を10とすると、
$\log_{10}(5 \times 3) = \log_{10} 5 + \log_{10} 3$ ← 対数表
$= 0.6990 + 0.4771$
$= 1.1761$
$= \log_{10} 15$ ← 対数表

なので、$5 \times 3 = 15$ と計算できる。

大きな数を扱うときほど、この計算の利便性がよくわかります。

これで天文学者が、天文学に集中できる

ネイピア

大きな数どうしのかけ算を、たし算にすることで、計算の負担を減らしたよ。

1544年	1614年	1617年	1620年	1620年	1627年	1728年	18世紀〜
シュティーフェルが著書の中で2のべき乗表をつくる p.126	ネイピアが著書の中で対数の概念を発表する p.127	ブリッグスが常用対数を発表する p.127	ガンターが数を対数に変換するための器具を開発する p.128	ビュルギが独自に対数を発表する p.127	ヴラックが10万までの常用対数表をつくる p.127	オイラーが自然対数の底 e を定義する p.154	解析学で自然対数がよく使われる

◆常用対数◆

10進法が使われている世界において、計算上最も都合の良い底は10であり、対数の中でも特別視されました。

常用対数

10を底とする対数 $\log_{10} N$ を、Nの常用対数という。

「10を○乗したら、Nになる」数を意味しています。
$\log_{10} 2 = 0.3010$, $\log_{10} 3.8 = 0.5798$ のように、Nに応じた常用対数の値を並べた「常用対数表」もつくられました p.127。

column 紙を何回折れば月に着く？

0.1mmの厚さの紙を、1回折ると0.2mm、2回折ると0.4mm、3回折ると0.8mmと、2倍ずつ厚くなっていきます。では、この厚みが月に達するためには何回折ればよいでしょうか。月までの距離38万km(3.8×10^{11}mm)に達するまでに、n 回折るものとすると、
$0.1 \times 2^n = 3.8 \times 10^{11}$
$2^n = 3.8 \times 10^{12}$
$\log_{10} 2^n = \log_{10}(3.8 \times 10^{12})$
$n \log_{10} 2 = \log_{10} 3.8 + \log_{10} 10^{12}$
$0.3010 n = 0.5798 + 12$
$n = 41.79…$
よって、42回折れば月に達することになります。こういった計算でも対数が活躍しているのです。

◆自然対数◆ lim p.212

実用的な面では常用対数に劣りますが、解析学で活躍している底は e と呼ばれる定数です。

自然対数

$e = \lim_{n \to \infty}\left(1 + \frac{1}{n}\right)^n$ で表される数をネイピア数といい、この e を底とする対数 $\log_e N$ を、Nの自然対数という。

e が使われている位置から、ネイピア数は自然対数の底とも呼ばれています p.156。通常 $\log_e x$ は、e を省略して $\log x$ と表されます。

◆指数関数と対数関数◆ 逆関数 p.208

指数と対数は関数として扱われることもあります。

指数関数 $y = 2^x$ と対数関数 $y = \log_2 x$ のグラフ

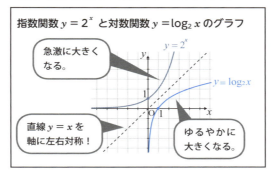

急激に大きくなる。

直線 $y = x$ を軸に左右対称！

ゆるやかに大きくなる。

このように、指数関数の逆関数は対数関数となります。

現在「指数対数」は何に役立っている？

(1) マグニチュード

地震が起こると耳にする「マグニチュード」。地震のエネルギーの大きさを表す単位であり、マグニチュード M とエネルギー E には、次のような関係があります。
$$E = 10^{4.8 + 1.5M}$$
この式によれば、マグニチュードが4のとき $E = 10^{10.8}$、マグニチュードが6のとき $E = 10^{13.8}$ となるので、マグニチュードが2大きくなるだけで、地震のエネルギーは
$10^{13.8} \div 10^{10.8}$
$= 10^{13.8 - 10.8}$
$= 10^3$
$= 1000$倍
も違うと計算できます。

(2) 化石の年代特定

空気中に一定の割合で含まれる「炭素14」という放射性物質。生物が死ぬと新たな炭素14の供給はなくなり、生前の体内に取り込まれた炭素14の量が減っていきます。減るスピードは、5730年で半分となることから、化石に含まれる炭素14の量を調べることで何年前の化石かを特定できるのです。具体的には、x 年前の化石が含む炭素14の量が空気中の p %とすると、次の式が成り立ちます。
$$\frac{x}{5730} \log_{10} \frac{1}{2} = \log_{10} \frac{p}{100}$$

5-8 数学史のための数学解説 関数と座標

紀元前から、代数学と幾何学は別の学問として扱われていました。しかし、17世紀に、図形の位置を数値化する座標が誕生。関数概念とともに、その後の解析学の発展に大きく貢献しました。

◆円錐曲線◆

座標が誕生する前より研究されていた曲線として、円錐曲線があります。円錐を切ったときの断面に由来する4つの図形の総称です p.72。

円錐曲線

円、放物線、楕円、双曲線の4つの曲線をまとめて**円錐曲線**という。

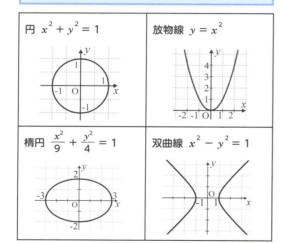

円 $x^2 + y^2 = 1$	放物線 $y = x^2$
楕円 $\dfrac{x^2}{9} + \dfrac{y^2}{4} = 1$	双曲線 $x^2 - y^2 = 1$

> 幾何学的な研究だけでは限界でした
> 座標って便利！ 紀元前でも使いたかったなぁ。
> **アポロニウス**

◆関数と逆関数◆ 一般化 p.194

17世紀に入り、今でいう x 軸と y 軸という2本の直線を基準に座標が定義され、関数の概念へと発展しました。

関数 $f(x)$

x の値が決まると、y の値がただ1つに決まるとき、**y は x の関数である**といい、$y = f(x)$ と表す。

x が含まれる式を $f(x)$ という記号で一般化しており、x に数 a を代入したときに出てくる式の値は $f(a)$ と表します。また、逆の変換をする関数も登場しました。

逆関数 $f^{-1}(x)$

$y = f(x)$ で x と y を入れ替えて、y について解いた関数を $y = f^{-1}(x)$ と表し、$f(x)$ の**逆関数**という。

x を2倍する関数の逆関数は、x を半分にする関数です。

$f(x) = 2x$ について
- $f(3) = 2 \times 3 = 6$ （$x = 3$ を代入する。）
- $y = 2x$ で、x と y を入れ替えると、$x = 2y$ なので、y について解くと、$y = \dfrac{1}{2} x$
よって、$f(x) = 2x$ の逆関数は $f^{-1}(x) = \dfrac{1}{2} x$

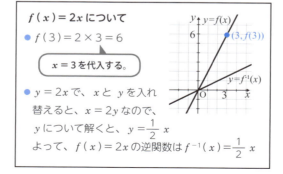

◆逆三角関数◆ 三角関数・sin・cos・tan p.202 弧度法 p.203 −1乗 p.206

円周率の近似値を求める際に活躍したのが、三角関数の逆関数です。

逆三角関数

$-1 \leqq x \leqq 1$ に対し、$y = \text{Arcsin}\, x$ は sin の逆関数で、$-\dfrac{\pi}{2} \leqq y \leqq \dfrac{\pi}{2}$ を満たす。

$-1 \leqq x \leqq 1$ に対し、$y = \text{Arccos}\, x$ は cos の逆関数で、$0 \leqq y \leqq \pi$ を満たす。

すべての x に対し、$y = \text{Arctan}\, x$ は tan の逆関数で、$-\dfrac{\pi}{2} < y < \dfrac{\pi}{2}$ を満たす。

y の値をただ1つに決めるために、y の変域が定められています（弧度法で y を表しています）。

> Arcは弧を表す単語だよ
> **グレゴリー**
> Arcsinを $\sin^{-1}$ と表すこともあるけど、−1乗とまぎらわしいのでArcを使うことが多いよ。

Arctan1の値

$-\dfrac{\pi}{2}(-90°)$ から $\dfrac{\pi}{2}(90°)$ までの範囲で、tan の値が1になるのは、45°のとき。
よって、$\text{Arctan}\, 1 = \dfrac{\pi}{4}$

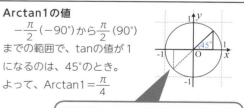

> 変域を定めないと、225°も満たしてしまう。

前3世紀頃	14世紀	1637年	1667年	17世紀後半	1690年代	1735年	1811年
アポロニウスが関数を使わずに円錐曲線を研究する p.72	オレームが運動の様子をグラフ化し、運動法則を解明する p.104	デカルトが座標を考え、解析幾何学を確立する p.132	ニュートンが座標を負の数の範囲まで拡張する p.140	ライプニッツが関数を表すときに f を使用する p.143	ベルヌーイ兄弟が媒介変数表示や極座標で曲線を研究する p.150	オイラーが関数を表すときに $f(x)$ を使用する p.154	ガウスが複素数を座標上の点として表す p.171

◆媒介変数表示◆

曲線の中には、x, y の関係を式として直接表しづらいものもあります。そんな曲線を別の1文字を使って表す方法が媒介変数表示です。

媒介変数表示

直線や曲線上の点 $P(x, y)$ が、それぞれ t の関数によって表されるとき、これを曲線の媒介変数表示といい、t を媒介変数という。

$x = 2t, y = 4t$ で表される図形

$y = 2 \times 2t$
$= 2 \times x$
$= 2x$

よって、直線 $y = 2x$ を表す。

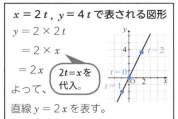

$2t = x$ を代入。

関数づくりをお手伝いします。

$x = \theta - \sin\theta, y = 1 - \cos\theta (0 \leq \theta \leq 2\pi)$ で表される図形

媒介変数 θ の値に対する点 (x, y) をとっていくと、次のような曲線が得られる。

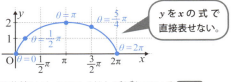

y を x の式で直接表せない。

この曲線はサイクロイドと呼ばれている p.150。

◆極座標◆

座標と言われれば、x 軸と y 軸による直交座標を思い浮かべますが、別の座標系も存在します。

極座標

点Oと半直線OXを定めることで、Oからの距離 r と、半直線OXとの角度 θ で点Pが決まる。このときの (r, θ) を点Pの極座標といい、Oを極、OXを始線、θ を偏角という。また、r と θ の関係を示した式を極方程式という。

アルキメデスの螺旋 $r = \theta$

θ が大きくなるほど、極Oからの距離 r は大きくなる。

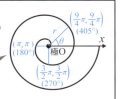

弧度法なので、長さと角度の単位が同じ。

column 町が座標平面？

世界の中には、都市計画の一部として、座標が生きている町があります。直交座標としては、日本の古都京都。平安時代に、都市の中心（原点）に皇居を置いた、ナビゲーションに便利で統率のしやすい町をつくりました。

極座標についてはフランスのパリが該当し、極にあたる凱旋門から大きな通りが放射状に広がっています。視覚的な魅力だけでなく、交通量の分散という効果もあります。

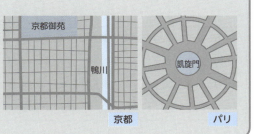

現在「関数と座標」は何に役立っている？

プログラミングやAI（人工知能）

コンピュータにおけるプログラミングでは、複数の関数を自分で定義し、それらを組み合わせることで複雑な動作のコード化を可能にしています。

AI技術でも同様に、入力データを受け取り、目的の出力を生成するために関数を使用していますが、過去のデータをもとに自動で自身が使う関数を調整しており、よりよい結果を出力することに貢献しています。

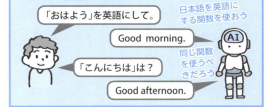

5-9 数学史のための数学解説 確率と統計

確率論と統計学は、不確実性の下での予測とデータ分析に関する分野です。リスクを考慮した意思決定には両分野が必要不可欠であり、科学や社会のさまざまな分野で広く利用されています。

◆！とPとC◆

確率を考えるうえで必要となるのが、起こり得るすべてのパターンの個数（場合の数）を数え上げること。それを便利に行うための計算記号が開発されています。

！とPとC

n 個の異なるものを1列に並べるときの場合の数は、$n! = n \times (n-1) \times \cdots \times 2 \times 1$ 通りである。
　　n から1ずつ減らした数を1までかける

n 個の異なるものから r 個とって1列に並べるときの場合の数は、${}_nP_r = n \times (n-1) \times \cdots \times (n-r+1)$ 通りである。
　　n から1ずつ減らした数を r 個かける

n 個の異なるものから r 個とって組にするときの場合の数は、
$${}_nC_r = \frac{n \times (n-1) \times \cdots \times (n-r+1)}{r \times (r-1) \times \cdots \times 1}$$ 通りである。
分子は ${}_nP_r$、分母は r から1までの積

A、B、C、D の4人全員を1列に並べる
$4! = 4 \times 3 \times 2 \times 1 = 24$ 通り

A、B、C の3人から、2人選んで1列に並べる
${}_3P_2 = 3 \times 2 = 6$ 通り

Ⓐ→Ⓑ　Ⓑ→Ⓒ　Ⓐ→Ⓒ
Ⓑ→Ⓐ　Ⓒ→Ⓑ　Ⓒ→Ⓐ

A、B、C の3人から、2人選んでグループにする
${}_3C_2 = \dfrac{3 \times 2}{2 \times 1} = 3$ 通り　　ⒶⒷ　ⒷⒸ　ⒶⒸ

これらの記号は、確率や統計以外でもよく使われています。

◆同様に確からしい◆

確率論や統計学においては、すべてのパターンが同じ程度に起こると期待できる（同様に確からしい）という前提が必須です。この言葉によって確率が定義されています。

確率

同様に確からしく起こる n 通りの場合のうち、ことがらAが a 通りで起こる場合、Aの起こる確率は $\dfrac{a}{n}$ で求められる。

サイコロを1回ふり、偶数の目が出る確率

サイコロの出る目は6通り。
そのうち、偶数は2・4・6の3通りなので、確率は $\dfrac{3}{6} = \dfrac{1}{2}$

A、B、Cの3人から2人選ぶとき、Aが選ばれる確率

2人の選び方は ${}_3C_2 = 3$ 通り。
そのうちAが含まれるのは、
AとB、AとCの2通りなので、
確率は $\dfrac{2}{3}$

ⒶⒷ　ⒶⒸ
ⒶⒷ　ⒷⒸ　ⒶⒸ

「同様に確からしく」が条件なので、いびつな形のサイコロであったり、作為的に人を選んだりした場合は、正確な確率を計算できません。

1はほぼ出ない！

Aさんはお気に入りだから、100%選ぶよ〜。

◆期待値◆

確率によって起こることがらの価値を判断するときに有用な指標が、期待値と呼ばれる値です。

期待値

起こりうるすべての場合について、
　（確率）×（起こったときに得られる値）
の和を期待値という。

確率により得られる値が均されるため、くじのようなギャンブルの平均的な損得を計算することができます。

くじ引きの期待値

100本のくじについて、賞金と本数には次のような関係がある。

	1等	2等	3等	はずれ
賞金	10000円	1000円	100円	0円
本数	1本	5本	10本	84本

このくじの期待値は
$\dfrac{1}{100} \times 10000 + \dfrac{5}{100} \times 1000 + \dfrac{10}{100} \times 100 + \dfrac{84}{100} \times 0$
$= 100 + 50 + 10 + 0$
$= 160$ 円

なので、1回のくじで平均160円獲得できる。

基本的に、くじは胴元が儲けられるようになっているよ

ホイヘンス

あくまで指標。毎回160円を獲得できるわけではないので注意しよう。

16世紀	1654年	17世紀後半	1713年	1801年	1812年	19〜20世紀	1925年
カルダノが確率論の原型となる考え方を提示する p.123	パスカルとフェルマーの文通により、確率論の基礎が築かれる p.139	ホイヘンスが期待値を定義する p.139	ヤコブ・ベルヌーイが大数の法則を提唱する p.148	ガウスが最小2乗法の手法を確立する p.173	ラプラスが正規分布の形を式で表す p.167	ナイチンゲールなどが数学以外に統計学を応用する p.184 p.185	フィッシャーがさまざまな統計学的手法を解説する p.184

◆分散と標準偏差◆

たくさんのデータから必要な情報を抜き出すときは、平均値や中央値によって全体の傾向を掴むことが多いですが、データの広がりを把握する数値も存在します。

分散

各データの値における、平均値との差をそれぞれの偏差という。偏差の2乗の平均を分散といい、データの散らばり具合を示す。

平均値や中央値が同じ点数のテストを比べてみましょう。

A、B、Cが20点、50点、80点をとったテストXの分散

平均値は50点なので、それぞれの偏差は
$20-50=-30$、$50-50=0$、$80-50=30$
であるため、分散は
$\{(-30)^2+0^2+30^2\}\div 3=600$

> 偏差の2乗の和を人数で割る。

A、B、Cが47点、50点、53点をとったテストYの分散

平均値は50点なので、それぞれの偏差は
$47-50=-3$、$50-50=0$、$53-50=3$
であるため、分散は
$\{(-3)^2+0^2+3^2\}\div 3=6$

分散はデータの2乗を考えているため、元の単位にそろえる目的で正の平方根をとった標準偏差を考えます。テストXの標準偏差は$10\sqrt{6}$点、テストYの標準偏差は$\sqrt{6}$点となり、散らばり具合に10倍の差があるとわかるのです。

◆正規分布◆ e p.207

データを分析するとき、ある数値と、それが起こる確率を対応させたものを確率分布といい、表や棒グラフ、曲線などによって分布の形が表されます。中でも、自然界や社会における偶然現象で最も多い分布が正規分布です。

正規分布

平均μ、標準偏差σに対し、
曲線 $y=\dfrac{1}{\sqrt{2\pi}\sigma}e^{-\frac{(x-\mu)^2}{2\sigma^2}}$ で表される分布を正規分布という。平均を中心に左右対称で、左右に広がるほど確率が小さくなる。

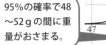

テストの点数や身長、体重などは大数の法則（データを多く集めるほど正確な分布になる）に従い、正規分布の形に近づいていきます。

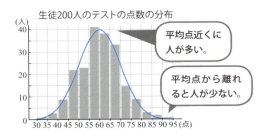

生徒200人のテストの点数の分布

現在「確率と統計」は何に役立っている？

（1）視聴率の計算

テレビの視聴率を計算するにあたって、同様に確からしい確率で無作為に選ばれた家庭に、測定器を置くことで視聴データを集めます。そのデータから視聴率は

$$\frac{\text{あるチャンネルを見ている世帯数}}{\text{設定機器が置かれた世帯数}}\times 100\%$$

によって計算されます。全国民に調査しなくても、統計学的に一定の世帯数を満たせば、ほぼ正確に番組の人気度がわかります。

（2）品質管理

つくられたものが規格通りの品質かをチェックするために、正規分布が使われています。

出荷するチョコレートの重量チェック

ある工場では、1個50gのチョコレートがつくられており、長年のデータから標準偏差は1とわかっている。このとき、次のような分布となる。

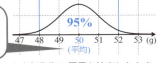

> 95%の確率で48〜52gの間に重量がおさまる。

チョコレートを無作為に何個か抽出したとき、47g以下がたくさんあるなど、分布からそれていた場合、製造ラインに何らかの異常があることに気づける。

正規分布により、不正を見破った歴史的な事例もあります p.184。

5-10 数学史のための数学解説 解析学

解析学は、極限に始まり微分積分を中心とする無限がテーマの分野です。古代ギリシャ以来、無限は敬遠され続けていたものの、その必要性が17世紀に再認識され、以後解析学として大きく発展しながら厳密さも帯びていきました。

◆数列の極限◆ 数列、無限数列 p.201

項が限りなく続く無限数列 $\{a_n\}$ に、極限という概念を使うことで、数列の行き着く先を判別できます。

無限数列の極限

n を限りなく大きくしたときの数列 $\{a_n\}$ の行き着く先を極限といい、$\lim_{n\to\infty} a_n$ で表す。数列の極限は、次の4パターンに分けられる。
- 特定の値 b に近づく（収束する）… $\lim_{n\to\infty} a_n = b$
- 正の無限大に発散する … $\lim_{n\to\infty} a_n = \infty$
- 負の無限大に発散する … $\lim_{n\to\infty} a_n = -\infty$
- 振動する（極限はない）

下の3つをまとめて「発散」というよ。振動も発散の一種

カヴァリエリ

$a_n = \dfrac{1}{n}$ の極限

$1, \dfrac{1}{2}, \dfrac{1}{3}, \dfrac{1}{4} \cdots$

少しずつ減りながら、0に近づくので、

$\lim_{n\to\infty} \dfrac{1}{n} = 0$

$a_n = n^2$ の極限

$1, 4, 9, 16 \cdots$

どんどん増えて、限りなく大きくなるので、

$\lim_{n\to\infty} n^2 = \infty$

$a_n = (-1)^n$ の極限

$-1, 1, -1, 1, \cdots$

値を交互に繰り返すため、極限はない

グラフが振動している！

$a_n = -n$ の極限

$-1, -2, -3, -4, \cdots$

どんどん減って、限りなく小さくなるので、

$\lim_{n\to\infty} (-n) = -\infty$

◆無限級数◆ 等比数列 p.201

無限数列の各項を、初項から順に加えていった式を無限級数といいます。与えられた無限級数の和が収束するのか発散するのかを判断する方法は、数学史上のいろいろな場面で必要とされました。特によく登場する級数は、次に示す無限等比級数です。

無限数列の極限

初項 a、公比 r の無限に続く等比数列からつくられる $a + ar + ar^2 + ar^3 + \cdots$ を無限等比級数という。公比 r の値によって、無限等比級数の和は2パターンに分けられる。
- $-1 < r < 1$ のとき、無限等比級数の和は $\dfrac{a}{1-r}$ に収束する。
- $r \leqq -1$ または $1 \leqq r$ のとき、無限等比級数の和は発散する。

$1 + 0.1 + 0.01 + 0.001 + \cdots$ の和

×0.1 ×0.1 ×0.1

公比 0.1 の等比数列からつくられているので収束し、初項が1であることから、

$\dfrac{1}{1-0.1} = \dfrac{1}{0.9} = \dfrac{10}{9}$ と求められる。

$1 + 2 + 4 + 8 + \cdots$ の和

×2 ×2 ×2

公比2の等比数列からつくられているので発散する（この場合は、正の無限大に発散する）。

---

column 1 = 0.9999…

1に限りなく近づけた0.9999…。実は、0.9999 < 1 ではなく、0.9999… = 1 であることが無限等比級数の和を使って示せます。

$0.9999\cdots = 0.9 + 0.09 + 0.009 + 0.0009 + \cdots$
$= \dfrac{0.9}{1-0.1}$
$= 1$

公比 0.1、初項 0.9。

$\dfrac{1}{3} = 0.3333\cdots$ の両辺を3倍しても証明できます。

無限は奥が深い！

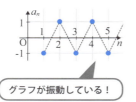

カントール

前5世紀中頃	前400年頃	前360年代	前3世紀	14世紀	16世紀末	1610年	1635年
ゼノンが無限に関するパラドックスを提示する p.44	デモクリトスが立体を無限小に分ける方法を考案する p.44	エウドクソスが「取りつくし法」で無限小の考え方を示す p.45	アルキメデスが「取りつくし法」で、放物線の面積を求める p.69	オレームが調和級数を考察する p.105	ヴィエトが三角比や円周率を無限級数で表す p.125	ルドルフが「取りつくし法」で円周率を小数第35位まで算出する p.71	「カヴァリエリの原理」が発表される p.130

次ページへ

◆微分◆ $f(x)$ p.208

数列と同様、関数 $f(x)$ でも極限が定義できます。x を限りなく大きくしたり $\left(\lim_{x\to\infty} f(x)\right)$、$x$ を 0 などの特定の値に限りなく近づけたり $\left(\lim_{x\to 0} f(x)\right)$ することが可能です。

微分は、この関数の極限を利用して定義されます。

微分と導関数

関数 $f(x)$ について $f'(x) = \lim_{h\to 0} \dfrac{f(x+h) - f(x)}{h}$ を $f(x)$ の**導関数**といい、右辺を計算することを**微分する**という。$f'(x)$ の「 ' 」は微分した回数を表し、2回微分したら $f''(x)$、3回微分したら $f'''(x)$、4回以上微分した場合は $f^{(4)}(x)$, $f^{(5)}(x)$ のように表す。

$f(x) = x^2$ の導関数

$$f'(x) = \lim_{h\to 0}\dfrac{(x+h)^2 - x^2}{h}$$
$$= \lim_{h\to 0}\dfrac{x^2 + 2hx + h^2 - x^2}{h}$$
$$= \lim_{h\to 0}\dfrac{2hx + h^2}{h}$$
$$= \lim_{h\to 0}(2x + h)$$
$$= 2x$$

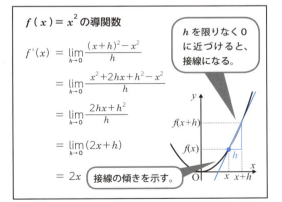

h を限りなく 0 に近づけると、接線になる。

接線の傾きを示す。

0 に限りなく近づけることを「**無限小をとる**」といい、瞬間（点）の変化（グラフの増え方）をとらえることができます。

◆導関数の公式◆ sin・cos p.202 log・e p.207

定義にのっとって微分をした結果、以下のような公式が求められます。

導関数の公式（例）

- $(x^n)' = nx^{n-1}$
- $(\sin x)' = \cos x$
- $(\cos x)' = -\sin x$
- $(\log x)' = \dfrac{1}{x}$
- $(e^x)' = e^x$

$x^2 - 3$ を微分する
$(x^2 - 3)'$
$= 2x^{2-1} - 0$
$= 2x$

定数（-3）を微分すると 0 になる。

$2\log x$ を微分する
$(2\log x)'$
$= 2 \times \dfrac{1}{x}$
$= \dfrac{2}{x}$

$\log x$ だけ微分される。

$f(x) = \sin x$ を4回微分する
$f(x) = \sin x$
$f'(x) = \cos x$ 微分
$f''(x) = -\sin x$ 微分
$f'''(x) = -\cos x$ 微分
$f^{(4)}(x) = \sin x$

$\sin x$ や $\cos x$ は4回微分すると、元の関数にもどる。

$f(x) = e^x$ を4回微分する
$f(x) = e^x$ 微分
$f'(x) = e^x$ 微分
$f''(x) = e^x$ 微分
$f'''(x) = e^x$ 微分
$f^{(4)}(x) = e^x$

e^x は何回微分しても e^x。

わかりやすいでしょ、僕の微分法
ライプニッツ

$f'(x)$ の代わりに、$\dfrac{df}{dx}$ と表すこともあるよ p.143。

vs.

便利でしょ、僕の微分法
ニュートン

◆微分と接線◆

導関数の意味からもわかるように、微分によって関数の接線の方程式を求めることが可能です。

関数 $y = x^2 - 3$ 上の点 $(1, -2)$ における接線

$f(x) = x^2 - 3$ を微分すると、
$f'(x) = 2x$

ここに、$x = 1$ を代入すると、接線の傾きは
$f'(1) = 2 \times 1 = 2$
とわかる。

傾きが2で、点 $(1, -2)$ を通る直線の式は、
$y = 2x - 4$

関数 $y = 2\log x$ 上の点 $(1, 0)$ における接線

$f(x) = 2\log x$ を微分すると、
$f'(x) = \dfrac{2}{x}$

ここに、$x = 1$ を代入すると、接線の傾きは
$f'(1) = \dfrac{2}{1} = 2$
とわかる。

傾きが2で、点 $(1, 0)$ を通る直線の式は、
$y = 2x - 2$

接線を何度も求めることで、方程式の解を近似することもできます p.141。

1635年頃	1644年	1655年	1668年	1671年	1684年	1687年	1690年代	1715年
フェルマーが接線の下の面積の求め方を示す p.135	トリチェリがサイクロイドの下部の面積を求める p.131	ウォリスが無限記号∞を使い始める p.146	メルカトル級数が発表される p.147	グレゴリー級数が発表される p.146	ライプニッツが微分積分の考え方を発表する p.142	ニュートンが微分積分の考え方を発表する p.141	ベルヌーイ兄弟が微分積分でさまざまな曲線を研究する p.150	テイラー級数が発表される p.147

◆マクローリン展開◆ $f(x)$ p.208 $n!$ p.210 e p.207 $\sin\cdot\cos$ p.202 i p.204

微分を利用することで、複雑な関数を x や x^2 などの基本的な多項式で表すことができます。それが、マクローリン展開と呼ばれる式変形です。

マクローリン展開

$f(x)$ が何回でも微分できる関数のとき、$f(x)$ は
$$f(x) = f(0) + \frac{f'(0)}{1!}x + \frac{f''(0)}{2!}x^2 + \frac{f'''(0)}{3!}x^3 + \cdots$$
と変形できる。

関数によって、成り立つ x の範囲が決まっているよ p.182。

マクローリンの100年後に気づきました
ワイエルシュトラス

$f(x) = e^x$ のマクローリン展開
$f(x) = e^x$ を何回も微分していき、それぞれに $x = 0$ を代入した値は、次の表のようにまとめられる。

$f(x) = e^x$	$f(0) = 1$
$f'(x) = e^x$	$f'(0) = 1$
$f''(x) = e^x$	$f''(0) = 1$
$f'''(x) = e^x$	$f'''(0) = 1$
⋮	⋮

$x = 0$ を代入

よってマクローリン展開は、
$$e^x = 1 + \frac{1}{1!}x + \frac{1}{2!}x^2 + \frac{1}{3!}x^3 + \cdots$$

$f(x) = \sin x$ のマクローリン展開
$f(x) = \sin x$ を何回も微分していき、それぞれに $x = 0$ を代入した値は、次の表のようにまとめられる。

$f(x) = \sin x$	$f(0) = 0$
$f'(x) = \cos x$	$f'(0) = 1$
$f''(x) = -\sin x$	$f''(0) = 0$
$f'''(x) = -\cos x$	$f'''(0) = -1$
⋮	⋮

$x = 0$ を代入

よってマクローリン展開は、
$$\sin x = \frac{1}{1!}x - \frac{1}{3!}x^3 + \frac{1}{5!}x^5 - \frac{1}{7!}x^7 + \cdots$$

世界で最も美しいオイラーの公式 p.153
オイラー

$\cos x$ のマクローリン展開である $1 - \frac{1}{2!}x^2 + \frac{1}{4!}x^4 - \frac{1}{6!}x^6 + \cdots$ と上の2つの式を合わせると、$e^{ix} = \cos x + i\sin x$ が導けます。

◆積分◆ $\log x$ p.207 $|x|$ p.194

一瞬の変化を求める微分に対し、積分は関数全体の和を求める計算です。ニュートンやライプニッツによって、微分と積分は逆の演算であることが明らかになりました。

積分と原始関数

微分すると $f(x)$ になる関数 $F(x)$ のことを、$f(x)$ の原始関数という。このとき、$F(x) = \int f(x)dx$ と表し、右辺を求めることを積分するという。

記号 $\int$ は「インテグラル」と読みます。
「S」を伸ばした記号です
ライプニッツ

積分の答えは1つに定まりません。なぜなら、微分して $2x$ になる関数は $x^2 - 3$ や $x^2 + 5$ など定数を加えた式が無数に存在するからです。そのため、原始関数を通常は $F(x) + C$ と書き、この式のことを不定積分、特に C を積分定数と呼んでいます。

不定積分の公式（例）

- $\int x^n dx = \frac{1}{n+1}x^{n+1} + C \ (n \neq -1)$ $\int \frac{1}{x}dx = \log|x| + C$
- $\int \sin x \, dx = -\cos x + C$ $\int \cos x \, dx = \sin x + C$ $\int e^x dx = e^x + C$

$f(x) = x^2$ を積分する
$$\int x^2 dx = \frac{1}{2+1}x^{2+1} + C = \frac{1}{3}x^3 + C$$

微分して x^2 を出すためには x^3 が必要。ただ、$(x^3)' = 3x^2$ なので、$\frac{1}{3}$ で 3 を消すイメージ。

$f(x) = \frac{2}{x}$ を積分する
$$\int \frac{2}{x}dx = 2\int \frac{1}{x}dx = 2(\log|x| + C)$$
$$= 2\log|x| + C'$$

$\log M$ の M は必ず正なので、絶対値をつける。

$2C$ をまとめた新しい積分定数。

1735年	1742年	1788年	1822年	1823年	1859年	1860年代	2022年
オイラーがsinの級数表示からバーゼル問題を解く p.153	マクローリン級数が説明される p.147	ラグランジュが導関数の記号 $f'(x)$ をつくる p.166	フーリエが積分を物理学に応用する p.168	コーシーが複素平面上での積分や、無限の厳密化を考える p.169	ゼータ関数の解に関するリーマン予想が発表される p.176	ワイエルシュトラスが無限の厳密化を進める p.182	コンピュータで級数を計算し、円周率を100兆桁求める p.71

◆定積分と面積◆ 実数 p.204 集合 p.197 弧度法 p.203

微分がグラフの接線を求めるために使われるのに対し、積分はグラフに囲まれた部分の面積を求めるために使われています。

定積分と面積

関数 $f(x)$ について、$y = f(x)$, $x = a$, $x = b$, x軸に囲まれた部分の面積は、次の式で求められる。

$$\int_a^b f(x)dx = \Big[F(x)\Big]_a^b = F(b) - F(a)$$

このとき、$F(b) - F(a)$ を a から b までの<u>定積分</u>という。

定積分では、$F(b) - F(a)$ の計算で C が相殺されるため、積分定数 C を考える必要はありません。

a から b までの実数の集合を A とすると、$\int_A f(x)dx$ と表すこともできるよ。

複素数の積分でよく使う表記法 p.169

コーシー

$f(x) = 2x$ を2から3まで積分する

$$\int_2^3 2x\,dx = \Big[x^2\Big]_2^3 = 3^2 - 2^2 = 5$$

この定積分の結果は、右の台形の面積を表している。

$y = 2x$, $x = 2$, $x = 3$, x軸に囲まれた図形。

$f(x) = \sin x$ を0から π まで積分する

$$\int_0^\pi \sin x\,dx = \Big[-\cos x\Big]_0^\pi = \{-(-1)\} - (-1) = 2$$

π（180°）や0（0°）のcosの値。

この定積分の結果は、下の曲線図形の面積を表している。

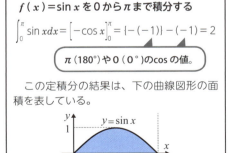

現在「解析学」は何に役立っている？

(1) 未来の予測

「微分する」ことは、瞬間の変化を読み取ることでした。そのため、現時点という瞬間の変化をつかむことによって、未来を予測することが可能です。

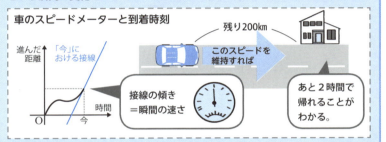

車のスピードメーターと到着時刻

今を微分するという考え方は、経済や人口問題、天気予報などのさまざまなシミュレーションに応用されています。

(2) スマートフォン（スマホ）のバッテリー

スマホのバッテリー残量は、それまでの電力の使用状況の積分によって求められています。時間 x に対する電力の使用状況を $f(x)$ で表したとき、右のグラフのようになったとしましょう。このとき、24時におけるバッテリー残量は次の式で求められます。

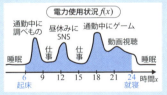

(バッテリー残量) = (満充電時の電力の量) $-\int_6^{24} f(x)dx$

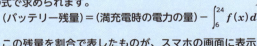

6時から24時の間に使用した電力の合計量。

この残量を割合で表したものが、スマホの画面に表示されているため、私たちは充電のタイミングを判断できます。

数学史年表

年	国・地域	出来事
前30万年頃	世界中	人類が数や形、大きさの違いに気づく
2万年前頃	アフリカ	イシャンゴの骨に数が記録される
前3200年頃	エジプト	ヒエログリフで数字が使われるようになる
前3000年頃	メソポタミア	楔形文字で数字が使われるようになる
前1850年頃	エジプト	『モスクワ・パピルス』が書かれる
前1800年頃	メソポタミア	プリンプトン322が書かれる
前1650年頃	エジプト	『リンド・パピルス』が書かれる
前1000年頃	インド	宗教書『シュルバスートラ』が書かれる
前6世紀	ギリシャ	タレスがタレスの定理を証明する
前6世紀	ギリシャ	ピタゴラスがピタゴラスの定理を証明する
前5世紀頃	ギリシャ	ヒッパソスが $\sqrt{2}$ は無理数であることを証明する
前5世紀	ギリシャ	アナクサゴラスが円積問題を考え始める
前5世紀	ギリシャ	アンティフォンが正多角形を無限に細かくして円に近づける
前5世紀中頃	ギリシャ	ゼノンがアキレスと亀などのパラドックスを提示する
前430年頃	ギリシャ	ヒッピアスが円積線を発明する
前5世紀後半	ギリシャ	テオドロスが、$\sqrt{3}$ や $\sqrt{17}$ が無理数であることを証明する
前420年頃	ギリシャ	ヒポクラテスが月形図形から円積問題を考える
前400年頃	ギリシャ	デモクリトスが立体を無限小に分ける方法を提案する
前400年頃	インド	ブラーフミー数字が使われる
前387年頃	ギリシャ	プラトンがアカデメイアを創立する
前380年頃	ギリシャ	テアイテトスが無理数の証明を一般化する
前4世紀前半	ギリシャ	アルキュタスが立方体倍積問題を三次元で考える
前365年頃	ギリシャ	エウドクソスが比例論や取りつくし法について言及する
前4世紀	ギリシャ	アリストテレスが論理学の基礎を確立する
前4世紀後半	ギリシャ	メナイクモスが立方体倍積問題を円錐曲線で考える
前300年頃	アレクサンドリア	ユークリッドが『原論』を著す
前3世紀	アレクサンドリア	アルキメデスが放物線を取りつくし法で研究する
前3世紀	アレクサンドリア	エラトステネスが地球の大きさを測定する
前3世紀後半	アレクサンドリア	アポロニウスが円錐曲線の研究を行う
前2世紀頃	中国	『九章算術』が書かれる
前2世紀	アレクサンドリア	ヒッパルコスが三角比の基となるchordを定義する
前1世紀頃	アメリカ大陸	マヤ文明が20進法を使い始める
1世紀頃	アレクサンドリア	ヘロンがヘロンの公式を発表する
98年頃	アレクサンドリア	メネラウスがメネラウスの定理を発表する
160年頃	アレクサンドリア	プトレマイオスが『アルマゲスト』を著す
3世紀頃	アレクサンドリア	ディオファントスが『算術』で代数で使う言葉を記号化する

年	国・地域	出来事
3世紀頃	中国	劉徽が『九章算術』の解説書を書く
300年頃	インド	バクシャーリー写本で、0を表す点が使われる
320年頃	アレクサンドリア	パッポスが『数学集成』でギリシャ幾何学をまとめる
4世紀後半	アレクサンドリア	ヒュパティアが父とユークリッドの著書に注釈をつける
5世紀	中国	祖沖之が円周率を小数第6位まで計算する
499年頃	インド	アールヤバタが『アールヤバティーヤ』で正弦表を作成する
628年	インド	ブラフマグプタが0を数字として扱う
825年	イスラーム	フワーリズミーがインド数字をイスラームに広める
1074年	イスラーム	ハイヤームがフワーリズミーの代数学を発展させる
11〜12世紀	ヨーロッパ	イスラームの数学書がラテン語に翻訳される
12世紀	インド	バースカラが『リーラーヴァティー』を著し、さまざまな数学を扱う
1200年頃	アメリカ大陸	インカ文明でキープが使われる
1202年	イタリア	フィボナッチが『算盤の書』を著す
1275年	中国	楊輝が魔方陣のつくり方を発表する
14世紀	フランス	ニコル・オレームが運動の様子をグラフで表す
1464年	ドイツ	レギオモンタヌスが三角比表を作成する
1484年	フランス	シュケが代数でよく使われる言葉を記号化する
1489年	ドイツ	ヴィッドマンが「＋」や「－」を使い始める
1494年	イタリア	パチョーリが平方根を記号化する
1515年	ポーランド	コペルニクスが三角比表を研究し始める
1525年	ドイツ	ルドルフが今の根号（$\sqrt{\ }$）を使い始める
1544年	ドイツ	シュティーフェルがべき乗表を作成する
1545年	イタリア	カルダノが三次方程式の解の公式を発表する
1545年	イタリア	フェラーリ考案の四次方程式の解の公式が発表される
1557年	イギリス	レコードが「＝」を使い始める
1572年	イタリア	ボンベリが虚数の計算方法について述べる
1579年	フランス	ヴィエトが6種類の三角比の表を作成する
1585年	オランダ	ステヴィンが10進小数の利便性を紹介する
1591年	フランス	ヴィエトが既知数を文字で表す
1610年	ドイツ	ルドルフが円周率を小数第35位まで求める
1614年	イギリス	ネイピアが対数の概念を発表する
1617年	イギリス	ブリッグスが常用対数を提案する
1620年	スイス	ビュルギが独自に対数を発明する
1627年	日本	吉田光由が『塵劫記』を著す
1629年	フランス	フェルマーが曲線の研究を行う
1631年	イギリス	オートレッドが「×」を使い始める

年	国・地域	出来事
1635年	イタリア	カヴァリエリがカヴァリエリの原理を発表する
1637年	フランス	デカルトが座標を導入し、解析幾何学を確立する
1644年	イタリア	トリチェリがサイクロイド下部の面積を求める
1644年	フランス	メルセンヌがメルセンヌ素数に関する予想を立てる
1654年	フランス	パスカルがフェルマーとの文通で、確率論を始める
1655年	イギリス	ウォリスが「∞」を使い始める
1655年	スイス	ラーンが「÷」を使い始める
1668年	イギリス	メルカトルがメルカトル級数を発表する
1670年	フランス	フェルマーの最終定理が発表される
1671年	イギリス	グレゴリーがグレゴリー級数を発表する
1674年	日本	関孝和が和算の基礎を作る
1678年	イタリア	チェバがチェバの定理を発表する
1684年	ドイツ	ライプニッツが微分積分の概念を発表する
1687年	イギリス	ニュートンが流率法(微分積分)の概念を発表する
1690年代	スイス	ヤコブ・ベルヌーイが対数螺旋の研究をする
1691年	スイス	ヨハン・ベルヌーイがカテナリーを数式化する
1715年	イギリス	テイラーがテイラー級数を発表する
1722年	日本	建部賢弘が円周率を小数第41位まで計算する
1733年	イタリア	サッケーリがサッケーリの四角形を考案する
1736年	スイス	オイラーがケーニヒスベルクの橋の問題を解決する
1742年	イギリス	マクローリンがマクローリン級数を発表する
1748年	スイス	オイラーがバーゼル問題やオイラーの公式を示す
1751年	フランス	ダランベールが『百科全書』を創刊する
1766年	ドイツ	ランベルトがランベルトの四角形を考案する
1785年	フランス	コンドルセが多数決のパラドックスを提示する
1788年	フランス	ラグランジュが『解析力学』を書き、教科書として使われる
1794年	フランス	ルジャンドルが『原論』の解説書を作成する
1796年	ドイツ	ガウスが正17角形の作図を行う
1799年	フランス	モンジュが画法幾何学を確立する
1801年	ドイツ	ガウスが『整数論』で合同式を導入する
1811年	ドイツ	ガウスが複素平面を導入する
1812年	フランス	ラプラスが正規分布の形をグラフ化する
1821年	フランス	コーシーが無限小を厳密化する論法を発表する
1822年	フランス	フーリエがフーリエ積分を発表する
1824年	ノルウェー	アーベルが五次方程式の解についての論文を発表する
1825年	フランス	コーシーが複素積分を定義する

年	国・地域	出来事
1827年	ドイツ	ガウスが微分幾何学を始める
1829年	ロシア	ロバチェフスキーが双曲幾何学を発表する
1832年	ハンガリー	ボヤイが独自に双曲幾何学を発表する
1832年	フランス	ガロアが遺書の中で群を扱う
1835年	ベルギー	ケトレーが平均人について論じる
1837年	フランス	ワンツェルが立方体倍積問題と角の三等分問題を解決する
1854年	ドイツ	リーマンが楕円幾何学を発表する
1854年	イギリス	ブールが論理代数学を確立する
1858年	ドイツ	メビウスがメビウスの輪について述べる
1859年	ドイツ	リーマンがリーマン予想を発表する
1872年	ドイツ	デデキントが実数の連続性を示す
1872年	ドイツ	ワイエルシュトラスがフラクタルなグラフを描く
1874年	ドイツ	カントールが集合論を確立する
1880年	イギリス	ベンがベン図で集合を視覚化する
1882年	ドイツ	リンデマンが円積問題を解決する
1882年	ドイツ	クラインがクラインの壺について述べる
1895年	フランス	ポアンカレがトポロジーを確立する
1900年	ドイツ	ヒルベルトが23の問題を発表する
1901年	イギリス	ラッセルが集合論のパラドックスを提示する
1904年	スウェーデン	コッホがコッホ曲線を発見する
1914年	イギリス	ハーディとラマヌジャンが共同研究を始める
1920年代	ドイツ	ヒルベルトが「ヒルベルト・プログラム」を発表する
1925年	イギリス	フィッシャーが統計学の基礎をまとめた著書を記す
1931年	オーストリア	ゲーデルが不完全性定理を証明する
1936年	イギリス	チューリングがチューリング・マシンを提案する
1939年	フランス	ブルバキが『数学原論』を出版し始める
1944年	アメリカ	ノイマンがゲーム理論を確立する
1946年	アメリカ	世界初のプログラムで動くコンピュータENIACが開発される
1950年	アメリカ	ナッシュがナッシュ均衡を発表する
1972年	アメリカ	ローレンツがカオス理論についての演説を行う
1975年	アメリカ	マンデルブロがフラクタルを定義する
1976年	アメリカ	四色問題がコンピュータによって証明される
1995年	イギリス	ワイルズがフェルマーの最終定理を証明する
2000年	アメリカ	クレイ数学研究所が7つのミレニアム懸賞問題を発表する
2002年	ロシア	ペレルマンがポアンカレ予想を証明する
2022年	アメリカ	円周率が100兆桁まで計算される

さくいん（人物）

あ

アーベル · · · · · · · · · · · 162, 169, 180
アーリヤ人 · · · · · · · · · · · · · 10, 62
アールヤバタ · · · · · · 67, 70, 92, 94
アインシュタイン · · · · · · · · · · · · 33
アデラード · · · · · · · · · · · · · · · 100
アナクサゴラス · · · · · · · · 11, 34, 50
アポロニウス · · · · · 66, 72, 132, 208
アポロン神 · · · · · · · · · · · · · · · 36
アリストテレス · · · · 11, 48, 51, 55, 196
アルキメデス · · · 66, 68, 70, 79, 89, 112, 170
アルキュタス · · · · · · · · · 11, 37, 48, 51
アレクサンドロス大王 · · · 11, 24, 37, 49
アンティフォン · · · · · · · · 11, 35, 51
アンテミオス · · · · · · · · · · · · · · 91
岩尾エマはるか · · · · · · · · · · · · · 71
インカの先住民 · · · · · · · · · · · · 110
ヴィエト · · · · · 79, 114, 119, 125, 126, 160
ヴィッドマン · · · · · · · · · · 118, 160
ヴェイユ · · · · · · · · · · · · · · · 189
ウォリス · · · · · · · · 115, 129, 145, 146
ヴォルフスケール · · · · · · · · · · · 137
ヴラック · · · · · · · · · · · · · · · 127
ウラム · · · · · · · · · · · · · · · · · 76
エウクレイデス（ユークリッド） · · · · · 53
エウドクソス · · · · 11, 42, 44, 48, 51, 83
エカテリーナ2世 · · · · · · · · · · · 160
エジプトの書記 · · · · · · · · · · 10, 14
エジプトの縄張り師 · · · · · · · · · · 12
エピメニデス · · · · · · · · · · · · · · 46
エラトステネス · · · · · · · · 66, 74, 76
オイラー · · · · 31, 57, 58, 115, 136, 151, 152, 154, 156, 160, 170, 177, 199, 204, 214
オートレッド · · · · · · · · · · · · · 129
オトー · · · · · · · · · · · · · · · · · 124
オレーム · · · · · · · · · · 67, 104, 118

か

カーシー · · · · · · · · · · · · · · · · · 70
ガーフィールド · · · · · · · · · · · · · 33
カール大帝 · · · · · · · · · · · · 67, 100
カヴァリエリ · · · · · 115, 130, 142, 160, 212
ガウス · · · 162, 164, 170, 172, 180, 184, 205
カエサル · · · · · · · · · · · · · · · · · 80
カニシカ王 · · · · · · · · · · · · · · · 92
ガリレイ · · · · · · · · · · · · · 130, 150
カルダノ · · · · · · 114, 119, 120, 122, 160
ガロア · · · · · · · · · · · · 162, 169, 180
カントール · · 163, 179, 183, 186, 188, 212
ギュルダン · · · · · · · · · · · · · · · 89
クッラ · · · · · · · · · · · · · · · 31, 97
クライン · · · · · · · · · · · · · 163, 177
クリスティーナ · · · · · · · · · · · · 160
グレゴリー · · · · · 115, 143, 146, 168, 208
クロネッカー · · · · · · · · · · · · · 188
クンマー · · · · · · · · · · · · · · · 137
ゲーデル · · · · · · · · · 46, 163, 186, 192
ケトレー · · · · · · · · · · · · · 162, 184
ケプラー · · · · · · · · · · · · · · · 130
ゲラルド · · · · · · · · · · · · · · · 100
ゲルフォント · · · · · · · · · · · · · 192
コーシー · · · · · 131, 162, 169, 180, 182, 215
コペルニクス · · · · · · · · · · · · · 124
ゴレニシェフ · · · · · · · · · · · · · · 16
コロンブス · · · · · · · · · · · · · 78, 80
コンスタンティヌス帝 · · · · · · · · · 90
コンドルセ · · · · · · · · · · · 162, 164

さ

サッケーリ · · · · · · · · · · · · 99, 174
サミュエル · · · · · · · · · · · 135, 136
志村五郎 · · · · · · · · · · · · · · · 137
シャープ · · · · · · · · · · · · · 71, 146
シャノン · · · · · · · · · · · · · · · 178
シャンクス · · · · · · · · · · · · · · · 71
シュケ · · · · · · · · · · · 114, 117, 118
朱世傑 · · · · · · · · · · · · · · · · · 107
シュティーフェル · · · 114, 117, 118, 126, 200

か

ジョーンズ · · · · · · · · · · · · · · 154
書記官アーメス · · · · · 10, 13, 15, 16, 94, 112
秦九韶 · · · · · · · · · · · · · · · · 107
秦の始皇帝 · · · · · · · · · · · · 11, 60
ステヴィン · · · · · · 95, 114, 124, 130
スパイデル · · · · · · · · · · · · · · 127
関孝和 · · · · · · · · · · · · · · 70, 158
ゼノン · · · · · · · · · · · 11, 35, 44, 50
ソクラテス · · · · · · · · · · · · · · · 39
祖冲之 · · · · · · · · · · · · · · 70, 107
ソフィー · · · · · · · · · · · · · 137, 165
孫子 · · · · · · · · · · · · · · · · · 106

た

ダーゼ · · · · · · · · · · · · · · · · · 71
ダ・ヴィンチ · · · · · · · · · · · 33, 116
タッカー · · · · · · · · · · · · · · · · · 47
建部賢弘 · · · · · · · · · · · · · 70, 158
ダニエル・ベルヌーイ · · · · · · 115, 149
谷山豊 · · · · · · · · · · · · · · · · 137
ダランベール · · · · · · · · · · · 162, 164
タルタリア · · · · · · · · · · · · 114, 122
タレス · · · · · 11, 25, 26, 28, 44, 50, 80, 197
チェバ · · · · · · · · · · · · · · · · · 77
チューリング · · · · · · · · · · · 163, 187
テアイテトス · · · · · · · 11, 29, 42, 48, 51
ディオファントス · · · · · 66, 86, 88, 112, 118
程大位 · · · · · · · · · · · · · · · · 107
ディノストラトス · · · · · 11, 35, 39, 48, 51
テイラー · · · · · · · · · · · · · 115, 147
デーン · · · · · · · · · · · · · · · · 192
テオドロス · · · · · · · · 11, 42, 48, 50
テオン · · · · · · · · · · · · · · · · · 90
デカルト · · · 115, 119, 125, 132, 160, 171, 194
デデキント · · · · · · · · · 42, 163, 183
デモクリトス · · · · · · · · · 11, 44, 50
デュイリエ · · · · · · · · · · · · · · 145
デル・フェッロ · · · · · · · · · · · · 122
トゥースィー · · · · · · · · · · · · · · 97
豊臣秀吉 · · · · · · · · · · · · · · · 158
トリチェリ · · · · · · · · · · · 115, 131, 160

な

トレミー（プトレマイオス） · · · · · · · · 78

ナーヴェ · · · · · · · · · · · · · · · 122
ナイチンゲール · · · · · · · · · · 163, 185
ナッシュ · · · · · · · · · · · · · 163, 190
ナポレオン · · · · · · · 13, 143, 166, 199
ニコラウス2世・ベルヌーイ · · · 115, 149
ニコラ・ブルバキ · · · · · · · · · · · 189
ニュートン · · · 115, 140, 160, 170, 173, 213
ネイピア · · · 95, 114, 126, 128, 156, 160, 206
ノイマン · · · · · · · · · · · 163, 187, 190
ノーベル · · · · · · · · · · · · · · · 192

は

バースカラ · · · · · · · · · · · 33, 67, 93
ハーディ · · · · · · · · · · · · · · · 189
ハイサム · · · · · · · · · · · · · · · · · 97
ハイヤーム · · · · · · · · · · 43, 67, 97, 99
バグダディ · · · · · · · · · · · · · · · 97
パスカル · · · · · · · · · · · 115, 134, 138
パチョーリ · · · · · · · · 114, 117, 118, 120
パッポス · · · · · · · · · · · · · · 66, 88
バビロニアの書記 · · · · · 20, 23, 85, 94, 111
バラモン（司祭） · · · · · · · · · · · · 62
ハリオット · · · · · · · · · · · · · · 119
ハルモス · · · · · · · · · · · · · · · · 53
ハレー · · · · · · · · · · · · · · · · 140
パレート · · · · · · · · · · · · · 163, 185
バロー · · · · · · · · · · · · · · · · · 140
ハンニバル · · · · · · · · · · · · · · · 68
ハンムラビ王 · · · · · · · · · · · · 18, 24
ビールーニー · · · · · · · · · · · · · · 97
ピタゴラス · · · · · 11, 21, 25, 28, 30, 32, 38, 42, 50, 58, 84, 87, 89, 197
ヒッパソス · · · · · · · · · · 11, 42, 50
ヒッパルコス · · · · · · · · · 66, 75, 80
ヒッピアス · · · · · · · · · · 11, 38, 51
ヒポクラテス · · · · 11, 35, 36, 43, 51, 53
ヒュパティア · · · · · · · · · · · 66, 90
ビュフォン · · · · · · · · · · · · · · 167
ビュルギ · · · · · · · · · · · · · · · 127

ヒルベルト ・・・・・ 163, 179, 186, 188, 192
ファーガソン ・・・・・ 71
フィオーレ ・・・・・ 122
フィッシャー ・・・・・ 163, 184
フィボナッチ ・・・・・ 67, 95, 100, 102, 112, 119, 201
フーリエ ・・・・・ 162, 167, 168, 203
ブール ・・・・・ 162, 178
フェラーリ ・・・・・ 114, 120, 122
フェルマー ・・・・・ 58, 87, 115, 134, 136, 201
福田理軒（ふくだりけん）・・・・・ 159
藤原道長 ・・・・・ 158
プトレマイオス ・・・・・ 32, 66, 70, 78, 97, 100, 112, 202
プトレマイオス4世 ・・・・・ 72
プトレマイオス王 ・・・・・ 74
プラトン ・・・・・ 11, 48, 51
ブラフマグプタ ・・・・・ 67, 93, 95, 97, 119
フリードリヒ2世 ・・・・・ 153
ブリッグス ・・・・・ 127
ブルバキ ・・・・・ 189
フワーリズミー ・・・・・ 67, 81, 95, 96, 98, 100, 112
β先生（エラトステネス）・・・・・ 74
ベガ ・・・・・ 71
ベルヌーイ ・・・・・ 115
ベルヌーイ一族 ・・・・・ 148
ベルヌーイ家 ・・・・・ 152
ペレルマン ・・・・・ 177, 192
ヘロン ・・・・・ 21, 66, 82, 85
ベン ・・・・・ 163, 179
ベンフォード ・・・・・ 163, 185
ポアンカレ ・・・・・ 163, 165, 177
ホイヘンス ・・・・・ 139, 142, 210
ボエティウス ・・・・・ 91, 100
ボヤイ ・・・・・ 162, 175
ボンベリ ・・・・・ 114, 121

【ま】

マーダヴァ ・・・・・ 70
マクローリン ・・・・・ 115, 147

マチン ・・・・・ 71
マヤの先住民 ・・・・・ 110
マリク・シャー ・・・・・ 80
マルケルス ・・・・・ 68
マンデルブロ ・・・・・ 163, 191
メソポタミアの書記 ・・・・・ 10, 18
メディチ家 ・・・・・ 116
メナイクモス ・・・・・ 11, 37, 48, 51
メネラウス ・・・・・ 66, 75, 77, 80
メビウス ・・・・・ 162
（ゲラルドゥス・）メルカトル ・・・・・ 116, 171
（ニコラウス・）メルカトル ・・・・・ 115, 147
メルセンヌ ・・・・・ 58, 132
毛利重能（もうりしげよし）・・・・・ 158
モンジュ ・・・・・ 162, 165, 166

【や】

ヤコブ・ベルヌーイ ・・・・・ 115, 148, 151, 153, 156, 172
ユークリッド ・・・・・ 11, 25, 32, 52, 54, 56, 97, 100, 112, 174, 196, 198
ユスティニアヌス帝 ・・・・・ 91
楊輝（ようき）・・・・・ 107, 108
吉田光由（よしだみつよし）・・・・・ 158
ヨハン・ベルヌーイ ・・・・・ 115, 149, 150, 152, 172

【ら】

ラーン ・・・・・ 129
ライト ・・・・・ 129
ライプニッツ ・・・・・ 111, 115, 129, 131, 142, 144, 160, 213, 214
ラグニー ・・・・・ 71
ラグランジュ ・・・・・ 162, 165, 166
ラッセル ・・・・・ 163, 186
ラプラス ・・・・・ 127, 162, 167, 184
ラマヌジャン ・・・・・ 189
ラメ ・・・・・ 137, 165
ランベルト ・・・・・ 174
リース ・・・・・ 129
リーマン ・・・・・ 55, 163, 175, 176, 192
リーラーヴァティ ・・・・・ 93
リヒター ・・・・・ 71

李冶（りや）・・・・・ 106
劉徽（りゅうき）・・・・・ 61, 70, 106, 108
リュカ ・・・・・ 58, 102
リンデマン ・・・・・ 35
リンド ・・・・・ 16
ルイ18世 ・・・・・ 167
ルジャンドル ・・・・・ 162, 165
ルドルフ ・・・・・ 70, 114, 117, 119, 160, 194
レギオモンタヌス ・・・・・ 114, 116
レコード ・・・・・ 119
レティクス ・・・・・ 124
レン ・・・・・ 150
ローマ教皇 ・・・・・ 116
ローレンツ ・・・・・ 191
ロバート ・・・・・ 100
ロバチェフスキー ・・・・・ 162, 175
ロピタル ・・・・・ 149

【わ】

ワイエルシュトラス ・・・・・ 45, 162, 169, 182, 214
ワイルズ ・・・・・ 137
ワファ ・・・・・ 97
ワンツェル ・・・・・ 37, 39

さくいん（記号・数字・欧文）

記号

+ ・・・・・ 118
− ・・・・・ 118
× ・・・・・ 129
÷ ・・・・・ 129
= ・・・・・ 119
π ・・・・・ 70, 79, 154
Σ ・・・・・ 154
$\int$ ・・・・・ 143
$\sqrt{}$ ・・・・・ 119, 194
$\sqrt{}$の近似値 ・・・・・ 85
$\sqrt[3]{}$ ・・・・・ 195
! ・・・・・ 210
: ・・・・・ 143
~ ・・・・・ 143

$\simeq$ ・・・・・ 143
∞ ・・・・・ 146

数字

0 ・・・・・ 19, 67, 94
2進法 ・・・・・ 111, 143
2倍法 ・・・・・ 23
3×3×3の立方陣 ・・・・・ 109
3乗根 ・・・・・ 195
4乗根 ・・・・・ 195
5つの公準 ・・・・・ 54
5つの公理 ・・・・・ 55
5進法 ・・・・・ 111
10進法 ・・・・・ 19, 66, 94, 111
10進小数 ・・・・・ 114, 124
16進法 ・・・・・ 111
20進法 ・・・・・ 110
60進法 ・・・・・ 19, 22, 111

欧文

AI ・・・・・ 187
a_n ・・・・・ 201
Arccos ・・・・・ 208
Arcsin ・・・・・ 208
Arctan ・・・・・ 208
C ・・・・・ 210
chord ・・・・・ 75
d ・・・・・ 143
e ・・・・・ 154, 156
$\varepsilon - \delta$論法 ・・・・・ 45, 182
ENIAC ・・・・・ 71
f ・・・・・ 143, 157
function ・・・・・ 157
$f(x)$ ・・・・・ 154, 157
$f'(x)$ ・・・・・ 162, 166
GIMPS ・・・・・ 59
i ・・・・・ 154, 204
ISBNコード ・・・・・ 173
n進小数 ・・・・・ 200
n進法 ・・・・・ 111, 200
n倍角の公式 ・・・・・ 125
P ・・・・・ 210

第1章 古代文明の数学
第2章 ヘレニズム時代から中世までの数学
第3章 近世の数学
第4章 近代・現代の数学
第5章 数学史のための数学解説
付録 年表・さくいん

Pa	138
Q.E.D.	53
Q.E.F.	53
RSA暗号	57
sin	92
YBC 7289	21
$z^3 = 1$	205
$z^n = 1$	205

さくいん（事柄）

あ

アーベル賞	192
『アールヤバティーヤ』	92
アカデメイア	11, 48, 51, 67, 91
アキレスと亀のパラドックス	44
穴の中のライオンの問題	101
アバクス	81
アハ問題	17
油分け算	159
アメリカ	184, 190
アメリカ大陸	110
アラビア	67, 70, 96, 112
アラビア数字	62, 67, 94
アルキメデス充填	89
アルファベット	10
『アルマゲスト』	78, 100, 112
アレクサンドリア	52, 66, 70
アレクサンドリア図書館	52, 66, 74, 90
アレクサンドロス大王の東方遠征	11, 49
イェール・バビロニア・コレクションNo. 7289	21
イオニア学派	44, 50
イギリス	114, 126, 140, 146, 178
イギリス王立協会	143, 145, 147
イシャンゴの骨	8
イスラーム	67, 70, 96, 98
遺言継承	159
イタリア	114, 116, 120, 130
イデア	48

いとこ素数	56
インカ文明	110
インダス文明	10, 62
インド	10, 62, 64, 66, 70, 92, 112
インド・アラビア数字	95
インド数学	62
インド数字	67, 97
『インド数字についてアルゴリトミは言った』	98
ウォリスの公式	146
ウサギの問題	102
うそつきのパラドックス	46
ウラムの螺旋	76
盈不足術	61
エウドクソスの取りつくし法	45
エウドクソスの比例論	42
エウレカ!!	69
エーゲ文明	10, 24
エコール・ポリテクニーク	165
エジプト	10, 63
エジプトはナイルの賜物	12
エジプト文明	10, 12, 64, 70
エマープ	56
エラトステネスのふるい	76
エレア学派	44
円	54, 72
円形魔方陣	109
円周率	17, 66, 68, 70, 154
円錐曲線	11, 66, 72, 208
『円錐曲線論』	72
円積線	11, 39, 51
円積問題	11, 34, 51
『円の測定について』	68, 112
オイラー積	57
オイラー線	155
オイラー直方体	155
オイラーの公式	153
オイラーの法則	31
オイラー予想	154
黄金比	84, 102

オリエント	18

か

外心	199
解析学	71, 212
解析幾何学	115, 132
『海島算経』	106
開平法	85
カヴァリエリの原理	44, 130
ガウス驚異の定理	171
ガウス曲率	171
ガウス分布	184
ガウス平面	171
カオス理論	191
科挙	106
『学術論叢』	142
角の三等分問題	34, 38, 51
角の二等分線	198
確率	210
確率分布	211
確率論	115, 139, 160
かけ算	23, 129
過剰数	31, 58
『数の科学における三部作』	117
仮説検定	184
カテナリー	115, 150
ガブリエルのラッパ	131
画法幾何学	162, 166
紙	112
ガロア理論	162, 179
カロリング・ルネサンス	100
関数	154, 157, 208
函数（ハンシュ）	157
完全数	28, 31, 58
キープ	110
幾何学	12, 66, 69, 73, 160, 162, 198
『幾何学』	82
『幾何学の基礎』	165
記号	143, 154
記号化	114, 117
奇数	28, 30

期待値	210
期待値のパラドックス	115
既知数	114, 125, 194
逆関数	208
逆三角関数	208
『九章算術』	11, 60, 112
『九章算術注』	106
級数	115, 125
『球面幾何学』	75
球面三角形	75
極	209
極限	212
極座標	209
曲線	131, 133, 134, 150, 160
極方程式	209
虚軸	204
虚数	114, 120
虚数単位 i	204
ギリシャ	10, 63, 64, 112
ギリシャ幾何学	66
ギリシャ数学	11, 52, 90
ギリシャ文字	10, 63
偶数	28, 30
楔形文字	10, 18, 22, 63
位取り記数法	19, 22, 94, 200
クラインの壺	163, 177
グラフ	104
グレゴリー級数	146
グレゴリー・ライプニッツ級数	71, 143
グレゴリウス暦	99
クロソイド	151
計算機科学	163
計算盤	81
傾斜図形	38
啓蒙主義	164
ケーニヒスベルクの橋	155
ゲーム理論	163, 190
ケプラーの第1法則・第2法則	130
限界効用逓減	115, 149
『原論』	11, 32, 53, 54, 66, 99, 100, 112, 174

項	201
甲骨文字	10, 60, 63
高次方程式	114, 120
公準	49, 54, 196
項数	201
合同式	173
公比	201
公理	11, 49, 55, 196
黒死病	105
五次方程式	162, 180
古代エジプト	12, 14, 16
古代オリエント文明	18
古代ギリシャ	24, 26, 28, 34, 36, 38, 42, 44, 46, 48, 50, 52
コッホ曲線	191
弧度法	203
根号	194
コンドルセのパラドックス	162, 164
コンピュータ	186, 191

さ

サービト・イブン・クッラの法則	31
サイクロイド	115, 131, 150
最小2乗法	173
作図	198
作図可能数	37, 39
サッケーリの四角形	174
座標	115, 132, 160, 208
三角関数	115, 125, 202
三角関数の加法定理	79
三角関数の公式	125
三角関数の積和公式	126
三角関数の半角公式	79
三角形の五心	199
『算学啓蒙』	107
三角数	28, 30
三角比	13, 66, 84, 124, 202
三角比表	202
三角法	124
『三角法のすべて』	116
算木	61

サンクトペテルブルクのパラドックス	149
三次曲線	140
三次元空間	162
三次方程式	114, 120, 122, 160, 181, 195
『算術』	86, 112
『算術・幾何・比および比例大全』	117
三大作図問題	34, 36, 38, 40, 88
三段論法	49
『算盤の書』	101, 112
三平方の定理	11, 21, 29, 32, 42
『算法全書』	117
『算法統宗』	107
指数	206
指数関数	207
指数対数	206
指数法則	206
始線	209
自然数	28, 30, 56, 58, 139, 188
自然対数	115, 147, 154, 207
自然対数の底	154, 156
四則演算	22
実軸	204
実数	163, 183
実数の連続性	42, 183
実用数学	74
縛り木法	158
『ジャブルとムカーバラ』	98, 112
ジャラーリー暦	99
周期関数	203
集合	163, 179, 183, 188, 196, 204
集合に関するパラドックス	163, 179
集合論	162, 179, 183
重心	199
囚人のジレンマ	47
収束	182, 212
『周髀算経』	11, 60
シュティーフェルのべき乗表	126
樹皮	112
『シュルバスートラ』	10, 62
『詳解九章算法』	106

賞金の分配問題	139
象形文字	13, 14
小数	63, 124
証明	11, 24, 26, 53, 54, 97
常用対数	207
初項	201
神官文字	10, 15
『塵劫記』	158
人工数	127
神聖文字	10, 14
垂心	199
スイス	115, 148, 152
垂線	198
垂直二等分線	198
数学試合	101, 120
『数学集成』	88
『数書九章』	107
数表	23
数列	200, 212
数論	54, 115, 135, 154, 160, 200
スコットランド	115
スタイラス	13
砂山のパラドックス	46
正n角形	71
正規分布	184, 211
正規分布の形	162, 167
正弦の加法定理	79
正弦の半角公式	79
正弦表	67, 78, 93
『西算速知』	158
整数	188
正多角形	11, 29, 35, 54, 71, 172
正多面体	11, 29, 50, 54
正方形数	30
積分	131, 214
セクシー素数	56
セケド	13
線型問題	88
尖筆	13, 18
線分計算	43

素因数分解の一意性	57
双曲幾何学	162, 175
双曲線	72
『測円海鏡』	107
素数	56
素数生成式	56
ソフィー・ジェルマン素数	56
『孫子算経』	106

た

第n項	201
対数	114, 126, 160, 206
代数	98, 179, 180
代数学	114, 125, 160, 162
『代数学』	100, 121
代数学の基本定理	162, 164
代数学の父	86
『代数学の問題の論証について』	99
対数関数	207
代数記号	160
代数計算	66
対数螺旋	115, 151
タイムトラベル	186
楕円	72
楕円幾何学	163, 175
たし算	22, 118
旅人算の問題	105
タレスの定理	27
単位分数	14, 17
誕生日のパラドックス	47
知恵の館	67, 96
チェバの定理	77
竹簡	112
中国	10, 60, 63, 64, 70, 106, 112
中国数学	60, 106
中国の剰余定理	107
中国文明	10, 60
抽象代数学	162, 179
中世イスラーム世界	96, 98
中世ヨーロッパ	100, 104
中線定理	89

第1章 古代文明の数学

第2章 ヘレニズム時代から中世までの数学

第3章 近世の数学

第4章 近代・現代の数学

第5章 数学史のための数学解説

付録 年表・さくいん

チューリング・マシン ・・・・・・・ 187
チュドノフスキーの公式 ・・・・・・・ 71
超越数 ・・・・・・・ 35
長方形数(矩形数) ・・・・・・・ 30
調和級数 ・・・・・・・ 105
調和級数の和 ・・・・・・・ 105
月形図形 ・・・・・・・ 11
底 ・・・・・・・ 206
ディオファントスの墓 ・・・・・・・ 86
定義 ・・・・・・・ 11, 49, 54, 196
停止問題 ・・・・・・・ 187
テイラー級数 ・・・・・・・ 115, 147
定理 ・・・・・・・ 49, 196
デカルトの正葉線 ・・・・・・・ 133
デカルトの符号法則 ・・・・・・・ 133
テセレーション ・・・・・・・ 89
『綴術』 ・・・・・・・ 106
『綴術算経』 ・・・・・・・ 158
デモティック ・・・・・・・ 15
展開公式の係数 ・・・・・・・ 139
電子数値積分計算機 ・・・・・・・ 71
天文学 ・・・・・・・ 66, 80
ドイツ ・・・・・・・ 114, 142, 162, 170, 178, 182
導関数 ・・・・・・・ 162, 166, 213
統計 ・・・・・・・ 210
統計学 ・・・・・・・ 162, 184
統計学的手法 ・・・・・・・ 163
等号否定(≠) ・・・・・・・ 119
等周問題 ・・・・・・・ 89
同相 ・・・・・・・ 177
等比数列 ・・・・・・・ 201
同様に確からしい ・・・・・・・ 210
トポロジー ・・・・・・・ 162, 177
トリチェリのトランペット ・・・・・・・ 131
取りつくし法 ・・・・・・・ 11, 45
トレミーの定理 ・・・・・・・ 32, 78

な

内心 ・・・・・・・ 199
ナッシュ均衡 ・・・・・・・ 163, 190
ナポレオンの定理 ・・・・・・・ 167

二次方程式 ・・・・・・・ 20, 114, 117, 120, 181, 194
二重根号 ・・・・・・・ 194
日本 ・・・・・・・ 70, 112, 158
ニュートン法 ・・・・・・・ 141
鶏のとさか ・・・・・・・ 185
ネイピア数 ・・・・・・・ 156
ネイピアの対数 ・・・・・・・ 127
ネイピアの骨 ・・・・・・・ 128
粘土板 ・・・・・・・ 10, 18, 20, 112
ノイズキャンセリング ・・・・・・・ 168

は

葉 ・・・・・・・ 112
場合の数 ・・・・・・・ 210
バーゼル問題 ・・・・・・・ 115, 153
媒介変数 ・・・・・・・ 209
媒介変数表示 ・・・・・・・ 209
『パイターマハシッダーンタ』 ・・・・・・・ 92
背理法 ・・・・・・・ 69, 196
『バクシャーリー写本』 ・・・・・・・ 94, 112
バグダード ・・・・・・・ 67, 96
パスカルの三角形 ・・・・・・・ 139
パスカルの定理 ・・・・・・・ 138
発見法 ・・・・・・・ 69
『発微算法』 ・・・・・・・ 158
パッポスの作図カテゴリー ・・・・・・・ 88
パッポスの定理 ・・・・・・・ 89
パピルス ・・・・・・・ 13, 16
バビロニア ・・・ 10, 18, 20, 22, 24, 63, 64, 83, 85
パラドックス ・・・・・・・ 11, 44, 46
パレートの法則 ・・・・・・・ 163, 185
ヒエラティック ・・・・・・・ 10, 13, 15, 22
ヒエログリフ ・・・・・・・ 10, 13, 14, 22, 63
ひき算 ・・・・・・・ 22, 118
ピタゴラス教団 ・・・・・・・ 28, 50
ピタゴラス数 ・・・・・・・ 21, 31
ピタゴラスタイル ・・・・・・・ 89
ピタゴラスの定理 ・・・・・・・ 29, 32
筆算 ・・・・・・・ 95
ヒッパルコスの三角比 ・・・・・・・ 66
微分幾何学 ・・・・・・・ 162, 171

微分積分 ・・・・・・・ 115, 142, 144, 156, 160
微分積分の公式 ・・・・・・・ 143
微分積分法 ・・・・・・・ 115, 141
ヒポクラテスの月 ・・・・・・・ 35
百五減算 ・・・・・・・ 107
百年戦争 ・・・・・・・ 67, 105
『百科全書』 ・・・・・・・ 164
非ユークリッド幾何学 ・・・・・・・ 163, 174
ビュフォンの針 ・・・・・・・ 71
ビュフォン-ラプラスの針 ・・・・・・・ 167
標準偏差 ・・・・・・・ 211
肥沃な三日月地帯 ・・・・・・・ 18
ピラミッドの勾配 ・・・・・・・ 13
ヒルベルトの23の問題 ・・・・・・・ 192
ヒルベルト・プログラム ・・・・・・・ 186
フィールズ賞 ・・・・・・・ 192
フィボナッチ数列 ・・・・・・・ 102, 139
フーリエ級数 ・・・・・・・ 168
フーリエ積分 ・・・・・・・ 162, 168
フーリエ展開 ・・・・・・・ 168
フェニキア文字 ・・・・・・・ 10
フェルマー数 ・・・・・・・ 154, 172
フェルマーの最終定理 ・・・・・・・ 136
フェルマー予想 ・・・・・・・ 136
不完全性定理 ・・・・・・・ 163, 186
複素数 ・・・・・・・ 204
複素積分 ・・・・・・・ 162, 169
複素平面 ・・・・・・・ 162, 169, 171, 204
不足数 ・・・・・・・ 31, 58
双子素数 ・・・・・・・ 56
不等号(<, >) ・・・・・・・ 119
プトレマイオス朝エジプト ・・・・・・・ 66
負の数 ・・・・・・・ 61
ブラーフミー数字 ・・・・・・・ 11, 62
フラクタル図形 ・・・・・・・ 163, 191
プラス ・・・・・・・ 118
『ブラフマースプタシッダーンタ』 ・・・・・・・ 93
ブラフマグプタの公式 ・・・・・・・ 93
フランス ・・・・・・・ 114, 124, 132, 134, 138, 162, 164, 168

プリンプトン322 ・・・・・・・ 10, 21, 112
分散 ・・・・・・・ 211
焚書政策 ・・・・・・・ 11, 60
分数 ・・・・・・・ 13, 17, 63
平方根 ・・・・・・・ 194
平面的問題 ・・・・・・・ 88
ペスト ・・・・・・・ 67, 105
ベルギー ・・・・・・・ 114
ベルヌーイ試行 ・・・・・・・ 148
ヘレニズム時代 ・・・・・・・ 49, 68, 72, 74
ヘロンの公式 ・・・・・・・ 82
偏角 ・・・・・・・ 209
偏差 ・・・・・・・ 211
ベン図 ・・・・・・・ 163, 179
ベンフォードの法則 ・・・・・・・ 185
傍心 ・・・・・・・ 199
方程式の分類 ・・・・・・・ 99
放物線 ・・・・・・・ 66, 68, 72
『放物線の求積』 ・・・・・・・ 68
『方法序説』 ・・・・・・・ 132
ホーナー法 ・・・・・・・ 70
ポリス ・・・・・・・ 24

ま

マイナス ・・・・・・・ 118
マクローリン級数 ・・・・・・・ 115, 147
魔方陣 ・・・・・・・ 108
マヤ文明 ・・・・・・・ 110
ミケーネ文明 ・・・・・・・ 10, 24
未知数 ・・・・・・・ 117
『未知数』 ・・・・・・・ 117, 194
三つ子素数 ・・・・・・・ 56
ミニマックス戦略 ・・・・・・・ 190
ミレニアム懸賞問題 ・・・・・・・ 192
民衆文字 ・・・・・・・ 15
無限 ・・・・・・・ 44, 115, 130, 162, 169, 188
『無限解析』 ・・・・・・・ 153
無限級数 ・・・・・・・ 115, 212
無限個 ・・・・・・・ 11, 26
無限降下法 ・・・・・・・ 115, 135
『無限算術』 ・・・・・・・ 146

222

無限小 ······ 44, 50, 115, 130, 160, 213
無限数列 ······ 201, 212
ムセイオン ······ 52, 66
無理数 ······ 11, 42, 50, 54
命題 ······ 53, 54, 196
メートル法 ······ 165
メソポタミア ······ 10, 18, 20, 63, 112
メソポタミア文明 ······ 10, 18
メネラウスの定理 ······ 77
メビウスの輪 ······ 162, 177
メルカトル級数 ······ 147
メルセンヌ素数 ······ 56
面積算 ······ 105
『モスクワ・パピルス』 ······ 10, 16
木簡 ······ 112
もっかん
モンゴル ······ 67

や

約数 ······ 31
ヤコブの仮想銀行 ······ 156
友愛数 ······ 31
有限数列 ······ 201
有理数 ······ 188
『楊輝算法』 ······ 107, 108
ようき
洋紙 ······ 112
要素 ······ 197
羊皮紙 ······ 112
ヨーロッパ ······ 67, 70, 100, 104, 112, 160,
174, 184, 186
四次方程式 ······ 114, 120, 123, 181, 195
四色問題 ······ 191

ら

洛書 ······ 108
ラグランジュの四平方定理 ······ 166
ラッセルのパラドックス ······ 179
ランベルトの四角形 ······ 174
リーマンの素数計数関数 ······ 176
リーマン予想 ······ 163, 176
『リーラーヴァティ』 ······ 93
立体的問題 ······ 88
立方根 ······ 195

立方体倍積問題 ······ 11, 34, 36, 51
流率法 ······ 141
『リンド・パピルス』 ······ 10, 13, 16, 112
累乗 ······ 206
ルジャンドル予想 ······ 162, 165
ルドルフの数 ······ 70
ルネサンス ······ 116
レムニスケート ······ 172
連立方程式 ······ 20
ローマ ······ 66, 74
ローマ時代 ······ 74, 78, 82, 86, 88, 90
ローマ数字 ······ 81
ロゼッタストーン ······ 13
路線図 ······ 177
ロバのパラドックス ······ 46
論理 ······ 196
『論理学の数学的分析』 ······ 178
論理代数学 ······ 163, 178

わ

ワイエルシュトラス関数 ······ 183
和紙 ······ 112
わり算 ······ 23, 129
『割算書』 ······ 158

[参考文献]
● 『カッツ 数学の歴史』(Victor J. Katz, 上野健爾・三浦伸夫監訳, 中根美知代・髙橋秀裕・林知宏・大谷卓史・佐藤賢一・東慎一郎・中澤聡訳, 共立出版, 2005年)
● 『メルツバッハ＆ボイヤー 数学の歴史(Ⅰ・Ⅱ)』(Uta C. Merzbach・Carl B. Boyer, 三浦伸夫・三宅克哉監訳, 久村典子訳, 朝倉書店, 2018年)
● 『数学の流れ30講(上)』(志賀浩二, 朝倉書店, 2007年)
● 『数学の流れ30講(中・下)』(志賀浩二, 朝倉書店, (中)2007・(下)2009年)
● 『数学の歴史物語』(Johnny Ball, 水谷淳訳, SB Creative, 2018年)
● 『高校数学史演習』(安藤洋美, 現代数学社, 1999年)
● 『数学史―数学5000年の歩み―』(中村滋・室井和夫, 共立出版, 2014年)
● 『復刻版 ギリシア数学史』(T. L. Heath, 平田寛・大沼正則・菊池俊彦訳, 共立出版, 1998年)
● 『図解 教養事典 数学』(Paul Parsons・Gail Dixon, 千葉逸人監訳, 権田敦司訳, ニュートンプレス, 2021年)
● 『ずかん 数字』(中村滋監修, 技術評論社, 2019年)
● 『イラスト＆図解 知識ゼロでも楽しく読める！ 数学のしくみ』(加藤文元監修, 西東社, 2020年)
● 『身近な数学の記号たち』(岡部恒治・川村康文・長谷川愛美・本丸諒・松本悠, オーム社, 2012年)
● 『数学用語と記号ものがたり』(片野善一郎, 裳華房, 2003年)
● 『ピタゴラスの定理――4000年の歴史』(E. Maor, 伊理由美訳, 岩波書店, 2008年)
● [https://www.cut-the-knot.org/pythagoras/] ("Pythagorean Theorem", 2024年8月27日参照)
● [http://www.takayaiwamoto.com/Greek_Math/ja_Famous_Problems.html] ("古代ギリシャ数学の三大問題", 2024年8月27日参照)
● 『世界数学者事典』(Bertrand Hauchecorne・Daniel Suratteau, 熊原啓作訳, 日本評論社, 2015年)
● 『数学を切りひらいた人びと(1〜4)』(Michael J. Bradley, 松浦俊輔訳, 青土社, 2009年)
● 『素顔の数学者たち』(片野善一郎, 裳華房, 2005年)
● 『数学者図鑑』(本丸諒, かんき出版, 2022年)
● 『山川 詳説世界史図録(第4版)』(山川出版社, 2021年)
● 『詳説世界史 改訂版』(山川出版社, 2014年)

[出典]
● 中扉地図：「白地図専門店」(https://www.freemap.jp/)を改変

●著者
Fukusuke（ふくすけ）
数学史ライター＆ブロガー。私立中高一貫校の数学教員。早稲田大学
教育学部数学科を卒業し、2017年に同大学教職大学院を修了。大学
院在籍時に、趣味で数学サイト「Fukusukeの数学めも」を立ち上げ、
月間８万PVにまで成長させた。サイトでは数学史をメインに、自身が
授業で使用している数学ネタから大学数学の解説まで、幅広いコンテ
ンツを発信している。

ウェブサイト：「Fukusukeの数学めも」https://mathsuke.jp/
X（Twitter）：@Fukumath

執筆協力●中山ゆう
本文イラスト●酒井由香里・西原宏史
編集協力●knowm
編集担当●柳沢裕子(ナツメ出版企画株式会社)

本書に関するお問い合わせは、書名・発行日・該当ページを明記の上、下記のいずれかの方
法にてお送りください。電話でのお問い合わせはお受けしておりません。
・ナツメ社 web サイトの問い合わせフォーム
　https://www.natsume.co.jp/contact
・FAX （03-3291-1305)
・郵送（下記、ナツメ出版企画株式会社宛て）
なお、回答までに日にちをいただく場合があります。正誤のお問い合わせ以外の書籍内容に
関する解説・個別の相談は行っておりません。あらかじめご了承ください。

ナツメ社Webサイト
https://www.natsume.co.jp
書籍の最新情報(正誤情報を含む)は
ナツメ社Webサイトをご覧ください。

イラストでサクッと理解　**世界を変えた数学史図鑑**

2024年12月 3 日　初版発行
2025年 2 月10日　第 2 刷発行

著　者	Fukusuke	©Fukusuke, 2024

発行者　田村正隆

発行所　**株式会社ナツメ社**
　　　　東京都千代田区神田神保町1-52　ナツメ社ビル1F（〒101-0051）
　　　　電話　03(3291)1257(代表)　　FAX　03(3291)5761
　　　　振替　00130-1-58661
制　作　**ナツメ出版企画株式会社**
　　　　東京都千代田区神田神保町1-52　ナツメ社ビル3F（〒101-0051）
　　　　電話　03(3295)3921(代表)
印刷所　**ラン印刷社**

ISBN978-4-8163-7632-0　　　　　　　　　　　　　Printed in Japan
〈定価はカバーに表示してあります〉〈落丁・乱丁本はお取り替えします〉

本書の一部または全部を著作権法で定められている範囲を超え、ナツメ出版企画
株式会社に無断で複写、複製、転載、データファイル化することを禁じます。